TECHNOLOGIES DE L'INFORMATION ET DE LA COMMUNICATION POUR LE DÉVELOPPEMENT EN AFRIQUE

Volume 3

La mise en réseau d'institutions d'apprentissage – SchoolNet

Sous la direction de

Tina James

Centre de recherches pour le développement international

Ottawa • Dakar • Le Caire • Montevideo • Nairobi • New Delhi • Singapoure

Conseil pour le développement de la recherche en sciences sociales en Afrique

Publié conjointement par le Centre de recherches pour le développement international (CRDI)
BP 8500, Ottawa (Ontario) Canada K1G 3H9 — http://www.crdi.ca

et le Conseil pour le développement de la recherche en sciences sociales en Afrique (CODESRIA)
BP 3304, Dakar, 18524 Sénégal — http://www.codesria.org
ISBN 2-86978-169-5

Catalogage avant publication de Bibliothèque et Archives Canada

Technologies de l'information et de la communication pour le développement en Afrique.
Publ. aussi en anglais sous le titre: Information and communication technologies for development in Africa.
Comprend des réf. bibliogr.
Sommaire complet:
v. 1. Potentialités et défis pour le développement communautaire / sous la direction de Ramata Molo Thioune – v. 2. L'expérience des télécentres communautaires / sous la direction de Florence Etta et Shiela Parvyn-Wamahiu – v. 3. La mise en réseau d'institutions d'apprentissage — SchoolNet / sous la direction de Tina James
Publ. en collab. avec: Conseil pour le développement de la recherche en sciences sociales en Afrique.
ISBN 1-55250-011-X (coll.)
ISBN 1-55250-009-8 (v. 3)

1. Technologie de l'information—Afrique.
2. Communication en développement communautaire—Afrique.
3. Développement communautaire—Afrique.
I. Centre de recherches pour le développement international (Canada)
II. Codesria.

HC805 I55 T42 2002 338.96'06 C2002-980179-6

Table des matières

Chapitre 3
Images émergentes - leçons apprises et recommandations
Tina James

Chapitre 4
Le lancement des Schoolnet nationaux
Malusi Cele et Shafika Isaacs

Chapitre 5
Internet para as Escolas au Mozambique
Ephraim Siluma, Daniel Browde et Nicky Roberts

Chapitre 6
Cyberclubs des jeunes au Sénégal
Ramata Molo Aw Thioune et El Hadj Habib Camara

Chapitre 7
Schoolnet Afrique du Sud
Edward Holcroft

Chapitre 8
Schoolnet Ouganda/Curriculumnet
Anne Ruhweza Katahoire, Grace Baguma et Florence Etta

Graphiques

Tableaux

Abréviations et Acronymes

Acacia	Initiative du CRDI pour les communautés et la société de l'information en Afrique subsaharienne
AISI	Initiative pour la société de l'information en Afrique
APE	Association des parents d'élèves
ASDI	l'Agence suédoise de coopération internationale au développement
BRAA	Bureau régional pour l'Afrique Australe
BRVM	Bourse régionale des valeurs mobilières (Abidjan)
CAD	Dollar canadien
CAERENAD	Centre d'application, d'études et de ressources en apprentissage à distance (Sénégal)
CD	Disque compact
CEM	Collège d'enseignement moyen (Sénégal)
CETDE	Centre for Educational Technology and Distance Education (Afrique du Sud)
CFA	Franc de la communauté financière africaine
CIUEM	*Centro de Informatica*, Université Eduardo Mondlane
CRDI	Centre de recherches pour le développement international
DDSP	Programme d'appui au développement de district (Afrique du Sud)
DFID	Département pour le développement international
ECSN	Réseau des écoles – Le Cap oriental
EFA	Éducation et formation approfondies
EFG	Éducation et formation générales
ELSA	Système d'évaluation et d'apprentissage Acacia
EMDP	Programme de développement de la gestion éducative (Afrique du Sud)
ENS	École normale supérieure de Dakar (Sénégal)
EPU	Éducation primaire universelle
EVF	Éducation à la vie familiale

FNUAP	Fonds des Nations Unies pour la population
GEEP	Groupe pour l'étude et l'enseignement de la population (Sénégal)
GEPE	*Gabinete técnico de Gestao de Projectos Educacionais* (Mozambique)
GIE	Groupe d'intérêt économique
GSN	Réseau des écoles de Gauteng
HIPC	Pays payant de forts taux d'intérêt
I*EARN	Réseau international pour l'éducation et les ressources
ICEIDA	Agence islandaise d'assistance au développement international
IICD	Institut international pour les communications et le développement
ISAS	Institut d'études d'Afrique australe (Lesotho)
ISDN	Réseau numérique de services intégrés
ISP	Fournisseur de services Internet
ISPA	Association de fournisseurs de services Internet
LAN	Réseau local
MEN	Ministère de l'éducation nationale (Sénégal)
MOPS	Mégaoctets par seconde
MST	Maladies sexuellement transmissibles
NCDC	Centre national de développement des programmes (Ouganda)
NSN	Réseau national des établissements scolaires (Afrique du Sud)
OBE	Éducation orientée vers les résultats
OCDE	Organisation de coopération et de développement économique
ONG	Organisation non gouvernementale
ONU	Organisation des Nations Unies
PAS	Programme d'ajustement structurel (Banque mondiale)
PC	Personal Computer
PDEF	Programme décennal pour l'éducation et la formation (Sénégal)
PDIS	Programme de développement intégré de la santé (Sénégal)
PDP	Point de présence
PIB	Produit intérieur brut
PII	Programme intergouvernemental d'informatique (UNESCO)

PLE	Examen de fin de cycle primaire (Ouganda)
PNB	Produit national brut
PNUD	Programme des Nations Unies pour le développement
PRC	Centre provincial des ressources (Angola)
RU	Royaume-Uni
SABC	Office de radiodiffusion d'Afrique du Sud
SACOL	École sud-africaine d'enseignement libre
SAIDE	Institut sud-africain d'enseignement à distance
SAITS	Projet sud-africain de stratégie des TI
SNP	Projet SchoolNet
SNSA	SchoolNet Afrique du Sud
SPRU	Science Policy Research (Sussex)
STSI	Initiative inter-scolaire (Ouganda)
TBLISS	Enseignement technique en sciences de l'éducation (Ouganda)
TDM	Telecommunicaçoes de Moçambique
TELI	Initiative d'éducation assistée par TIC
TIC	Technologies de l'information et de la communication
TURP	Projet de recherche syndicale
TVA	Taxe sur la valeur ajoutée
UCAD	Université Cheikh Anta Diop de Dakar (Sénégal)
UNEB	Office national des examens de l'Ouganda
UNESCO	Organisation des Nations Unies pour l'éducation, la science et la culture
USA	États-Unis d'Amérique
UVA	Université virtuelle africaine (Sénégal)
VIH/SIDA	Virus de l'immunodéficience humaine/Syndrome immunodéficitaire acquis
VSAT	Terminal à orbite très réduite
WCED	Département de l'éducation – Le Cap occidental
WCSN	Réseau des écoles – Le Cap ccidental (Afrique du Sud)
WorLD	World Links for Development (Banque mondiale)
ZAR	Rand sud-africain

Préface

Chaque année, les bailleurs de fonds offrent ouvrages, crayons et papier aux établissements scolaires africains, mais on a comme l'impression que ces dons ne leur parviennent jamais. Chaque année, un nombre inestimable d'enseignants du Nord viennent en Afrique pour essayer de combler le déficit en enseignants. Chaque année, des millions d'élèves africains terminent leur cycle sans avoir acquis les outils nécessaires pour faire face aux exigences du monde contemporain.

Au cours des années 90, grâce à l'avènement de l'Internet, les promoteurs du numérique ont envisagé une école, qui dispenserait des enseignements de qualité, dans laquelle l'usage de livres, de crayons, de papier... et peut-être la présence d'enseignants ne seraient plus nécessaires. S'agirait-il là d'une solution aux problèmes de l'Afrique liés à l'enseignement? Si tel est le cas, comment procéder ?

C'est avec cette question à l'esprit que le CRDI a lancé en 1997 le programme Acacia en vue de faciliter la recherche dans ce domaine grâce à un appui en faveur des projets de mise en réseau dans chacun des pays où le programme Acacia a été é initié (Sénégal, Afrique du Sud, Mozambique et Ouganda). Ces projets d'« action-recherche » ont particulièrement insisté sur le problème de connectivité des établissements scolaires, du fait de graves difficultés d'accès. Un cadre d'évaluation a été mis en place pour tirer le maximum d'informations possibles de cette expérience.

La présente étude portant sur l'évaluation de la mise en réseau des établissements scolaires en Afrique est le fruit de cinq années d'expérimentations et de recherches en collaboration avec les établissements scolaires africains engagés dans ce projet. Elle pourrait ne pas répondre de manière définitive à la question de savoir si la mise en réseau des établissements scolaires constitue la panacée aux difficultés que connaît l'Afrique en matière d'enseignement certes, mais elle expliquera dans une large mesure les avantages et les pièges que présente la création d'un réseau pour les établissements scolaires africains.

Les bailleurs de fonds, les partenaires au développement, les décideurs et même le personnel enseignant ont tout intérêt à assimiler les enseignements tirés du présent travail. Il permet de comprendre le contexte dans lequel un projet de mise en réseau d'un établissement scolaire devrait être mis en œuvre pour être mené à bon port. La présente étude est également précieuse pour le projet Acacia dans la mesure où elle met en lumière les questions essentielles qui restent à maîtriser, ouvrant ainsi la voie à nos recherches ultérieures dans ce domaine.

Une instruction de qualité, ainsi que l'accès à celle-ci sont les conditions essentielles pour le développement de l'Afrique. Nous espérons que la présente étude nous permettra d'évoluer vers une parfaite compréhension des moyens à mettre en œuvre pour remplir ces conditions.

Merci à tous les partenaires.

Laurent Elder
Acacia
Centre de recherches pour
le développement international

Avant-propos

L'histoire des SchoolNet en Afrique est un conte fascinant d'une tentative inédite visant à appliquer les nouvelles technologies de l'information et de la communication (TIC) à des milieux où les ressources sont rares en vue de promouvoir l'éducation et le développement, et ensuite réduire la « fracture numérique » dont on parle tant. Ce processus s'est déroulé dans un contexte caractérisé par un scepticisme profond qui animait les acteurs du développement quant à l'opportunité de promouvoir les TIC dans une Afrique minée par la pauvreté. L'histoire des SchoolNet en Afrique est un résumé de cette expérience riche en leçons de succès et d'échecs, de difficultés et de triomphes, de beaucoup de frustrations mais aussi d'espoirs inouïs.

Pourtant, peu de choses ont été écrites sur ce conte. Bien peu de choses encore sont écrites sur l'implication des acteurs à la narration et les différents chercheurs. La présente étude marque le début de la rédaction de l'histoire des SchoolNet en Afrique, écrite et documentée par les Africains. Et en initiant la narration de ce conte, en impliquant un certain nombre de parties prenantes à l'initiative dans un processus d'apprentissage long mais déjà systématisé, le CRDI, à travers son programme Acacia, apporte ainsi une contribution inestimable, non seulement en produisant un produit hautement accessible et lisible, mais par-dessus tout, en engageant le processus de mise sur pied d'un système d'enseignement entre divers acteurs au sein du mouvement SchoolNet en pleine croissance.

Les SchoolNet sont des organisations essentiellement nationales chargées de la promotion de l'enseignement et de l'apprentissage par le biais des TIC. L'idée est née au Canada et en Europe où les premiers SchoolNet on vu le jour dans les années 80 et 90. Au centre du processus des SchoolNet, se trouve une transformation révolutionnaire dans la manière dont se déroulent l'enseignement et l'apprentissage. Depuis le début des années 90, l'initiative SchoolNet a pris racine en Afrique pour ensuite essaimer sur l'ensemble du continent. Ce phénomène a débuté sous forme de nœuds d'accès des communautés aux TIC, généralement initiés et catalysés par des organismes tels que le CRDI par le biais de son programme Acacia, et la World Links for Development Program de la Banque mondiale. Aujourd'hui, bon nombre de ces projets ont dépassé le cadre de simples points d'accès communautaires aux TIC et représentent des débuts timides d'une révolution éducationnelle au niveau des établissements scolaires. Cependant, contrairement à leurs homologues du Nord, le modèle-type des SchoolNet en Afrique sont des initiatives pilotes de petite taille, financées par les bailleurs de fonds, fonctionnant sur une base communautaire et dirigées par des promoteurs africains qui ont créé et développé des solutions locales africaines, « africanisant » ainsi le concept SchoolNet. L'évolution et finalement la mise en place officielle au cours des trois dernières années de SchoolNet Afrique en tant qu'organisme indépendant de promotion et d'appui au développement de ces structures en Afrique prouve que ce programme est en pleine expansion dans sa forme africanisée, après avoir été initialement soutenu par le CRDI. Au cours de cette évolution, un nombre de plus en plus élevé de thèmes de recherche ont germé, mettant en relief non seulement l'à-propos de ce nouveau moyen d'enseignement, mais également la nécessité de diffuser continuellement les enseignements au sein des praticiens et des décideurs pour les tenir au fait des techniques de l'heure.

Bien que nos différents succès nous encouragent à l'optimisme, nous ne saurions dissimuler les véritables grandes difficultés que rencontrent aujourd'hui la plupart des projets SchoolNet – difficultés qui ne sont pas souvent très différentes des projets de développement africains financés par les bailleurs de fonds.

- Intégrer les TIC dans la vie même de l'École comme élément essentiel d'une solution au problème d'éducation, et non pas seulement en tant que projet technologique ;
- susciter une prise de conscience auprès des décideurs et convaincre ces derniers de l'intérêt qu'il y a à investir dans l'éducation par le biais des TIC ;
- développer une certaine indépendance relative vis-à-vis des bailleurs de fonds et créer des programmes nationaux intégrés abordables et durables en réaction entre autres aux réductions budgétaires en ma-

tière d'éducation, à la pandémie du VIH/Sida et aux interventions financières à court terme des bailleurs de fonds ; et bien entendu
- vérifier si l'intervention des TIC dans les établissements scolaires apporte véritablement une plus-value éducative aux élèves, aux enseignants et aux responsables des établissements scolaires...

Telles sont les préoccupations qui gardent toute leur pertinence et une place de choix dans l'esprit des acteurs de SchoolNet, et pour lesquelles nous avons plus de questions que de réponses, à un moment où plusieurs SchoolNet se battent pour leur survie et se démènent pour assurer leur viabilité. De toute évidence, il est nécessaire d'agir si nous voulons sortir l'enseignement de la crise dans laquelle il se trouve et changer véritablement la vie des jeunes Africains grâce à l'initiative SchoolNet. À ce niveau, la recherche et l'enseignement auront toujours à jouer un rôle très important, à côté des autres actions.

En vue de garantir le succès futur du mouvement SchoolNet, il convient de définir, de manière continue, les meilleurs domaines de recherche, mener le processus de recherche d'une manière qui puisse encourager les parties prenantes à participer et à s'approprier la recherche, à contribuer à la dissémination des leçons tirées de cette expérience, mais surtout s'inspirer de tous ces enseignements.

La présente étude marque le début de ce processus. Le réseau des praticiens de SchoolNet en Afrique, leurs partenaires internationaux ainsi que l'engagement manifesté par le Nouveau partenariat pour le développement de l'Afrique dans le sens d'un appui en faveur du télé-enseignement dans les établissements scolaires, ont beaucoup à tirer de ce travail.

Shafika Isaacs
Directeur exécutif
SchoolNet Afrique

Remerciements

Une œuvre de recherche de cette envergure est le fruit de l'inestimable contribution d'un ensemble de personnes qui ont travaillé à la réussite de ce projet. J'aimerais ici exprimer ma gratitude à tous ceux et celles qui ont contribué à sa compilation.

Le présent document ne fait pas ressortir aussi clairement qu'il aurait dû les apports individuels des uns et des autres, étant donné que les exigences de la recherche commandent qu'ils soient présentés dans la forme d'un document cohérent. Cependant, nous reconnaissons que chaque effort a été déterminant à la parution de la mouture finale et mérite par conséquent d'être salué à juste titre.

Auteurs et chercheurs

Canada
Terry Smutylo

Mozambique
Michael Cross
Ephraim Siluma

Sénégal
El Hadj Habib Camara
Ramata Molo Aw Thioune

Afrique du Sud
Irene Broekman
Daniel Browde
Neil Butcher
Malusi Cele
Edward Holcroft

Shafika Isaacs
Thomas Mogale
Nicky Roberts

Ouganda
Grace Baguna
Florence Etta
Anne Ruhweza Katehoire

Éditeurs
Irene Boekman
Florence Etta
Tina James
Nicky Roberts

Nous sommes également reconnaissants à tous ceux et toutes celles qui nous ont fait partager leurs idées et leurs opinions à travers les ateliers, les interviews, le courrier électronique et les messages fax, en particulier le personnel et les membres du comité de pilotage des projets SchoolNet des neuf pays africains. C'est grâce à leurs contributions que ce rapport a pu être complété.

Nous remercions particulièrement la South African Institute for Distance Education (SAIDE) pour la précieuse base de données mise à notre disposition, son expertise et son appui en vue de la réalisation de la présente analyse, et la World Links for Development (WorLD) Programme pour sa participation aux ateliers de recherche de cette étude, et plus spécialement pour son appui et sa collaboration dans l'étude de cas sur SchoolNet Ouganda.

Enfin, au nom du programme Acacia CRDI, j'aimerais remercier Linah Hlatshwayo et Muriel Reneke du CRDI pour assistance concernant les questions administratives.

Shafika Isaacs
Chef de projet

Résumé analytique

Introduction

Le programme Acacia du Centre de recherches pour le développement international (CRDI) a, depuis sa création en 1997, consenti des investissements énormes dans la promotion de projets de mise en réseau d'écoles dans un nombre de pays africains. Les écoles sont des institutions où convergent des membres de différentes communautés — apprenants, éducateurs, directeurs d'école, parents d'apprenants, jeunes chômeurs, femmes et autres membres de la communauté. Il était donc normal que les écoles servent de base pour l'accès de la communauté à l'informatique et aux technologies de l'information et de la communication (TIC).

Lorsqu'ils furent introduits dans les communautés africaines pour la première fois en 1997, les ordinateurs et l'Internet étaient des phénomènes nouveaux pour ces communautés. Aussi, un mécanisme institutionnel devait-il être mis en place pour promouvoir l'application des TIC dans les écoles et tester l'efficacité de ces technologies en matière de promotion de l'enseignement. C'est ce qui a présidé à la mise en place de projets SchoolNet en tant que nouvelles entités conçues pour essayer divers modèles dans des contextes différents en Afrique.

Trois hypothèses ont présidé à la mise en place des projets SchoolNet :

- les TIC dans les écoles devaient améliorer l'accès à l'information et promouvoir la communication dans les communautés scolaires, ainsi que dans diverses communautés des zones résidentielles situées aux alentours des écoles ;
- les TIC dans les écoles amélioreraient l'accès à l'éducation pour ceux qui en ont été privés dans le passé ; et

- les TIC peuvent contribuer à la promotion de nouvelles méthodologies pédagogiques, améliorant ainsi l'apprentissage et l'enseignement, en particulier dans le contexte de la crise de l'éducation en Afrique.

Les projets évalués

Au cours de sa première phase de trois ans, Acacia a favorisé le lancement de projets SchoolNet dans neuf pays d' Afrique subsaharienne : l'Angola, le Lesotho, le Mozambique, la Namibie, le Sénégal, l'Afrique du Sud, la Zambie, le Zimbabwe et l'Ouganda. La taille, la portée et les activités des projets en question diffèrent considérablement, et ces projets sont à différentes phases de leur exécution. Les projets ont été évalués à l'aide d'une combinaison d'entretiens approfondis (face à face et par téléphone), d'enquêtes par e-mail, de visites sur le terrain et de la photo-documentation, et de la revue de documents de projet.

Angola

Le projet de mise en réseau d'écoles était basé à l'Université catholique d'Angola à Luanda. La phase de lancement visait à connecter trois écoles de Luanda à Internet et à former des enseignants de ces écoles aux rudiments des TIC. Il n'était pas question de mettre en place SchoolNet Angola en tant qu'institution, ni de subventionner le recrutement d'un personnel à temps plein pour gérer l'institution.

Lesotho

Au Lesotho, le projet fut conçu pour connecter un centre pour l'entreprise rurale et le développement communautaire à Liphering, fournir l'accès à dix écoles et à quatre institutions supérieures dans la région. Le projet a également formé des enseignants, des promoteurs du développement rural, des étudiants et des formateurs.

Mozambique

Acacia a appuyé la mise en place d'un projet dans dix écoles, en partenariat avec le Centre d'information basé à l'Université Eduardo Mondlane (CIUEM) à Maputo. Le projet touchait à la formation des enseignants et à l'appui technique.

Namibie

Acacia a appuyé l'élaboration d'un plan d'entreprise et stratégique pour la mise en place de SchoolNet Namibie en tant qu'institution officielle. SchoolNet Namibie a été mis en place en partenariat avec un ensemble d'institutions éducatives et les secteurs privé et public.

Sénégal

Acacia a appuyé le projet Cyber Jeunes qui consistait à créer douze Cyber Jeunes dans le cadre d'un réseau de clubs de jeunes dans les écoles. Le projet est une expérience dans des établissements d'enseignement secondaire qui favorise un dialogue constant et une sensibilisation accrue du public aux questions d'intérêt pour les adolescents au moyen des TIC dans les écoles du Sénégal.

Afrique du Sud

SchoolNet South Africa [SchoolNet Afrique du Sud] (SNSA) a été créé en tant qu'organisation non gouvernementale dont le siège est dans les bureaux du CRDI à Johannesburg. À son lancement, le projet visait à fournir un à trois ordinateurs à 48 écoles et à organiser 8 ateliers de formation d'éducateurs, même si cet objectif a été nettement dépassé.

Ouganda

Acacia a collaboré avec WorLD pour la mise en route de SchoolNet Ouganda. Le partenariat a pris la forme d'une communication régulière entre Acacia et SchoolNet Ouganda. Cette communication a jeté les bases de la création de CurriculumNet, projet orienté vers la création d'un site sur l'enseignement local sur Internet. CurriculumNet a commencé ses activités en décembre 2000 avec l'appui du programme Acacia.

Zambie

Acacia a appuyé un projet qui a posé les jalons de la création d'un réseau scolaire national en ciblant 14 centres de formation d'enseignants dans chacune des neuf provinces du pays. Ces centres étaient déjà équipés d'ordinateurs, de lignes téléphoniques et d'électricité.

Zimbabwe

Acacia a appuyé la mise en place d'un projet de WorLD SchoolNet, à savoir SchoolNet Zimbabwe, en apportant un appui financier pour l'organisation d'un atelier national sur les TIC dans l'enseignement de base, la formation de formateurs et l'encadrement des écoles intéressées par le programme de mise en réseau, ainsi que l'élaboration de plans d'entreprise provinciaux.

En conséquence, dans certains cas, Acacia a activement favorisé et appuyé la mise en place d'une institution appelée SchoolNet, tandis que dans d'autres il a appuyé des activités de lancement sous l'égide d'institutions qui étaient en place. S'agissant de SchoolNet Zimbabwe et de SchoolNet Ouganda, WorLD a grandement contribué à la mise en place de ces institutions, tandis qu'Acacia a appuyé deux activités de lancement au Zimbabwe.

Les leçons apprises

H2. Leçon # 1 : Les projets à petite échelle sont plus efficaces

Tous les projets SchoolNet de cette étude ont été conçus et exécutés en tant qu'initiatives pilotes et, dans certains cas, de très petite échelle. L'expérience a montré que la plupart des initiatives pilotes vont rarement au-delà de leur phase pilote. Un projet qui marche bien au niveau micro peut s'avérer une catastrophe au niveau macro en ce sens qu'il peut mettre en jeu des niveaux de complexité auxquels un système macroscopique ne peut durablement s'accommoder.

Très souvent, des modèles d'utilisation réussie des TIC au niveau micro sont conçus par des individus dévoués, très efficaces, et sont fonction du caractère et de l'engagement de leurs concepteurs pour leur succès à terme. Ces modèles ne sont pas facilement transposables, si tant est qu'ils le sont au niveau macro, et toute tentative visant à les y transposer pourrait avoir des effets déstabilisateurs graves sur ce niveau.

Leçon # 2 : Promouvoir le concept de TIC ou de « TIC dans l'enseignement »

Les projets SchoolNet ont adopté une approche plus technologique qu'éducative, cherchant principalement à installer les technologies et à les rendre accessibles au lieu de les utiliser à des fins éducatives. Il s'agissait là d'une première étape nécessaire pour les SchoolNet au regard des difficultés liées à l'accès aux TIC. Toutefois, la raison d'être des SchoolNet est de mettre en évidence les effets bénéfiques des TIC sur l'éducation. D'où la nécessité de concevoir des projets orientés vers l'éducation.

Il faut trouver les moyens d'intégrer efficacement les TIC dans les programmes scolaires. Pour ce faire, une collaboration étroite s'impose avec les services d'éducation en raison des incidences de cette politique sur les modèles de développement concernant les enseignants, les écoles et les programmes. Étant donné que l'intégration des TIC dans les systèmes éducatifs reste un terrain largement inexploré en Afrique, il est évident qu'il importe de poursuivre la recherche sur les moyens de gérer cette intégration.

Leçon # 3 : Le projet doit se conformer aux réalités locales

Des facteurs locaux tels que les infrastructures, l'insuffisance des aptitudes dans le domaine des TIC, l'emplacement géographique et l'absence d'une culture d'utilisation des technologies ont des effets sur les projets, au même titre que les conditions de travail des employés. La première phase d'un projet devrait consister à procéder à un inventaire des infrastructures et des aptitudes en matière de TIC qui existent au niveau local. Lorsque les aptitudes en matière de TIC sont concentrées dans une province ou une ville, le projet devrait être initié là où les aptitudes et les ressources sont disponibles ou pourraient se mettre en place relativement vite. Ainsi on réduira le risque initial d'échec tout en permettant à l'exécution du projet de commencer dans un environnement moins incertain, accroissant ainsi ses chances de succès. L'accès à l'électricité et au téléphone devrait présider au choix des écoles dans le cadre d'un projet SchoolNet.

Leçon # 4 : Des objectifs simples et clairs sont importants

Les objectifs majeurs doivent être bien connus. Lorsqu'un projet est exécuté à long terme, il faut définir des phases d'exécution assorties d'objectifs clairs. Toutes les parties prenantes doivent être informées des délais et des objectifs mesurables pour l'achèvement des phases du projet. Les responsabilités pour la réalisation des objectifs devraient également être bien définies pour qu'on sache exactement qui sera responsable de la bonne conduite de telle ou telle tâche ou activité. Cette démarche facilitera le suivi et l'évaluation du projet et permettra de s'assurer que les objectifs sont atteints, les problèmes abordés à temps et le projet exécuté avec efficacité et efficience. Des réunions et des rapports d'activités réguliers s'imposent pour que les parties prenantes soient informées de l'état d'avancement du projet.

Leçon # 5 : Des promoteurs des TIC dévoués : une bénédiction ou une malédiction ?

Les projets SchoolNet les mieux réussis semblent être ceux dont les promoteurs sont dévoués. Un bon promoteur de projet SchoolNet devrait assurer une direction visionnaire et posséder de bonnes aptitudes en communication et en gestion de projets. Les promoteurs devraient également avoir d'excellentes aptitudes dans les domaines du lobbying et de la négociation et de solides relations dans les secteurs public et privé. Les promoteurs se caractérisent généralement par un enthousiasme appréciable.

Il faudrait se garder de confondre des promoteurs dévoués avec le personnel salarié à temps plein. Dans certains cas en effet, le promoteur peut remplir son rôle en travaillant à temps partiel ou en tant que volontaire. Le volontaire peut être une personne mue par la vision et le potentiel futur du projet. Il peut être un acteur représentant les pouvoirs publics ou la communauté et pourrait même ne pas être le directeur du projet, même s'il est très avantageux que ce dernier joue le rôle de « promoteur ».

Il existe toutefois le risque d'aboutir à une situation de dépendance sur un ou quelques individus. C'est là un danger pour la durabilité des projets dans la mesure où ces derniers prennent fin facilement lorsque ces individus se retirent.

Leçon # 6 : Le volontariat pourrait faire courir des risques à votre projet

Dans les pays où le revenu est très bas, et où il n'existe pas de culture de volontariat, il est difficile de soutenir l'élan nécessaire en s'appuyant sur les seuls volontaires. Dans la plupart des cas, les volontaires semblent escompter une certaine rémunération pour leurs services et ne risquent pas de continuer de travailler si cette rémunération tarde à venir. Les volontaires (d'ordinaire les enseignants) posent également des problèmes lorsque leur charge de travail régulière devient trop lourde en raison de l'accroissement des besoins en matière d'enseignement et d'appui aux TIC dans l'école. C'est le cas en particulier lorsque les écoles dépendent des enseignants volontaires en matière d'appui technique.

Leçon # 7 : Former et entretenir les rares ressources humaines

Les aptitudes en gestion et exécution de projets sont rares en Afrique, en particulier dans les zones rurales. On peut en dire autant des capacités dans le secteur privé où les aptitudes en matière de TIC, aussi bien que l'esprit d'entreprise, sont nettement plus limités que dans les autres parties du monde. Aussi, est-il beaucoup plus difficile dans cette région de trouver des solutions locales novatrices aux problèmes d'éducation. Cette situation rend également plus coûteux les projets fondés sur la technologie.

Leçon # 8 : Mettre en place des structures de gestion souples

Le succès de la phase de lancement d'un projet exige une structure de gestion très souple qui favorise la prospection d'idées divergentes et qui est très sensible à un environnement qui impose une prise de décisions rapide. Il s'ensuit qu'en raison de ses lenteurs administratives et de son manque de souplesse, le secteur public pourrait ne pas être la structure la plus indiquée pour gérer un projet SchoolNet, en particulier pendant la phase de lancement.

Leçon # 9 : Inscrire le projet dans le cadre d'une organisation existante tout en préservant son indépendance

Pour leurs premiers pas, la plupart des projets SchoolNet se sont inscrits avec bonheur dans des institutions (universités, ministère de l'Éducation ou entreprises du secteur privé). Cette démarche aide à consolider des partenariats avec des institutions d'enseignement établies, encourage la sensibilisation dans les universités et dans la perspective de la mise en place de SchoolNet, contribue à sensibiliser l'opinion au potentiel des TIC en matière de promotion de l'enseignement.

Un autre facteur essentiel de succès est de concevoir les projets SchoolNet en tant qu'entités autonomes. Ainsi, non seulement les structures dirigeantes et le personnel s'approprient et contrôlent mieux les projets, mais aussi la portée de la prise de décisions et la gamme d'activités et de partenariats possibles sont élargies. S'il est essentiel d'assurer l'autonomie des projets, il convient également de renforcer le réseau au moyen de partenariats avec des départements ministériels, le secteur privé et la société civile.

Leçon # 10 : Comprendre les implications de l'appui des bailleurs de fonds sur la viabilité financière

Pendant la phase de conception, il importe de prendre en compte les chances d'aller au-delà de la phase pilote et de définir un cadre pour le long terme. Des partenariats avec un nombre d'acteurs se sont avérés être un facteur majeur de succès. Ces partenariats peuvent prendre des formes diverses, pouvant aller de l'appui financier à des contributions en nature. Si la plupart des projets SchoolNet devraient rester des initiatives à but non lucratif, il est devenu essentiel de gérer ces projets en s'appuyant sur des principes économiques sains pour en assurer la longévité et la durabilité. Pour ce faire, il faut générer des produits et des services susceptibles de procurer des revenus et formuler des stratégies de marketing dynamiques. Les modèles de durabilité devront également prendre en considération l'établissement de partenariats entre les secteurs public et privé dans le cadre desquels on peut mettre en relief, à l'intention du secteur privé, les avantages qu'il y a à contribuer aux projets SchoolNet.

Leçon # 11 : Élargir l'éventail des choix en matière de connectivité

Le principal obstacle à l'accès de diverses communautés aux TIC a été et reste la connectivité, sa disponibilité et son accessibilité. Les difficultés liées à l'utilisation des connexions sans fil ont été soulignées, mais même les écoles qui utilisent actuellement des connexions sans fil se sont plaintes de l'étroitesse de la bande passante. Les projets SchoolNet devraient minutieusement explorer les diverses options techniques existantes et accessibles pour les écoles pour être en mesure d'opérer des choix éclairés en matière de connectivité.

Leçon # 12 : Des ordinateurs neufs au lieu d'ordinateurs de seconde main

Les ordinateurs de seconde main sont utiles pour les exercices de démonstration et à des fins d'apprentissage, mais il importe de tester les ordinateurs avant de les envoyer dans les écoles et de pouvoir aisément en assurer la remise en état et l'entretien. Les ordinateurs de seconde main ne sont pas toujours efficaces du point de vue du coût et en raison de leur durée de vie courte. Pour une grande partie, les pannes techniques et les problèmes de connectivité ont été imputés à l'âge et à la lenteur des ordinateurs. Ces problèmes ont été exacerbés par le fait que les utilisateurs étaient souvent des novices.

L'enseignement à tirer des difficultés techniques liées à l'utilisation de vieux ordinateurs est que des machines plus performantes et plus neuves sont nécessaires pour accéder à l'Internet et télécharger des documents. Ces machines pourraient également contribuer à alléger les factures de téléphone pour les utilisateurs. Dans les pays où l'appui technique pourrait être rare en milieu rural, l'utilisation d'ordinateurs de seconde main pourrait poser problème, à moins qu'on ne mette en place une stratégie de promotion d'aptitudes locales en matière d'appui technique.

Leçon # 13 : Améliorer l'accès

L'utilisation des écoles en tant que point d'accès aux TIC a été un grand succès. Des modèles d'accès différents peuvent être appliqués :

- Accès réservé exclusivement à la communauté scolaire concernée, avec des schémas d'utilisation qui peuvent aller des cas où seul le principal de l'école utilise le seul ordinateur disponible à ceux où les apprenants, les enseignants et le principal utilisent des ordinateurs installés dans un laboratoire à l'école ;
- Accès ouvert à la communauté scolaire et aux populations environnantes ; et
- Accès par une école qui sert de site nodal pour desservir les écoles et la communauté environnantes.

Leçon # 14 : Promouvoir des aptitudes en matière de maintenance

La promotion de capacités locales en matière d'aptitudes techniques, la mise en place d'une équipe chargée de la maintenance, de personnes capables d'assurer la maintenance et la remise en état des ordinateurs et des services d'entretien sont particulièrement nécessaires. Pendant la formation des enseignants, il importe de chercher des moyens d'améliorer l'appui technique, en particulier dans les zones reculées, même si ce n'est que pour faire face aux problèmes de maintenance élémentaires. On devrait faire une plus large place à la formation technique en faveur des enseignants et des apprenants pour leur permettre de régler sur place les problèmes élémentaires qui se poseraient à eux. De plus, il faut des mécanismes qui permettent de fournir un appui technique permanent aux enseignants, par exemple grâce à des services de maintenance.

Leçon # 15 : Des programmes de formation de longue durée et une formation permanente pour les enseignants

Loin d'être une opération ponctuelle, la formation doit être continue et suivie, et l'accent doit être mis sur les programmes de formation à longue durée.

Des niveaux de formation différents devraient être envisagés pour les enseignants en fonction des niveaux de compétences.

Leçon # 16 : Le développement de contenus locaux doit s'appuyer sur une forte base technologique

La plupart des contenus actuellement disponibles sur Internet ont été développés ailleurs et ne sont pas toujours pertinents pour les pays africains. De tous les aspects des activités des projets SchoolNet, le développement de contenus relatifs à l'enseignement disponibles sur le net ou à travers les TIC était extrêmement limité ou complètement marginalisé, même si ces activités faisaient partie du projet dès la phase de conception. La question de la contextualisation des informations mérite donc d'être réexaminée.

Leçon # 17 : Des politiques d'utilisation des TIC différentes dans l'enseignement

Les TIC ne sont pas encore une grande priorité politique ou financière. Il existe plusieurs priorités rivales – les contraintes budgétaires, les problèmes administratifs et de gestion, la disponibilité des enseignants, l'impact du VIH/SIDA sur l'enseignement, etc. Toutes ces questions rivalisent pour attirer l'attention des décideurs locaux. Une politique de formation aux TIC doit encore se frayer une place parmi ces priorités.

Il importe que les projets SchoolNet entretiennent des relations de travail étroites avec les structures de décision. En effet, il a été établi qu'une participation véritable des décideurs à l'exécution de projets est le moyen le plus efficace de promouvoir une politique d'utilisation des TIC dans le domaine de l'enseignement. Les politiques d'utilisation des TIC dans l'enseignement pourraient prendre la forme :

- de politiques générales d'utilisation des technologies dans l'enseignement et de stratégies – nationales et provinciales – de promotion d'une utilisation spécifique des TIC dans l'enseignement découlant de ce cadre politique général ;
- de politiques d'utilisation de TIC spécifiques à l'enseignement où un accent particulier est mis sur l'utilisation des TIC dans l'enseignement ; et
- de politiques spécifiques relatives aux écoles et aux TIC, ainsi qu'à la manière dont les écoles devraient être dotées d'équipements appropriés.

Conclusion

Il ressort de l'évaluation des projets SchoolNet appuyés par Acacia que certains projets ont connu des résultats médiocres, tandis que d'autres peuvent être considérés comme un franc succès. La connectivité reste un des obstacles majeurs et le demeurera jusqu'à ce qu'un accent soit mis particulièrement sur le service universel dans les zones non desservies. Une plus large place doit être faite à l'intégration des TIC dans les programmes scolaires au cours des phases à venir, étant donné, en particulier, que davantage d'élèves et d'enseignants s'intéressent à la technologie et exigent désormais des informations à caractère pédagogique plus adaptées au contexte local. Enfin, la viabilité, les ressources financières et humaines restent des domaines de préoccupation qui ne peuvent trouver une solution que si l'on adopte des principes économiques plus rigoureux tout en mettant l'accent sur le renforcement des capacités pour une meilleure gestion des projets.

Chapitre 1

La contextualisation de l'éducation en Afrique : le rôle des TIC

Shafika Isaacs, Irene Broekman et Thomas Mogale

L'Afrique à l'ère de l'information

Les changements spectaculaires intervenus quant à l'importance et la portée des moyens techniques d'information ont été le fait marquant des années 90 et continuent de l'être. L'utilisation des technologies et des réseaux d'information a atteint les économies avancées autant que de nombreuses économies en développement, bien qu'à des degrés et à des intensités variables. L'ubiquité de ces changements s'est manifestée à travers l'extraordinaire expansion de l'Internet et de la Toile, ainsi qu'à travers la prolifération des réseaux sans fil, ce qui a donné naissance à ce que l'on appelle aujourd'hui la « révolution du réseau ». Les sociétés développées ont tiré le meilleur parti de cette révolution avec une rapidité déconcertante, en accédant massivement aux réseaux numériques modernes, tout en recueillant des avantages économiques et sociaux pour leurs secteurs des télécommunications et des affaires. Ces pays ont effectué une percée dans le domaine du commerce électronique, tandis que leurs homologues des pays en développement n'ont pas encore atteint des niveaux de connectivité satisfaisants. La généralisation du commerce électronique a annoncé l'arrivée de ce que l'on appelle « nouvelle économie de l'information », avec davantage de répercussions sur les industries qui possèdent un important flux d'information.

Il est quasi certain que les populations d'Afrique subsaharienne, mal servies, sont en train de perdre ainsi les bienfaits des technologies de l'information et de la communication (TIC). En tant que région nettement à la traîne en matières d'adoption, d'utilisation et d'innovation des TIC, ses populations ne peuvent pas bénéficier d'une meilleure éducation, d'emplois bien rémunérés du secteur des TIC, des possibilités et opportunités d'investissement qu'offrent les technologies de l'information pour faciliter la fourniture de services de base tels que la santé et l'éducation.

Les effets à long terme des TIC et de l'écart numérique tant au niveau national qu'international ne sont pas encore clairement appréhendés. Pourtant, les bénéfices découlant des TIC ont augmenté le revenu et les avantages économiques et culturels de ceux qui peuvent les exploiter à bon escient. La révolution du réseau présente des opportunités incomparables d'ouverture de nouveaux créneaux numériques dans les pays en plein développement, notamment dans le domaine de l'éducation. Les avantages potentiels des progrès des TIC peuvent s'exprimer en termes d'accélération du développement économique et social et de plus grande intégration des populations isolées – rurales en particulier – dans la société et dans la mouvance de l'activité économique.

L'introduction des TIC dans l'environnement éducatif peut ouvrir de nouvelles voies pour de nouvelles initiatives en vue d'un enseignement plus accessible qui permette à la jeunesse d'accéder à l'ère de l'information. L'évolution des activités de mise en réseau des établissements scolaires dans plus de 23 établissements scolaires doit être perçue dans ce contexte, raison pour laquelle il est impératif de bien en maîtriser le potentiel pour réduire l'écart numérique.

La situation de l'enseignement dans les établissements scolaires africains

Les effectifs scolaires

Pendant que dans de nombreux pays l'éducation formelle demeure le secteur le plus important avec une part importante du budget national, la participation à l'éducation en Afrique subsaharienne est seulement en train d'approcher ce niveau. Entre 1960 et 1990, le nombre total de personnes inscrites dans les trois principaux cycles d'éducation (primaire, secondaire et supérieur) en Afrique a augmenté de 5 % en moyenne (PNUD 1992).

Le graphique 1.1 illustre la situation de l'enseignement en ce qui concerne les taux d'inscription aux cycles primaire et secondaire dans les pays étudiés. L'on a noté une augmentation spectaculaire des effectifs tant dans le cycle primaire que secondaire. Cependant, les taux de déperditions scolaires dans ces cycles d'éducation demeurent une source de préoccupation. Tandis que des signes d'amélioration de la fourniture de services éducatifs aux niveaux primaire et secondaire sont évidents, une grande partie de la jeunesse africaine reste exclue du système éducatif et sera en même temps privée de la possibilité de tirer profit des avantages offerts par la nouvelle économie.

Graphique 1.1 : Effectifs scolaires des pays sélectionnés en 1980 et 1994-1997 en termes de % d'enfants en âge scolaire

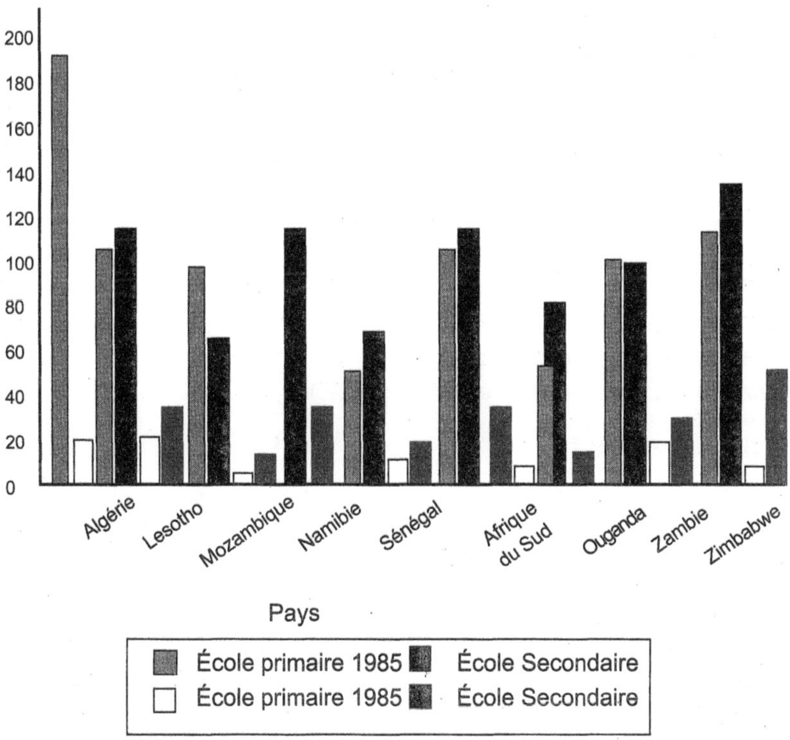

Source : Banque mondiale (2000).

Les dépenses publiques en matière d'éducation

Après des années de graves instabilités politique et économique, les pays africains n'ont que récemment commencé à présenter les signes de stabilité macroéconomique nécessaire pour le financement de l'éducation. Au bout du compte, le rythme de croissance démographique est constamment plus rapide que le taux de croissance économique. Ainsi par exemple, entre 1988 et 2000, le taux de croissance économique par habitant dans la plupart des pays d'Afrique subsaharienne était de -0,1 % contre un taux de croissance démographique annuel moyen d'environ 2,7 % depuis 1990 (Ibid.). Dans ce contexte, l'on se serait attendu à une augmentation des allocations budgétaires en matière d'éducation pour rester à la hauteur de la croissance démographique. Ce qui n'a pas été le cas ; au contraire, les dépenses n'ont pu que maintenir le nombre des effectifs.

Le graphique 1.2 montre qu'en dehors du Lesotho, de la Namibie et de l'Afrique du Sud, la majorité des pays sélectionnés ont maintenu un niveau relativement bas de dépenses en matière d'éducation par rapport au Produit national brut (PNB). En guise de comparaison, les dépenses en matière d'éducation par habitant dans les pays développés sont globalement 20 fois supérieures à celles des pays africains, et pratiquement deux fois supérieures à celles des pays asiatiques (UNICEF). Ce qui n'est en réalité pas surprenant, dans la mesure où plusieurs pays africains sortent de périodes de guerres civiles, ce qui fait que suffisamment de moyens ne sont pas encore générés pour faire de l'éducation une priorité. Plusieurs de ces pays traînent également une dette énorme dont le service doit être assuré – ils sont considérés dans le jargon du développement international comme pays pauvres très endettés (PPTE).

La connectivité

De par sa nature, le phénomène des TIC est relativement nouveau et étroitement lié au temps. Les informations disponibles, qui ne sont généralement pas aussi à jour et aussi détaillées qu'on l'aurait souhaité dans nombre de pays africains, font ressortir que la majorité des pays pauvres d'Afrique subsaharienne sont à la traîne pour ce qui est de la révolution de l'information. Il n'est pas surprenant dès lors que la recherche de la connectivité ait posé problème et fasse appel à de profondes mutations dans l'environnement réglementaire, tout en accordant une attention renouvelée au partenariat secteurs public et privé/services sociaux.

Graphique 1.2. : Dépenses en matière d'éducation en % du PNB en 1980 et 1985 par rapport à 1990–1997

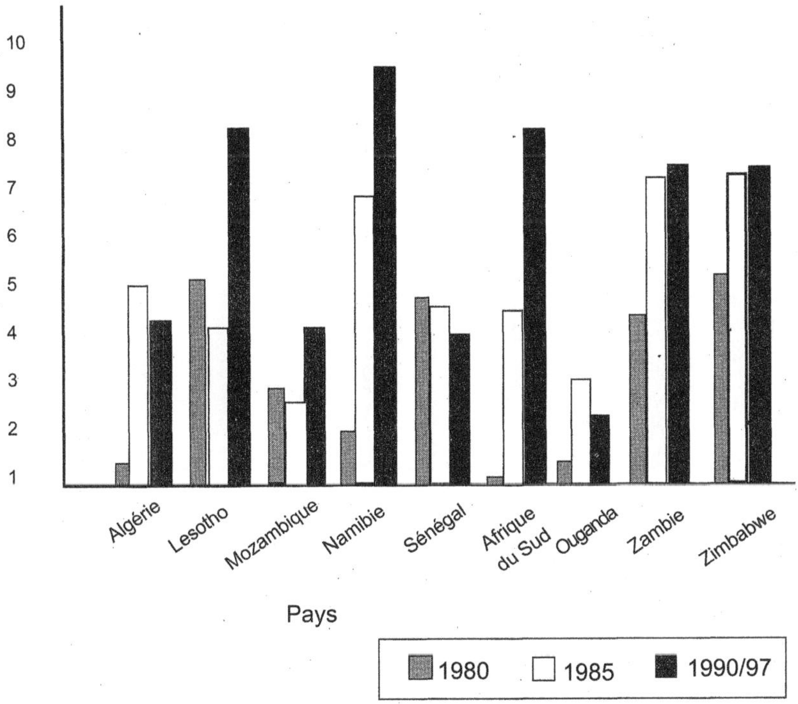

Source : Banque africaine de développement.

À titre d'exemple, les pays développés regroupent 80 % des internautes du monde, tandis que la largeur totale de la bande internationale de l'Afrique est inférieure à celle de la seule ville de Sao Paulo au Brésil (UNDH 2001).

L'analphabétisme

Le graphique 1.3 met en exergue le problème du taux d'analphabétisme chez les adultes dans la région. L'un des éléments marquants dans ce graphique est le taux élevé d'analphabétisme chez les adultes au Sénégal par rapport aux autres pays.

Graphique 1.3. : Taux d'analphabétisme chez les adultes en 1995, en % des 15 ans et plus qui ne savent ni lire, ni écrire

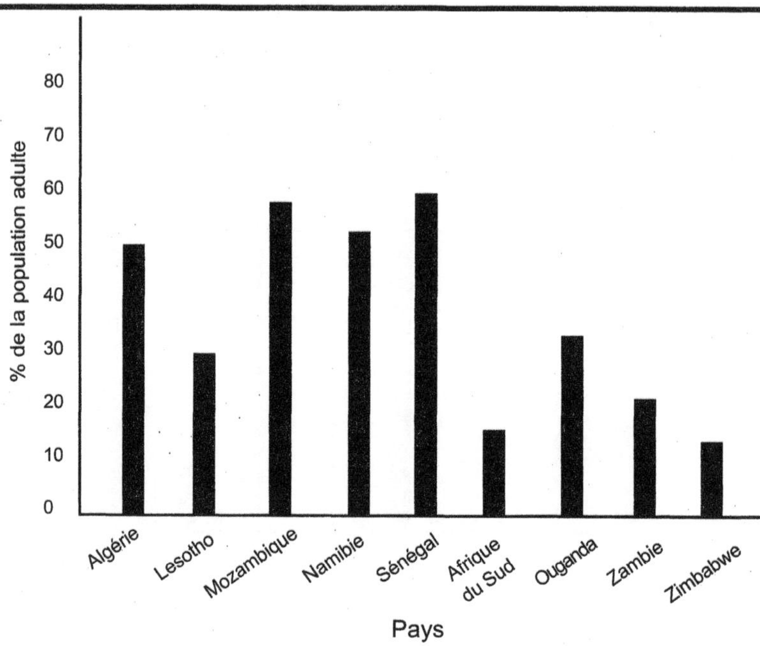

Source : Banque Africaine de Développement.

Tous les 54 pays africains sont déjà connectés à Internet (Jensen 2002). Par contre, seuls quelques pays de cette région sont en mesure de concurrencer les pays développés dans un certain nombre de domaines, notamment :

Tableau 1.1. Nombre d'internautes, 1999 et 2002 (NUA)

Région	Nombre d'internautes (en millions)	
	1999	**fév. 2002**
Afrique	3,11	4,15
Asie-Pacifique	104,88	157,49
Europe	113,14	171,35
Moyen-Orient	2,40	4,65
Canada et USA	167,12	181,23
Amérique latine	16,45	25,33
Total mondial	407,1	544,2

La Téléphonie

En 1998, l'on comptait 146 postes téléphoniques pour 1000 personnes dans le monde, mais seulement 3 pour 1000 dans des pays tels que l'Ouganda (Banque mondiale 1998). Plus récemment, l'on a noté un développement spectaculaire dans le domaine de la téléphonie mobile en Afrique dont le nombre d'appareils dépasse déjà de loin celui des lignes fixes dans les pays où il en existe (tableau 1.2).

Les ordinateurs

En 1998, l'on comptait dans le monde 70,6 micro-ordinateurs pour 1000 personnes, et 311,2 pour 1000 habitants dans les pays développés, contre 7,5 pour 1000 en Afrique subsaharienne.

Tableau 1.2. : Nombre estimatif d'utilisateurs de téléphones portables dans un échantillon de pays africains en 1998-2001 (NUA)

Région	Nombre d'utilisateurs		
	déc. 1998	déc. 2000	nov. 2001
Mozambique	-	-	101 000
Afrique du Sud	255 2900	7 060 000	9 400 000
Ouganda	-	-	280 000
Zimbabwe	-	175 000	330 000
Total pour l'Afrique			23 000 000

La largeur de la bande passante et débit

La largeur de la bande passante d'un pays indique la quantité d'informations qui peut circuler rapidement de ce pays à un autre. Vers fin 2000, l'essentiel de la connexion à Internet liait les États-Unis (USA) à l'Europe (56 giga octets par seconde) et, dans une moindre mesure les USA à la région Asie-Pacifique (18 go). L'Afrique utilise une bande extrêmement réduite pour sa connectivité à l'Europe (0,2 go) et aux USA (0,5 go). Les statistiques les plus récentes indiquent que la largeur de la bande Internet internationale reçue est aujourd'hui largement supérieure à 1 go, tandis que les informations émises sont estimées à environ 800 mo par seconde (Jensen 2002).

Avec ses 739 millions d'habitants, l'Afrique ne dispose que de 14 millions de lignes téléphoniques, chiffre inférieur à celui des lignes disponibles à Manhattan ou à Tokyo. Quelque 80 % de ces lignes ne se retrouvent que dans six pays. Le rapport des Nations Unies sur le développement humain (UNDH 2000)[1] indique que les pays industrialisés, avec seulement 15 % de la population mondiale, regroupent 88 % d'internautes. La répartition géographique des points Internet illustre davantage les différences énormes qui existent en matière de connectivité entre les pays industrialisés et le monde en développement. En 1999, l'on ne comptait qu'un million d'abonnés à Internet sur l'ensemble du continent africain, contre 15 millions au Royaume-Uni. Le pays moyen de l'Organisation de coopération et de développement économique (OCDE) compte globalement 40 fois plus d'ordinateurs par individu qu'un pays d'Afrique subsaharienne (à l'exception de l'Afrique du Sud), 10 fois plus de téléphones mobiles et 1600 fois plus de points Internet.

Tableau 1.3. : Progression de l'usage du téléphone fixe, du portable et d'Internet (1997-1999)

	1997	1998	1999
Nombre de lignes téléphoniques pour 1000 personnes			
Asie-Pacifique	52	60	71
Europe de l'Est	197	212	227
Amérique latine et Caraïbes	109	121	139
Moyen-Orient et Afrique du Nord	90	99	109
Afrique subsaharienne	30	33	35
Afrique du Sud exceptée	6,7	7,3	8
Pays de l'OCDE	541	551	561
Nombre de téléphones mobiles pour 1000 personnes			
Asie-Pacifique	12	20	31
Europe de l'Est	13	27	45
Amérique latine et Caraïbes	25	41	66
Moyen-Orient et Afrique du Nord	20	28	40
Afrique subsaharienne	10	15	19
Afrique du Sud exceptée	0,7	1,6	3
Pays de l'OCDE	195	268	332
Nombre de points Internet pour 1000 personnes			
Asie-Pacifique	0,6	1,0	1,1
Europe de l'Est	0,9	1,4	2,4
Amérique latine et Caraïbes	0,5	1,0	1,5
Moyen-Orient et Afrique du Nord	0,6	1,1	2,1
Afrique subsaharienne	0,7	0,8	0,9
Afrique du Sud exceptée	0,013	0,036	0,041
Pays de l'OCDE	34,3	49,6	64,1

Source : Banque mondiale (2000).

Le tableau 1.3 présente 3 indicateurs de diverses TIC (téléphones, mobiles et accès à l'Internet) pour différentes régions du monde au cours des dernières années

Les différences sont moins marquées par rapport aux types de technologies qui existent depuis un temps relativement long – les postes téléviseurs en particulier – mais elles demeurent perceptibles.

Pour nous résumer, les informations disponibles révèlent un écart numérique entre l'Afrique et le monde développé. Dans le même temps cependant, il y a eu un développement significatif dans le domaine des TIC. Nous sommes désormais en présence de nouvelles opportunités pour faire face aux principaux problèmes liés à l'enseignement que connaît l'Afrique. La mise sur pied de projets de mise en réseau des établissements scolaires en Afrique est par conséquent une occasion de mettre la jeunesse en contact avec la société de l'information mondiale.

Le rôle des projets de mise en réseau des établissements scolaires en Afrique

Le développement et le déploiement des TIC dans le domaine de l'éducation sont considérés comme prioritaires pour une nation. Selon Howell et Lundall (2000) :

> ...les informations disponibles indiquent avec force que l'utilisation efficiente des TIC dans un pays influence beaucoup la compétitivité de l'économie de ce pays sur le marché mondial, ainsi que la capacité des gouvernements à atteindre leurs objectifs sociaux (Howell et Lundall 2000).

Bien que la relation de causalité exprimée dans cette affirmation soit discutable, la forte corrélation positive qui existe entre le développement économique et l'utilisation des TIC peut susciter cette perception. C'est ainsi que plusieurs pays évoquent l'usage des TIC comme stratégie de développement économique, en considérant l'investissement dans les TIC comme un investissement dans le futur. Ils ont émis ce point de vue, persuadés que ces développements « Exposent la jeunesse d'aujourd'hui à de nouveaux modèles de pensée qui leur permettront de rivaliser dans l'environnement global de demain » (CRDI 2000). Les TIC deviennent ainsi une composante de l'idée de mondialisation et de développement communautaire, avec les promesses d'un moyen qui n'est limité ni par l'espace, ni par le temps. Cependant, le temps et l'espace restent des freins au développement des TIC dans le domaine de l'éducation en Afrique. Ce qui est indéniable, c'est que les TIC sont devenues des moyens de communication et d'information entre les peuples, et que ces moyens promettent un rapport coût/efficacité avantageux.

L'usage de plus en plus fréquent de bases de données et de banques d'informations, ainsi que la montée fulgurante de l'usage de l'e-mail pour faciliter des communications rapides et à faible coût sont deux applications relativement simples qui peuvent s'avérer efficaces et économiques (James 2001).

Les projets SchoolNet – Objectifs

Les buts visés par les interventions SchoolNet varient énormément selon les projets et les régions. Pour certains, l'objectif est d'accroître le contact et la familiarité avec l'ordinateur par le biais du loisir ou des utilisations sociales, comme c'est le cas par exemple au Centre Sayi au Bénin. D'autres nécessitent des modifications évidentes des contenus et des programmes. La majorité vise de manière explicite une amélioration par le biais de la connectivité. Parmi les objectifs plus généraux, l'on peut citer la prise de conscience aux niveaux mondial et local, à l'instar de *Partners for Internet in Africa*, et SchoolNet Zambie (CRDI 2000). La définition d'un contenu local constitue un objectif exprimé par de nombreux projets. L'*Information Policy Handbook* [Manuel de politique de TIC] (James 2001) perçoit l'élaboration et le développement des outils pédagogiques comme un préalable. Bien qu'onéreux, ceux-ci peuvent être régulièrement actualisés et mis à disposition rapidement, en plus de réduire les dépenses en papier. Le développement de contenus au niveau local est également préconisé pour des raisons politiques, sociales et pédagogiques. Il a été considéré dans le sens du renforcement des capacités, plutôt qu'un simple produit. Au-delà des nouvelles connaissances, les capacités renvoient également à la promotion des TIC et de la pensée critique en développant les contenus locaux et internationaux, tout en les critiquant :

> L'impact des TIC dans l'enseignement se mesure à la capacité des apprenants à devenir des évaluateurs critiques de l'information pour résoudre des problèmes et à développer des idées et une compréhension nouvelles (Howell et Lundall 2000:34)

Les applications des TIC dans les établissements scolaires africains varient des cours facultatifs en informatique à des projets visant à introduire les

TIC comme matière obligatoire, et non promotionnelle à partir du Niveau 1 au niveau 12 comme c'est le cas en Namibie. Certaines interventions font appel à des projets spécifiques des étudiants – comme par exemple le Laws of Life Project de Partners for Internet in Education du Ghana, et le projet SchoolNet Insect@thon de la Namibie sur la classification numérique des insectes endogènes. D'autres impliquent la communauté dans son ensemble. SchoolNet Nigeria par exemple a adopté une approche basée sur la résolution des problèmes au niveau communautaire, en collaboration officiellement avec la United Methodist Church [Eglise Méthodiste Unie]. Pourtant, d'autres travaillent à développer le programme pour y inclure l'informatique, notamment l'introduction des TIC dans les établissements scolaires et les centres de formation ruraux du Lesotho (CRDI 2000).

Les objectifs peuvent être précis et mesurables (ex : acquisition des financements), ou alors plus généraux et instructifs, par exemple l'objectif de sensibilisation des décideurs à l'importance des TIC dans le secteur de l'éducation. Certaines personnes considèrent la maintenance des équipements comme étant un objectif. D'autres soutiennent avec force qu'il est important de mettre en place des mécanismes rémunérateurs incitatifs afin de garantir la durabilité.

Certains objectifs sont orientés vers la recherche, à l'instar de SchoolNet Ouganda dont l'objectif déclaré est de procéder à une évaluation des besoins en matière de programmes intégrés en TIC et de définir le statut et les conditions de la mise en réseau des établissements scolaires situés dans des aires géographiques différentes. D'autres sont orientés vers la recherche du rôle et de la valeur des TIC dans la promotion d'un enseignement de qualité. Plusieurs projets insistent sur l'importance de l'échange d'informations.

Les objectifs varient donc de la collaboration avec les apprenants à la fourniture d'informations à la communauté. Certains objectifs déclarés sont vagues. Ainsi par exemple, le projet de réseautage de l'Université du Lesotho se propose de créer un environnement favorable en vue de permettre un développement novateur des technologies de l'information au sein des communautés rurales (CRDI 2000:8). D'autres par contre sont très ambitieux. Au Maroc par exemple, l'idée qui sous-tend la mise en réseau des établissements scolaires est de permettre à la jeunesse de mettre sur pied des projets susceptibles de contribuer véritablement à la santé et au bien-être de la planète et de l'humanité (CRDI 2000:9). Parmi les objectifs de SchoolNet Nigeria figurent la formation des cadres, le réarmement moral et le renforcement des capacités en matières de culture politique, de développement économique et de revitalisation sociale (CRDI 2000:11).

Les stratégies des projets SchoolNet

La majorité des études stratégiques sur les TIC en matière d'éducation en Afrique ont été financés par les bailleurs de fonds plutôt que par les gouvernements nationaux. L'approche en matière de stratégie varie d'un pays à un autre, et consiste soit à ne pas avoir de stratégie du tout comme c'est le cas pour l'Angola et le Malawi, soit à avoir une stratégie trop générale, à l'exemple du Mozambique et de la Namibie (James 2001). Dans certains pays, les politiques en matière d'éducation s'inscrivent dans le cadre des politiques technologiques, ou alors les premières suivent une politique générale à l'instar du Swaziland avec le Computer Education Trust. Lorsqu'une politique nationale existe, la mise en réseau des ordinateurs tend à s'y conformer (CRDI 2000:14). Dans les cas où ces projets sont en cours, l'on note des tentatives visant à influencer ces stratégies, comme SchoolNet SA, par exemple.

La définition d'une stratégie dans un contexte de justice sociale exigera que l'on tienne compte des besoins variés et concurrents des pays concernés. Il sera particulièrement important d'exclure des stratégies :

> ... qui font la promotion de la croissance économique car le secteur de l'enseignement public historiquement sous-financé risquerait de ne pas bénéficier d'investissements suffisants pour déployer les TIC de manière efficiente. Dans le même temps, la population relativement faible et la grande difficulté géographique à atteindre les populations nécessitent un partage de ressources pour mettre en place des économies d'échelle (James 2001).

Le Mozambique a mis sur pied un programme ambitieux consistant à partir d'une base de compétences faibles, à savoir programmer des moyens incitatifs pour développer l'enseignement assisté par les TIC et équiper les établissements scolaires en ordinateurs. Seulement, reste à savoir comment ces projets seront mis en œuvre à côté d'autres besoins éducationnels urgents, notamment le manque de salles de classe, de matériels didactiques et de ressources (Mission technique conjointe 2000).

Selon l'*Information Policy Handbook* :

> Les décisions stratégiques... comparées aux réalités de mise en application, mettent en relief les énormes défis (et risques très élevés d'échec) qui se posent à l'éducation dans les pays en développement. L'étroitesse de la base institutionnelle, infrastructurelle et en ressources humaines freinent l'accessibilité dans la mesure où les stratégies en matière de TIC centrées sur l'éducation doivent forcément faire face à tous ces écarts et manquements y afférents qui ne font que rendre la tâche plus ardue. Parallèlement, cet état de choses augmente sensiblement le coût des éventuelles interventions stratégiques (James 2001:103).

Pour certaines parties du continent africain, « les TIC ne sont pas encore considérées comme priorité stratégique ou financière majeure » (James 2001:98) et « la politique éducative associée aux TIC a besoin de s'intégrer elle-même dans cet ensemble de priorités » (ibid.:98).

La perspective de développement ou de réajustement constitue une préoccupation commune à de nombreux pays en développement. Si l'éducation en ligne nécessite une remise à niveau permanente des enseignants ainsi qu'un appui aux apprenants, il est peu probable que les objectifs d'éducation de masse sont atteints à court terme par le biais des TIC.

> Plusieurs des grands défis qui se posent aux systèmes éducatifs sont aggravés par le manque de compétences, les énormes contraintes en matière de ressources, et un éventail de problèmes sociaux extra-éducationnels qui rendent plus difficile la mise sur pied d'un système social stable et durable (James 2001:92)

La portée des projets SchoolNet en Afrique

Certains projets ont pour cibles les populations défavorisées, à l'instar du 21st Century Kids Club Project [Projet du Club des Enfants du 21e Siècle] en Égypte, tandis que d'autres investissent là où il existe des infrastructures fiables. Le projet est généralement plus actif dans les établissements secondaires plutôt qu'au niveau primaire. Au Lesotho par exemple, 1 école primaire sur 1250 et 15 collèges sur 204 menaient des activités informatiques en 1999 (CRDI 2000:7)

L'envergure de ces projets est variable. Certains visent tous les établissements scolaires d'un pays, alors que d'autres se concentrent sur des études ou des actions plus réduites. En Côte d'Ivoire par exemple, deux établissements scolaires ont permis de mesurer leur capacité à supporter les coûts pédagogiques, tandis qu'un projet pilote lancé en Égypte a impliqué 150 établissements scolaires et a été suivi d'études pour intégrer tous les établissements scolaires et développer des contenus pour tous les niveaux d'enseignement (CRDI 2000:3). SchoolNet Namibie se propose de mettre en réseau tous les établissements scolaires à l'horizon 2004, et SchoolNet Zambie pour sa part a pour ambition de connecter tous les établissements déjà équipés en matériel informatique. Au Botswana et au Swaziland, la politique consiste à permettre à tous les enseignants du secondaire d'acquérir les notions de base en informatique et aux établissements de se doter de micro-ordinateurs en nombre suffisant pour permettre aux élèves de se former dans ce domaine.

Les modèles émergents

Le déroulement d'un projet dans des pays est tributaire des besoins identifiés et des ressources disponibles. La variété des approches adoptées en fonction du contexte s'illustre à travers les différentes voies empruntées pour la promotion des TIC. En Égypte par exemple, le Club des enfants du 21e siècle a pour ambition d'atteindre les objectifs en matière déducation de ses membres par le biais des cybercentres (Ibid.:3). Les télécentres avaient été perçus par certains projets au Lesotho et en Afrique du Sud comme un moyen susceptible d'influencer l'enseignement en milieu scolaire, tout en ouvrant une voie d'accès à l'ensemble de la communauté (Ibid.:8,13,24).

Différents partenaires avaient été contactés. Le projet Cyber Jeunes au Sénégal a collaboré avec des établissements scolaires partenaires du Canada, tandis que SchoolNet Zimbabwe avait ouvert ses centres au secteur commercial en dehors des heures de cours. Des expériences novatrices sont à l'essai dans quelques projets, à l'instar du « Cyber bus » qui permet un accès mobile et prône une prise de conscience des opportunités qu'offrent les TIC en Afrique du Sud et au Zimbabwe.

Les informations en cours de publication nous en diront plus sur l'évolution de ces initiatives. Les indications préliminaires font ressortir que tandis que les télécentres peuvent aider à se familiariser avec les TIC et à susciter un intérêt pour leur utilisation, l'exploitation actuelle des télécentres est limitée du fait des difficultés d'accès à ces divers points.

En outre, en raison du nombre d'établissements scolaires connectés à un centre, l'impact sur les établissements peut être limité. En dépit de quelques résultats négatifs, certains projets comptent tirer le meilleur parti des centres existants (ex. SchoolNet Namibie) pour développer leurs infrastructures et maximiser leur utilisation. Le cadre est dynamique et l'on attend encore d'avoir des exemples de meilleures pratiques, qui pourraient varier selon le contexte.

Le rôle des promoteurs

Les initiatives varient selon qu'elles sont pilotées par l'État, comme en Gambie, au Ghana et au Sénégal (Ibid.:5-12), ou selon qu'elles sont dirigées par des promoteurs bénévoles ou un personnel payé par les bailleurs de fonds. L'identification de promoteurs bénévoles ou d'un personnel à temps plein, tels que les enseignants d'informatique, figure parmi les facteurs importants qui conditionnent le succès d'un projet (Howell et Lundall 2000:6). Pour SchoolNet Namibie, l'identification des promoteurs est un objectif explicitement exprimé : « mettre en relief » et « promouvoir le rôle primordial des promoteurs des TIC et les mécanismes nécessaires pour garantir leur durabilité » (CDRI 2000:11). Lorsque des promoteurs sont impliqués, il semble que les établissements scolaires réussissent à surmonter les difficultés dues à l'insuffisance des ressources, mais qu'il convient de préparer des solutions de remplacement pour garantir la durabilité du travail. Lorsque les parents et les responsables des établissements scolaires s'impliquent dans la gestion de ces derniers, les impératifs d'intégration des TIC dans le domaine de l'éducation s'en trouvent renforcés (James 2001).

L'appui des bailleurs de fonds

Les principaux acteurs dans ce domaine sont la World Bank World Links for Development (WorLD), le Centre de recherches pour le développement international (CRDI), le Réseau international pour l'éducation et les ressources (I*EARN), le Département pour le développement international (DFID), Schools Online et l'Agence suédoise de coopération pour le développement international (SIDA). S'agissant des objectifs des bailleurs de fonds plutôt que des projets proprement dits, ceux-ci sont très souvent étendus et ambitieux. À titre d'exemple, les buts de WorLD comprennent l'accès à l'Internet, la formation, la recherche de partenaires, le plaidoyer pour des tarifs de télécommunications préférentiels en faveur de l'éducation et l'évaluation. Les centres d'intérêt particuliers de WorLD sont la collaboration, la promotion de la culture, la gestion des connaissances et l'amélioration qualitative des enseignements (WorLD 2000:2). Ses objectifs incluent l'enseignement à distance, la sensibilisation culturelle, le développement économique et social et la formation des enseignants en vue d'introduire les TIC dans les salles de classe.

Les organismes bailleurs de fonds soutiennent les interventions soit de manière individuelle, soit de manière collective. Pour certains, la collaboration et la complémentarité sont la formule idéale. Cependant, la collaboration peut entraîner des problèmes lorsque les conditions de participation de base ne sont pas définies, et en particulier si celles-ci proviennent d'une mauvaise appréciation des conditions infrastructurelles et de l'insuffisance des ressources humaines. Les partenariats sont généralement accueillis favorablement. SchoolNet Afrique du Sud est un partenariat qui regroupe 4 ministères nationaux, le secteur privé et des réseaux scolaires informels, les Organisations non gouvernementales (ONG) et la communauté des bailleurs de fonds. Certaines entreprises investissent dans les secteurs où leurs intérêts peuvent être positivement influencés –comme la British Aerospace – (CRDI 2000:5-2), tandis que d'autres recherchent la coïncidence entre les besoins et leurs intérêts. Pour d'autres encore, l'accent est mis sur un événement précis, tel que la cyberfoire scolaire internationale financée par Cisco Systems.

Les bailleurs de fonds ont déjà beaucoup de réalisations à leur actif. WorLD par exemple a entrepris de connecter au moins 1200 établissements scolaires dans 40 pays en développement à l'horizon 2000 et conduit en même temps d'autres projets dans plusieurs pays africains. Seulement, les projets qui reposent sur des financements des bailleurs de fonds ont un avenir incertain. À moins d'inscrire la durabilité comme élément du projet et de confier celui-ci aux bénéficiaires, son impact pourrait être limité (James 2001).

Les défis des TIC en Afrique

Les principaux facteurs qui empêchent les établissements scolaires d'utiliser les micro-ordinateurs comme outils d'enseignement et d'apprentissage sont l'insuffisance des moyens financiers, le nombre insuffisant d'ordinateurs, le manque d'enseignants qualifiés en informatique, l'incapacité des enseignants à pouvoir intégrer l'ordinateur dans différents domaines de l'enseignement et l'absence de programmes appropriés pour l'enseignement de la micro-informatique (Howell et Lundall 2000). La présente section examine les secteurs dans lesquels les projets d'interconnexion des établissements scolaires doivent intervenir et donne des exemples sur la manière dont les pays africains essayent de trouver réponse aux problèmes qu'ils rencontrent.

La disponibilité des infrastructures

Les infrastructures nécessaires pour l'enseignement en ligne sont d'une importance capitale. Peu de pays africains disposent d'une base solide sur laquelle ils peuvent établir leurs interventions en matières de TIC et d'enseignement. L'on estime à moins de 1 % le nombre d'Africains qui utilisent ou ont accès à l'Internet (Forum sur le développement de l'Afrique 1999, cité par Howell et Lundall 2000:48). L'on avance le chiffre de 139 élèves pour 1 ordinateur dans le cadre du projet WorLD (WorLD 2000:6). Par ordre d'importance décroissant, les problèmes qui empêchent les établissements scolaires de se doter d'ordinateurs sont l'absence d'électricité, le manque de fonds, l'insuffisance de la capacité d'accueil, le manque de personnel qualifié et l'insécurité. Au Malawi où c'est l'État qui gère la majorité des infrastructures techniques, il n'existe que très peu d'équipements consacrés à l'usage des TIC, et plusieurs ministères n'ont même pas encore acquis des ordinateurs. En Afrique subsaharienne, la faible densité des réseaux téléphoniques et les coûts élevés de l'installation et de la maintenance des lignes demeurent un obstacle majeur. La technologie numérique apparaît comme une solution pour les établissements scolaires en zones rurales (par exemple au Lesotho). Certains pays ont mis sur pied des projets pilotes pour la technologie sans fil dans les zones rurales, à l'instar de SchoolNet Ouganda.

L'utilisation et l'accès à l'ordinateur

L'évolution de l'usage de l'ordinateur n'est pas uniforme en Afrique. Dans un pays comme l'Afrique du Sud, certains franges de la population en âge scolaire utilisent l'ordinateur à des fins éducatives à des niveaux comparables à ceux des pays développés, tandis que dans d'autres comme le Malawi, l'on cherche toujours à explorer les voies et moyens de connecter les établissements scolaires entre eux. Peu en sont à la phase de lancement et la plupart des projets existent depuis 1997.

Le temps passé sur l'ordinateur dans le cadre des activités SchoolNet en Afrique est généralement limité et dépend du type d'accès et de l'usage qui en est fait. Les étudiants en informatique passeront plus de temps sur les machines que les autres. Alors que les élèves et les enseignants des établissements dotés d'ordinateurs sont formés aux techniques élémentaires comme le traitement de texte, l'intégration de cet outil dans l'apprentissage en général ne se fait que dans un nombre limité d'établissements. L'usage pédagogique est plus courant dans les matières comme les mathématiques, les sciences et la technique, plutôt que dans les humanités, étant donné que certains financements sont orientés vers ces branches, cas de Microsoft en Afrique du Sud (CRDI 2000:26).

Les budgets alloués aux TIC

> Les établissements n'affectent pas des budgets conséquents à la maintenance des ordinateurs ; par contre, lorsqu'il existe des budgets pour le volet informatique, tous sont destinés à l'achat d'ordinateurs et de logiciels. Dans les établissements scolaires « les coûts d'installation, de maintenance et d'extension sont tenus secrets, contrairement au secteur commercial où le prix d'achat d'un ordinateur ne représente qu'un cinquième du coût de fonctionnement annuel de cet ordinateur (Lynch 1999, cité par Howell et Lundall 2000:47).

Ces coûts englobent la formation des enseignants, ainsi qu'un personnel d'appui technique et consultatif supplémentaire, tant en matière technologique que pédagogique. Le projet Internet pour les établissements scolaires du Mozambique par exemple utilise des coordinateurs techniques et pédagogiques. De plus, les équipements, les logiciels, les télécommunications, les infrastructures telles que les lignes téléphoniques et le développement du contenu des programmes doivent être budgétisés. Moins de 5 % des établissements scolaires sud-africains dotés d'ordinateurs prévoient des budgets pour former les enseignants à l'usage des TIC (James 2001). Les dépenses initiales doivent être complétées par les dépenses de fonctionnement afin de garantir la durabilité de l'usage des TIC dans l'enseignement, notamment l'investissement dans les capacités humaines (Ibid.:46).

Les budgets proviennent généralement des frais de scolarité, des opérations de collecte de fonds et de dons, même si dans certains pays comme le Nigeria, des subventions sont versées par l'État. L'on n'a pas encore démontré le rapport coût/efficacité qu'il y aurait à investir dans les TIC plutôt que dans les bibliothèques par exemple (Ibid.:47).

La formation en TIC

Le manque d'équipements pourrait être compensé par le dévouement des enseignants. Dans certains pays, les projets mettent l'accent sur la formation pour l'exécution et la durabilité des interventions des TIC dans l'éducation.

Certains considèrent la formation initiale comme étant essentielle, à l'exemple de la nouvelle politique nationale de l'éducation au Botswana et des objectifs de SchoolNet Namibie (CRDI 2002:2), tandis que d'autres estiment que les cours de perfectionnement constituent la solution appropriée. D'autres ensuite espèrent que les modèles « en cascade » conviennent le mieux comme au ministère gambien de l'Éducation (Ibid.:5) D'autres encore pensent qu'il en a déjà été ainsi, comme au Ghana par exemple (Ibid.:6). Une autre catégorie de personnes continue de recourir aux services des volontaires, jeunes et moins jeunes pour garantir la durabilité des projets. Tel est le cas du projet I*EARN en Côte d'Ivoire (Ibid.:4 et de SchoolNet Namibie (Atelier Acacia 2001).

Les objectifs de formation sont très variés, mais la plupart reposent sur des programmes de formation faisant appel à des ateliers pour couvrir les différentes techniques. D'une manière générale, la formation est perçue plus en termes de temps à elle consacré qu'en termes de résultats comme la compétence dans la maîtrise des techniques, l'aisance dans l'utilisation de l'outil ou l'expérience dans l'intégration de l'utilisation de l'Internet dans les programmes (Telkom). La formation inclut généralement les notions de base en micro-informatique, l'initiation aux fondamentaux de l'e-mail, les moteurs de recherche, la création de sites Web et l'intégration de la technique au contexte de salle de classe, le tout en une durée limitée et dans le cadre de groupes de divers niveaux. La formation peut se dérouler en une seule session de quelques jours ou de quelques semaines, comme les projets Internet scolaires Telkom 1000 en Afrique du Sud, et WorLD, ainsi que I*EARN et Global SchoolNet au Ghana. Plusieurs enseignants sont novices dans le domaine informatique et la formation pour ce groupe a été ambitieuse.

Diverses approches transparaissent des différents rapports. Et les enseignants n'ont pas été les seules cibles des programmes de formation. SchoolNet Ouganda a sollicité la formation des formateurs, tandis que SchoolNet Zambie forme des personnes sélectionnées.

La fourniture d'un appui aux enseignants et la création de réseaux ont constitué un aspect de la formation des enseignants. Ces réseaux assurent des fonctions de coordination et d'assistance aux éducateurs, et ils sont présentés comme l'un des facteurs qui permettent à un établissement scolaire de venir à bout des difficultés découlant de l'insuffisance des ressources (Howell et Lundall 2000:6). Dans certains pays où il existe des associations, à l'instar de Partners for Internet in Education au Ghana, le but visé est de regrouper les établissements scolaires, les entreprises, les organismes et les personnes intéressées par la promotion et l'utilisation de l'Internet à des fins didactiques, tant à l'intérieur des pays qu'entre des pays différents, ce qui pourrait accélérer la promotion de l'apprentissage en ligne.

La valeur pédagogique des TIC

Bien que certains établissements scolaires d'Afrique utilisent l'ordinateur depuis déjà une décennie, par exemple pour des exercices et pour la pratique, et, dans le cadre de programmes classiques, l'entrée de l'ordinateur dans toutes les matières et son introduction dans les salles de classe pour une modification de la pédagogie impliquent le passage à un enseignement d'investigation ou orienté vers la résolution de problèmes, ce qui non seulement requiert de la part des apprenants qu'ils fassent montre de davantage de responsabilité tout au long de la formation, mais également invite les enseignants à se garder d'exercer le même type de suivi qu'ils appliquent dans le cadre de la pédagogie conventionnelle. L'enseignement devient alors plus ouvert, le rôle de l'enseignement passant à celui de « facilitateur » et non plus de « fournisseur » qu'il a toujours été. L'idée sous-jacente ici est que le travail fait davantage appel à la collaboration, et les apprenants sont de plus en plus impliqués dans de nouvelles connaissances et aptitudes, motivés qu'ils sont par le besoin. L'apprentissage est dès lors appelé à durer plus longtemps et à « avoir plus de sens » que dans les modèles d'apprentissage plus classiques comme l'acquisition. Les étudiants connectés au réseau ont la possibilité de gérer l'information et de communiquer leurs idées avec plus d'efficacité (Sherry 1998). L'apprentissage devient alors participation et acquisition dans un cadre plus interactif.

Les appels pour une intégration des TIC dans les programmes ont été émis de par le monde. Les pays développés, aussi bien que ceux en développement, à l'instar de l'Irlande, des USA et du Canada, ainsi que quelques pays pris en compte dans la présente évaluation, travaillent actuellement et appliquent de nouvelles stratégies en matières de TIC qui suscitent de nouvelles exigences dans les domaines de la transmission et de l'acquisition des connaissances. Les stratégies d'élaboration de programmes utilisant les TIC restent plus visionnaires que matérielles dans certains pays africains (Botswana, Égypte et Afrique du Sud).

La modification des méthodes d'enseignement et d'apprentissage

Plusieurs interventions en matière de TIC ont affirmé de manière fort ambitieuse que l'introduction des TIC dans tous les programmes était leur principal objectif (le projet Internet scolaire Telkom 1000 en Afrique du Sud), mais au regard des statistiques disponibles, il est peu probable que cet objectif connaît une réalisation généralisée dans le court terme. Sur la base de ces mêmes statistiques relatives aux projets en cours, les raisons avancées pour prédire d'éventuelles difficultés sont notamment l'ouverture récente et assez limitée de l'Afrique aux TIC, le manque d'équipements appropriés tels que le téléphone et l'électricité, le manque de ressources humaines qualifiées, et des populations généralement défavorisées. De plus, l'opinion couramment admise est qu'il faut un peu plus de temps pour se familiariser avec l'ordinateur et en découvrir les potentialités avant que cet outil puisse révolutionner les activités en salle de classe. Sherry (1998:113-145) s'inspire de Halls (1987, cité par Howell et Lundall 2000:6), notamment de son modèle de niveaux de préoccupation en matière de changement. Chaque niveau se caractérise par des questions, des préoccupations et des modifications à apporter.

Les niveaux de développement cités sont ceux de familiarisation avec l'outil en général, avec un accent sur la technologie elle-même, jusqu'à ce que l'individu soit en mesure d'utiliser la machine pour certaines tâches, notamment la saisie des documents ou l'archivage. Les étapes finales comprennent l'usage approprié de cette technologie pour des tâches pédagogiques pour modifier nettement les méthodes de résolution de problèmes et l'analyse critique des informations recueillies sur la toile. Bien que ce point de vue soit contesté, certains estiment que les établissements qui sont dotés d'ordinateurs avant les autres sont plus susceptibles de les intégrer plus efficacement dans les programmes (Howell et Lundall 2000:6). Selon Sherry (1998), le processus de formation des enseignants grâce à l'approche « formation des formateurs » revient à se faire former par des pairs ; expérimenter et adopter ; co-apprendre et co-explorer avec les élèves ; et réfléchir – rejeter ou confirmer les usages tout en devenant membre du contingent de prochains formateurs. Ici, la convergence d'idées est un élément essentiel du modèle. Cependant, les appels pressants pour un « retour aux fondamentaux » risquent de torpiller les tentatives d'intégration, surtout si des discordes viennent empoisonner les rapports entre ceux qui sont susceptibles d'influencer largement le bon déroulement des projets.

L'introduction des TIC dans les programmes et dans la formation des enseignants est étroitement liée à la confiance. Les facteurs qui favorisent l'introduction harmonieuse des TIC à l'école sont à la fois les réseaux et la formation continue des enseignants, ainsi que l'utilisation de l'ordinateur dans l'administration et la gestion (Howell et Lundall 2000:2). Plus les enseignants sont en confiance, plus les TIC seront utilisées de manière intégrée et novatrice. Il est admis que les enseignants ayant atteint un niveau élevé d'efficacité et d'aisance dans l'utilisation des moyens de télécommunications sont généralement ceux qui les ont adoptés en salle de classe (Sherry 1998).

Le concept de connaissance contextualisée mérite d'être évoqué ici. Dans les « Communautés de pratiquants », les nouveaux qui font leur premier contact avec la pratique deviennent les participants périphériques légitimes et évoluent progressivement vers le stade de participants à part entière avec plus de responsabilités pour ce qui est du volet pratique (Lave 1991). Ce qui entraîne des implications à la fois pour l'enseignant et pour les apprenants qui entrent en contact avec les TIC. Il existe deux types de communautés : la communauté sociale environnante au sein de laquelle évolue l'apprenant, et la communauté virtuelle sur Internet. Le développement des TIC dans le domaine de l'éducation devient un élément du processus d'apprentissage pour les enseignants, qui consiste en l'apprentissage de nouveaux rôles, tant en matière technologique que pédagogique, ainsi que de la valeur qu'ils peuvent ajouter eu égard aux nouveaux contextes en création.

L'utilisation de la notion d'apprentissage dans le sens d'une participation à une communauté de praticiens rend difficile l'évaluation des interventions. L'on ne peut comparer des indicateurs, des observations et des points de vue que si les enquêtes de base ont été réalisées ; par contre, plusieurs changements ne peuvent être attribués, par une relation de causalité, à l'intervention, ni être susceptibles d'être perceptibles à brève échéance. WorLD possède des points de repère qu'elle utilise par rapport au contexte. Ils s'appliquent aux modalités de mise en œuvre et à l'impact. Les premiers ont trait à l'appui en faveur de la formation des enseignants (appui fourni et reçu), à l'accès, au temps, à la nature et aux buts de l'utilisation des TIC, à la pédagogie orientée vers les élèves, aux activités d'apprentissage d'activités cognitivement complexes, à la collaboration (intra-scolaire et entre pays), et à la participation paritaire des genres. Les études d'évaluation du programme WorLD s'intéressent aux aptitudes et attitudes des étudiants vis-à-vis de la technologie, à leur capacité d'analyse en matière de communication et d'information, à leur intérêt par rapport à la chose culturelle, à leur attitude face à l'école, à l'impact sur la jeune fille, aux aptitudes et attitudes techniques et pédagogiques des enseignants ainsi qu'au potentiel opérationnel des élèves. Parfois cependant, les effets d'une intervention éducative peuvent être imperceptibles, bien que présents subjectivement.

Les TIC ont manifestement introduit de nouvelles exigences dans un secteur déjà soumis à de fortés contraintes, tout en offrant de nouvelles opportunités qui viennent alléger les difficultés actuelles. L'enthousiasme manifesté en faveur des TIC peut en fin de compte se transformer en catalyseur de la transformation des pratiques pédagogiques majeures (James 2001:29).

La satisfaction des besoins des différentes parties prenantes

L'enseignement en ligne implique plusieurs groupes d'intérêt, au nombre desquels les apprenants et leurs encadreurs, leurs organismes et communautés, ainsi que les secteurs privé et du développement de ce mode d'enseignement. Cependant, des voix dissonantes se font entendre quant à l'importance de l'enseignement en ligne. Les plus optimistes citent en exemple les possibilités nettes qu'offre l'enseignement en ligne en matière de développement de la pensée critique et de règlement de problèmes. Les « inévitabilistes » (Howell et Lundall 2000:6, 24) considèrent les TIC comme des éléments faisant partie de la vie et sont persuadés que les apprenants doivent être dotés d'outils qui leur permettent de les utiliser, ou du moins, de ne pas en être complètement détournés. Les pessimistes font valoir l'impossibilité pour un secteur éducatif déjà mal servi dans les pays en développement d'avoir les ressources financières nécessaires pour investir dans les TIC alors qu'il existe des besoins plus pressants.

La recherche et l'évaluation

Des études supplémentaires sont nécessaires afin de procéder à une évaluation de l'impact du télé-enseignement. Certains soutiennent qu'il existe peu d'éléments qui permettent de reconnaître à l'ordinateur un apport positif, tandis que d'autres affirment qu'il suffit de poser les véritables questions pour se rendre compte des avantages certains des TIC (Ibid.:41). Les informations disponibles montrent que l'efficacité des TIC dans le domaine de l'éducation se mesure à l'aune du caractère scientifique des changements survenus (Ibid.:42). Cette approche systémique englobe l'usage des TIC dans les tâches administratives et de gestion, et dans la gestion d'ensemble du système éducatif. Ainsi par exemple, des informations peuvent être facilement collectées auprès des établissements, et les éducateurs peuvent avoir un accès plus aisé aux services publics dotés d'un système de communication binaire. Une approche plus globale appelle les établissements à plus de réceptivité et à plus d'ouverture aux éventuels changements induits par les TIC, et à l'évaluation en cours de ces changements dans l'intérêt des établissements scolaires. Certains exemples, à l'instar du Botswana, de la Namibie et de l'Afrique du Sud prouvent que certains investissements dans le domaine des TIC commencent à avoir un impact systémique significatif (Ibid.:36 ; James 2001:27).

Notre brève revue de la littérature serait incomplète si nous ne faisons pas allusion au processus d'évaluation lui-même. La recherche en évaluation est considérée comme un exercice essentiel pour comprendre et orienter le processus d'intégration des TIC dans le domaine de l'éducation, et pour le cas d'espèce, dans les SchoolNet et les projets de mise en réseau des établissements scolaires africains. De nombreuses interventions financées dans le secteur des TIC comportent une composante évaluation, à l'exemple du présent document. L'évaluation n'est pas dynamique en ce qu'elle tient compte uniquement de la recherche et du développement dans un contexte en évaluation, mais également de la technologie et des approches en matière d'évaluation des changements. Les processus d'évaluation deviennent eux-mêmes plus globalisants, dans la mesure où ils s'écartent progressivement des études qui fournissent des informations raisonnablement sûres mais limitées, pour adopter des vues plus riches et plus larges. Adopter l'idée d'un programme qui inclut la participation à une communauté de praticiens signifie prendre en compte les aspects des TIC dans l'éducation qui touchent aux développements technologiques, aux changements dans les méthodes de transmission et d'acquisition des connaissances, à l'apprentissage individuel et organisationnel, etc. Cette tâche est loin d'être aisée. Il peut s'avérer nécessaire de procéder à des analyses longitudinales, ce qui obligerait les bailleurs de fonds à investir dans des projets à plus long terme, de sorte que les effets réels ou éventuels des technologies puissent être étudiés dans la durée. Les analyses plus succinctes sont constituées des avis des participants et des expériences telles que vécues par les parties prenantes au programme. Ainsi par exemple, l'analyse de WorLD au Mozambique a révélé son impact positif sur les enseignants mozambicains, dont 78 % ont exprimé leur satisfaction vis-à-vis du programme et 82 % une plus grande satisfaction professionnelle (SAIDE 2000a).

Sherry (1998) présente un modèle structurel d'intervention des TIC composé des éléments suivants :

- Technologique – accès, coût, type et âge des ordinateurs et du matériel informatique, aspect physique du réseau scolaire, fiabilité et interface ;
- Individuel – profil et point de vue des utilisateurs, nécessité de contrôles, attitudes, anxiété, expérience antérieure et niveau de compétence ;
- Organisationnel – besoins complexes de l'institution éducative, du district, des communautés environnantes et élargies ; et
- Facteurs d'enseignement et d'apprentissage – objectifs en matière d'instruction, stratégies pédagogiques et théories éducatives adoptées.

Il s'agit ici d'une version développée des modèles d'adoption précédents dans lesquels les obstacles technologiques, le profil des utilisateurs et les questions d'organisation étaient examinées par rapport au succès des innovations opérées dans le domaine des TIC. Cet aspect promet d'être un sujet de recherche intéressant pour des études en évaluation à venir, et dont l'un des points d'intervention pourrait porter sur des questions d'enseignement et d'apprentissage.

Conclusion

Le temps et la recherche peuvent ouvrir de nouvelles perspectives. L'un des courants de la pensée soutient que l'Afrique ne peut pas choisir de se mettre à l'écart de la mondialisation et du réseau mondial ; elle doit par conséquent « s'embarquer » dans les TIC. L'autre école exprime la préoccupation selon laquelle la connectivité et la technologie viennent concurrencer d'autres priorités plus urgentes. L'exclusion n'est pas seulement un souci d'ordre national, mais aussi international. Étant donné que les centres urbains offrent des « cadres plus favorables » que les zones rurales pour le développement des technologies numériques, l'on a peur que l'écart numérique entre ces deux zones ne s'agrandisse. L'on craint que l'exclusion contribue à exacerber les antagonismes entre les riches et les pauvres, les jeunes et les personnes âgées, entre la ville et la campagne, les garçons et les filles à l'intérieur des pays et entre ces derniers. Toutes ces tensions constituent une menace pour le succès potentiel des projets de mise en réseau des établissements scolaires, et un grand défi pour les praticiens et les décideurs. C'est dans ce contexte, fait de défis et de contraintes particuliers, que doit être appréciée l'évaluation réalisée par le CRDI sur la mise en réseau de certains établissements sélectionnés.

Chapitre 2

Introduction à l'étude d'évaluation

Shafika Isaacs, Irene Broeckman et Thomas Mogale

Depuis son démarrage en 1997, le programme Acacia du CRDI a beaucoup investi pour promouvoir la mise sur pied des projets SchoolNet dans un certain nombre de pays africains. Étant donné que les établissements scolaires sont un point de convergence de diverses communautés – apprenants, parents, éducateurs, responsables éducatifs, jeunes désœuvrés, femmes et autres membres de la communauté – il était tout à fait logique que ceux-ci servent de base pour l'accès des communautés aux TIC.

À l'époque, l'introduction des TIC, de l'ordinateur et de l'Internet en particulier, était un phénomène nouveau dans les communautés africaines. Pour cette raison, il était nécessaire de mettre en place un mécanisme institutionnel chargé de promouvoir les TIC dans les établissements scolaires et évaluer leur capacité à améliorer le système éducatif. Telle était l'idée qui sous-tendait la mise sur pied des projets SchoolNet en Afrique par Acacia, en les mettant à l'épreuve dans différents contextes. Au cours de la première phase triennale, Acacia a soutenu le lancement des projets SchoolNet dans neuf pays d'Afrique subsaharienne : Angola, Lesotho, Mozambique, Namibie, Sénégal, Afrique du Sud, Zambie, Zimbabwe et Ouganda. Acacia a également favorisé l'établissement de partenariats avec des initiatives SchoolNet régionaux, tels que le programme WorLD, et a particulièrement collaboré avec ce dernier au Mozambique, en Afrique du Sud, en Ouganda et au Zimbabwe. Acacia a également favorisé la collaboration entre les projets nationaux de connexion des établissements scolaires en organisant des ateliers panafricains régionaux qui ont servi de base à la promotion des SchoolNet en tant qu'initiatives pilotes sur le plan régional. En juillet 2000, le montant total investi par Acacia dans la mise en réseau des établissements scolaires s'élevait à environ 2,3 millions de dollars canadiens.

La décision de procéder à une évaluation du chemin déjà parcouru par le CRDI en matière de mise en réseau des établissements scolaires arrive à point nommé, notamment du fait des investissements consentis et des leçons tirées en matière d'éducation, et étant donné le nombre croissant des initiatives prises au niveau mondial en vue de réduire l'écart numérique et qui ont identifié l'éducation comme un secteur prioritaire.

Les projets SchoolNet soutenus par le CRDI ont été mis sur pied sur la base des trois postulats suivants :

- Les TIC basés dans les établissements scolaires faciliteront l'accès à l'information et la communication au sein de la communauté scolaire ainsi que dans les communautés environnantes ;
- Les Tic en milieu scolaire faciliteront l'accès à l'éducation à ceux qui au départ n'en avaient pas l'opportunité ; et
- Les TIC peuvent contribuer à la création de nouvelles méthodes pédagogiques, améliorant ainsi l'enseignement et l'cpprentissage, surtout dans le contexte de crise de l'éducation qui sévit en Afrique aujourd'hui.

Les objectifs et la portée de l'étude d'évaluation

La présente étude est particulièrement consacrée à l'évaluation des projets de mise en réseau des établissements scolaires ou SchoolNet, et pour lesquels Acacia a apporté un appui multiforme au cours de la période 1997-2000. Elle marque la fin de la première phase d'appui de Acacia en faveur des divers projets de connexion scolaires. Les projets faisant l'objet de cette évaluation ont été sélectionnés dans les pays suivants : Angola, Lesotho, Mozambique, Namibie, Sénégal, Afrique du Sud, Ouganda, Zambie et Zimbabwe.

La base de l'étude était le projet spécifique SchoolNet, avec un intérêt particulier sur la composante appuyée par Acacia. Les principaux champs d'investigation ont porté sur la nature des ressources, les activités, les résultats, les impacts et les leçons tirées de ces expériences. Étant donné la jeunesse de ces SchoolNet, il est très prématuré de vouloir évaluer de manière générale leur impact sur l'apprentissage et l'enseignement. Une analyse de cette nature pourrait bien être menée ultérieurement.

Les objectifs généraux

La présente étude avait pour objectifs généraux de :

- Identifier les projets de mise en réseau des établissements scolaires africains soutenus par le CRDI entre janvier 1997 et juillet 2000 ;
- Orienter les futures étapes d'évaluation des projets de connexion scolaires ;
- Guider les programmes à venir du CRDI sur l'application des TIC à l'éducation ;
- Guider les processus et projets d'évaluation futurs ;
- Prendre les premières mesures pour la création d'un répertoire d'informations relatives à l'expérience de mise en réseau des établissements scolaires en Afrique pouvant être échangées entre un large éventail de groupes d'intérêt et de parties prenantes ; et
- Orienter les recherches potentielles touchant à la dimension sociale de l'introduction des TIC en Afrique.

Les objectifs spécifiques

Les objectifs spécifiques de la présente étude consistaient à :

- Recenser les différents modèles de démarrage de connexion dans le contexte africain ;
- S'inspirer de l'expérience des SchoolNet plus anciens par rapport aux aspects suivants :
    - Permettre l'accès à l'ordinateur et assurer la connectivité à l'Internet ;
    - Développer la capacité des éducateurs à utiliser les TIC afin de promouvoir l'enseignement et l'apprentissage ;
    - Élaborer des contenus éducatifs adaptés au contexte local ;
    - Déterminer dans quelle mesure la stratégie nationale sur l'utilisation des TIC dans le secteur de l'éducation a été élaborée sous l'influence des SchoolNet, soit de savoir si c'est elle qui a influencé le développement des SchoolNet.

Le cadre conceptuel

Les modèles de connexion varient selon les différentes étapes de développement (Isaacs et Sibthorpe 2000). Les étapes évolutionnistes envisagées se fondent sur des critères fonctionnels plutôt que sur des critères temporels ou sur le nombre d'établissements connectés. Les délais fixés

Graphique 2.1 : Étapes de la mise en réseau des établissements scolaires

Pré-démarrage	Démarrage	Réalisation
Aucun réseautage dans les écoles Choix des promoteurs Sollicitation des parties prenantes Élaboration d'un plan d'activités Propositions pour phase pilote dans les écoles sélectionnées Obtention de l'appui des bailleurs	Projets pilotes en cours: Installation des ordinateurs Connectivité Formation des enseignants Élaboration des contenus Sollicitation des parties prenantes pour obtenir des ressources et leur appui	Réseautage à grande échelle des écoles au niveau régional et national Approche ciblée de l'introduction des TIC en milieu scolaire Utilisation assistée des TIC dans les écoles Élaboration des contenus au niveau local Création de partenariats
Aucun pays dans cette phase	Angola Lesotho Mozambique Namibie Sénégal Ouganda Zambie Zimbabwe	Afrique du Sud

Niveau d'évolution des projets de mise en réseau des écoles en Afrique en 2000 pour atteindre les différentes étapes varient selon les SchoolNet. Les étapes de l'évolution d'un projet SchoolNet classique sont illustrées dans le graphique 2.1, avec une indication du statut des neuf projets évalués dans la présente analyse.

La phase préliminaire

Elle est essentiellement caractérisée par les activités de mise sur pied d'un projet de connexion des établissements scolaires bien structuré, depuis sa conception jusqu'à son établissement en tant que structure de mise en réseau bien organisée. Les caractéristiques de la phase préliminaire sont les suivantes :

1) Inexistence d'un projet de connexion des établissements scolaires officiellement élaboré dans le pays ;
2) Identification ou expression de la part des promoteurs de leur intention de mettre en place une structure de connexion des établissements scolaires ;
3) Expression d'un intérêt et promotion de ce dernier par différents groupes de pression et partenaires éventuels ;
4) Définition d'un cadre ou d'un business-plan pour la mise sur pied d'un projet de connexion des établissements scolaires ;
5) Élaboration d'un projet de gestion d'une activité de connexion scolaire impliquant généralement un nombre limité d'institutions scolaires ; et
6) Promesse ou effectivité de l'appui de bailleurs de fonds au cours de cette phase préliminaire.

Ainsi donc, l'étape préliminaire est composée de toutes les activités menant à la mise sur pied effective d'un SchoolNet. La durée de la phase préliminaire varie d'un pays à un autre, mais semble durer en moyenne entre un et deux ans.

La phase de démarrage

La phase préliminaire commence dès que le projet SchoolNet est effectivement mis sur pied. Généralement, le déblocage des fonds de la part des bailleurs précède cette phase pour permettre au projet de démarrer. Les activités ci-après constituent les activités caractéristiques des SchoolNet :

1) Le pilotage de projets individuels tels que la formation des enseignants et l'installation des ordinateurs dans les établissements scolaires ;

2) Le pilotage de la connexion à Internet dans quelques établissements scolaires ;
3) L'élaboration des contenus ; et
4) La mobilisation des diverses parties prenantes pour la mise à disposition des ressources financières et autres.

La phase d'activité

Elle se caractérise par la bonne implantation d'un SchoolNet ayant :

1) Favorisé la connectivité d'un certain nombre d'établissements scolaires sur l'ensemble du territoire national, et atteint une masse critique donnée en ce qui concerne ses compétences essentielles en tant que SchoolNet ;
2) Développé une approche axée sur la réalisation de niveaux élevés de pénétration dans les établissements scolaires de ce pays ;
3) Développé une approche systémique en vue d'accroître la capacité des enseignants à se servir efficacement des TIC pour les activités éducatives ;
4) Œuvré pour l'élaboration de contenus éducatifs locaux au niveau national ; et
5) Favorisé des partenariats bien définis avec les partenaires-clés de la mise en réseau des établissements.

Les concepts fondamentaux

Il est important de clarifier les concepts terminologiques utilisés dans le cadre des projets SchoolNet. Dans la présente étude, il est fait une nette distinction entre la mise en réseau des établissements scolaires et les projets SchoolNet. De plus, quatre thèmes sont abordés et qui ont trait à l'activité de mise en réseau des établissements scolaires – la connectivité, la formation des enseignants, les contenus et les stratégies. Les définitions des divers concepts examinés dans le présent document sont données ci-après.

Les Technologies de l'information et de la communication

D'une manière générale, les TIC renvoient à :

> Toute forme de technologie utilisée pour créer, stocker, traiter et exploiter des informations de diverses formes (données, voix, images, multimédia, et d'autres formes non encore conçues) et qui permettent,

facilitent et servent de support à la communication. De manière plus spécifique, les TIC renvoient à la convergence entre microélectronique, ordinateur et télécommunications qui rend possible la transmission des données – texte, vidéo et signal vidéo – partout dans le monde où il est possible de recevoir des signaux numériques. Ils comprennent des réseaux tels que les télécommunications fixes, sans fil et par satellite, les réseaux de télécommunications et les applications telles que l'Internet, les systèmes de gestion des données et les outils multimédias (Howell et Lundall 2000.)

Étant donné que les TIC regroupent un ensemble varié de technologies, dans le cadre de la présente étude, les TIC renverront de manière plus spécifique à l'utilisation des ordinateurs, de l'e-mail et de l'Internet, dans la mesure où ce sont les technologies les plus utilisées pour promouvoir la mise en réseau des établissements scolaires dans les projets SchoolNet soutenus par Acacia.

La connectivité

Ce concept renvoie aux technologies permettant de manière spécifique aux ordinateurs et aux autres appareils électroniques de communiquer entre eux. Les technologies de la communication, les ordinateurs et les protocoles Internet servent de support à ce type de connexion, notamment l'utilisation de l'e-mail et de l'Internet. Ces technologies facilitent la communication entre diverses communautés scolaires tout en servant de moyen d'accès à l'information.

La mise en réseau des établissements scolaires

La mise en réseau des établissements scolaires se définit comme le processus d'installation, d'application et d'utilisation des TIC pour promouvoir l'éducation dans les établissements scolaires, par la création de réseaux de communication entre apprenants, éducateurs, responsables des établissements scolaires et administrateurs aux niveaux local, national régional et international. Généralement, le processus de mise en réseau des établissements scolaires est mis en œuvre par un certain nombre d'organismes d'exécution, dont le projet SchoolNet peut bien faire partie.

Le « réseau » joue un rôle à la fois technique et social :

- *Le rôle technique* consiste à moderniser les réseaux technologiques des établissements scolaires pour permettre à la communauté scolaire d'accéder aux informations éducatives et de communiquer avec beaucoup plus d'efficacité ; et

- *Le rôle social* qui est de développer les réseaux de communication aux niveaux de l'école, local, national régional et international parmi et entre les apprenants, les éducateurs, les responsables des établissements scolaires, les administrateurs et les ministères de l'Éducation. Les réseaux de communication sont également développés entre ces derniers et les autres partenaires tels que les ONG. Les TIC favorisent le développement et l'efficacité de ces réseaux qui peuvent alors assumer plusieurs fonctions.

Les SchoolNet

Un projet SchoolNet ou SchoolNet tout simplement renvoie typiquement à une institution ou organisation de facilitation des activités de mise en réseau des établissements scolaires. Dans le cadre de la présente évaluation, un SchoolNet présente essentiellement une ou plusieurs des caractéristiques suivantes :

Une structure organisationnelle

- Mise sur pied d'une structure de mise en réseau des établissements scolaires pour faciliter cette activité dans un pays donné ;
- Peu d'établissements sont associés au projet SchoolNet de différentes manières, constituant ainsi un réseau d'établissements scolaires ;
- Les établissements scolaires associés au projet SchoolNet disposent chacun d'un ordinateur destiné aux activités éducatives ;
- Au moins un ordinateur par établissement est connecté au réseau Internet ; et
- Le projet SchoolNet établit des partenariats avec un certain nombre de parties prenantes, y compris les pouvoirs publics, le secteur privé et les organisations de la société civile.

Des services

Les ScoolNet facilitent les activités suivantes :

- L'acquisition d'ordinateurs destinés aux établissements scolaires ;
- L'installation de ces ordinateurs dans les établissements et leur connexion aux services e-mail et Internet ;
- L'apport de solutions et d'un appui technique aux établissements ;

- La formation des enseignants à l'utilisation des ordinateurs pour améliorer les conditions d'enseignement et d'apprentissage ; et
- L'élaboration de contenus éducatifs sur Internet.

Un SchoolNet classique est également impliqué, à des degrés variés, à l'élaboration de stratégies relatives à l'introduction des TIC dans le système éducatif.

L'accès

L'accès renvoie aux voies et moyens par lesquels les individus, les communautés et/ou les institutions entrent en contact avec les TIC. Il prend en compte des éléments tels que le coût et la disponibilité des technologies, la situation géographique des points d'accès et le moment pendant lequel ces technologies sont disponibles.

La formation des enseignants

La formation des enseignants renvoie essentiellement au développement des aptitudes en matière de TIC chez les enseignants grâce à l'action des SchoolNet. La formation des enseignants comprend l'initiation à l'informatique, autrement appelée compétence informatique. Elle comprend également les méthodologies en vue d'apprendre aux enseignants comment utiliser les TIC pour améliorer la qualité des enseignements. Les modèles de formation des enseignants dans le contexte des SchoolNet comporte les caractéristiques classiques ci-après :

- Un bailleur de fonds ou une entreprise privée finance le projet SchoolNet pour soutenir un projet de formation des enseignants ;
- Le projet Schoolnet loue les services d'un fournisseur de services ou d'une personne expérimentée pour la fourniture d'un manuel ou d'un CD-ROM en vue de la formation des enseignants ;
- Le projet SchoolNet définit les critères de sélection des enseignants et établissements devant prendre part à la formation ;
- La formation se déroule en une session unique d'introduction aux TIC, généralement d'une durée de un à deux jours ; et
- Le bailleur de fonds évalue la formation en collaboration avec le projet SchoolNet.

L'élaboration des contenus

L'élaboration des contenus désigne la définition d'un programme sur une plate forme de TIC. Cela peut consister à produire un contenu de programme sur disque compact (CD) ainsi que la définition d'un programme pour un usage interactif sur Internet par les apprenants, et les enseignants. Dans le cadre de notre étude, les éléments suivants constituent les caractéristiques-types de l'élaboration d'un contenu éducatif SchoolNet :

- Un bailleur de fonds, le Gouvernement ou une entreprise privée finance le SchoolNet en vue de soutenir un projet pilote pour l'élaboration d'un contenu éducatif local sur l'utilisation de l'Internet à l'intention des éducateurs et des apprenants ;
- Le projet SchoolNet sélectionne les domaines et les établissements qui intéresseront les enseignants et les apprenants ;
- Le projet loue les compétences d'un fournisseur de services qui travaillera en collaboration avec les enseignants et les éducateurs en vue d'élaborer un contenu local ; et
- Le projet SchoolNet et son fournisseur de services évaluent la manière dont le contenu local est exploité par les apprenants et les éducateurs.

La stratégie

La stratégie fait référence au rôle des projets SchoolNet dans la mise en œuvre de la stratégie ou leur influence sur la politique nationale en matière de TIC en général. Il est plus particulièrement question de la stratégie de l'enseignement qui vise l'introduction des TIC dans l'éducation.

L'approche et la méthodologie d'évaluation

La présente étude d'évaluation a été faite dans le cadre défini par le Système d'évaluation et d'études du programme Acacia (ELSA.) Elsa fait la distinction entre le contrôle continu de la performance qui s'assure que la performance réelle et les résultats atteints cadrent avec les objectifs initiaux, et les évaluations plus discrètes, c'est-à-dire les collectes discontinues de données ou les études analytiques, qui évaluent des critères tels que l'efficacité, la durabilité, et l'impact des programmes. ELSA se fonde sur le principe selon lequel il existe une série de rétroactions entre les différentes parties prenantes qui permettent à celles-ci de recevoir des informations pertinentes qui guident la gestion, l'investissement ou la prise d'autres décisions (Whyte 2000.)

Dans le cas des projets de mise en réseau des établissements scolaires menés jusqu'en l'an 2000, l'évaluation s'est effectuée de manière rétrospective. Cette évaluation sommaire est destinée à servir de base à une évaluation continue et formatrice pour de futurs projets Acacia de mise en réseau des établissements scolaires (à partir de juillet 2000), au cas où cette expérience se poursuivrait.

Le graphique 2.2 illustre la méthode suivie pour chaque projet SchoolNet. Il fait ressortir le niveau d'interaction entre les équipes d'évaluation du pays et les autres acteurs impliqués dans le processus d'évaluation.

Après les discussions préliminaires, un séminaire sur la conception des projets s'est tenu en juillet 2000. Prenaient part à cette rencontre, les responsables des projets SchoolNet du Mozambique, de l'Afrique du Sud, et de la Zambie, ainsi que les représentants du programme du CRDI. Ils ont planché sur des questions ayant trait au démarrage des projets SchoolNet en Afrique et sur la manière de procéder à des études approfondies relatives aux projets SchoolNet dans les quatre pays qui appliquent la stratégie Acacia sur le plan national, à savoir le Mozambique, le Sénégal, l'Afrique du Sud et l'Ouganda.

La documentation a été examinée et les instruments de recherche mis au point et testés. L'annexe 1 comporte un exemple de cadre d'évaluation élaboré pour une étude de cas d'un SchoolNet en Afrique du Sud et qui constitue la base d'élaboration des instruments de recherche.

Après l'affinement des instruments de recherche, l'on est passé au travail sur le terrain ; il s'est agi de visites sur les sites, de questionnaires et d'interviews. Un séminaire de mise en commun s'est également tenu en janvier 2001 avec les équipes de chercheurs chargés de l'évaluation. Les représentants des organismes de mise en réseau de chacun des neuf pays africains concernés par ce programme de recherche étaient présents pour évaluer les travaux de recherche qui ont été effectués dans leur contexte particulier. Un rapport final a été rédigé afin d'être publié sur plusieurs supports (ouvrages, page Web, CD-ROM.)

Graphique 2.2 : Processus d'évaluation des projets SchoolNet en Afrique parrainés par Acacia

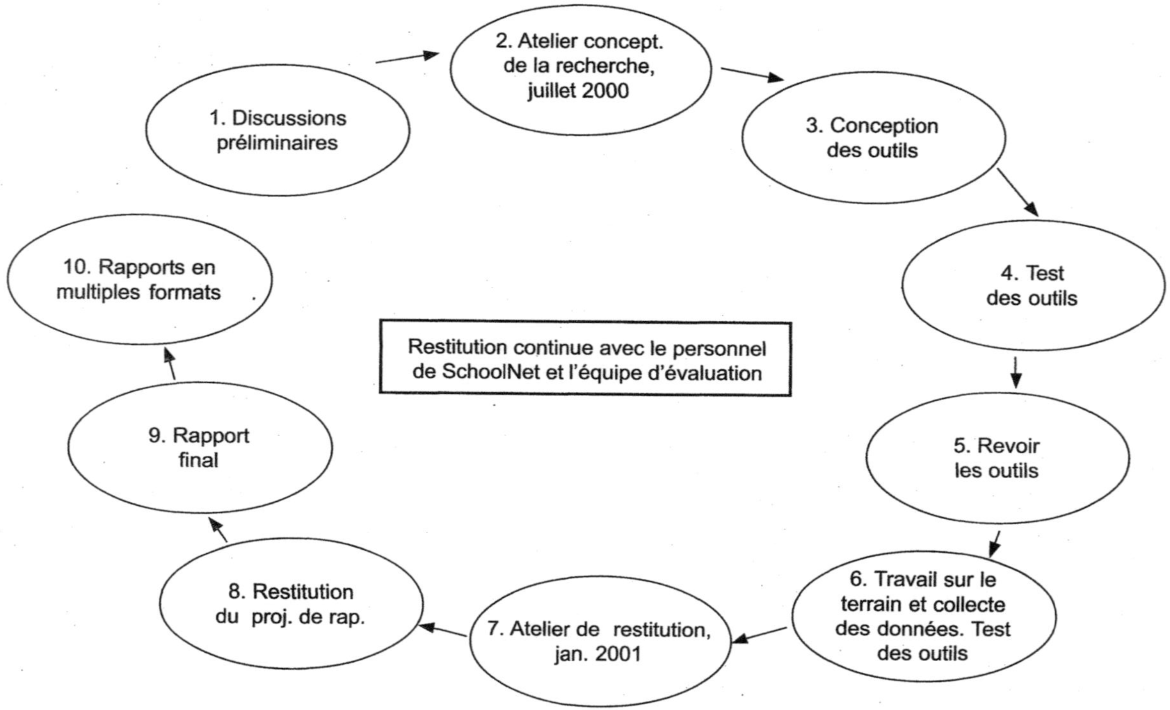

Vue d'ensemble des SchoolNet évalués

Le tableau 2.1 décrit chacun des neuf projets SchoolNet ayant fait l'objet d'une étude dans le cadre du présent travail d'évaluation. Ces projets ont été parrainés, à un niveau plus ou moins élevé, par Acacia. L'importance, la portée et les activités de ces projets varient sensiblement d'un projet à un autre et sont à des stades de développement divers.

Angola

Le projet de mise en réseau des établissements scolaires a été entrepris en partenariat avec l'Université catholique d'Angola basée à Luanda, Ebonet – le fournisseur local d'Internet, et le Fonds angolais d'assistance à l'éducation basé à Boston aux États-Unis. Le démarrage du projet dans ce cas consistait à connecter trois établissements scolaires de Luanda à l'Internet et de former les enseignants de ces établissements aux techniques de base des TIC. L'Université catholique de Luanda constituait le point d'ancrage du projet. L'on n'a pas prévu, lors de la phase de démarrage de ce projet, l'établissement de SchoolNet Angola comme institution, ni la possibilité d'embaucher un personnel permanent pour diriger le projet.

Lesotho

Le projet du Lesotho baptisé « Application des TIC dans les établissements scolaires et centres de formation ruraux » a été mis en place pour connecter le Centre rural des affaires et du développement communautaire de Liphering, et fournir l'accès aux TIC à dix établissements scolaires et à quatre institutions du secteur tertiaire dans la région. Le projet visait également 4 programmes de formation de 38 enseignants, agents de développement rural, élèves et formateurs de Liphering, ainsi que la formation des enseignants des établissements scolaires riverains de l'Institut des études extra-rurales. Le projet était destiné à susciter une prise de conscience sur les possibilités offertes par les TIC aux établissements scolaires et aux communautés.

Mozambique

Acacia a parrainé l'introduction de l'Internet dans les projets des établissements scolaires en partenariat avec le Centre informatique de l'Université Eduardo Mondlane (CIUEM) de Maputo, le Programme intergouvernemental d'informatique de l'UNESCO pour l'Afrique australe

(IIP), le ministère de l'Éducation, le programme World Links for Development (WorLD) de la Banque mondiale. Ce projet ciblait dix établissements scolaires qui devaient recevoir 11 connections à l'e-mail et à l'Internet, le développement de contenus et de programmes de cours, et un rapport sur les résultats de l'apprentissage et de l'enseignement.

Namibie

Acacia a parrainé l'élaboration d'un plan d'activités et de stratégies dans le cadre du processus de mise en place de SchoolNet Namibie en tant qu'institution formelle. SchoolNet Namibie a été établi en partenariat avec un certain nombre d'institutions éducatives publiques et privées.

Sénégal

Le projet Cyber clubs des jeunes [Cyber Jeunes] a été parrainé par Acacia. Ce projet portait sur la création de 12 Cyber Jeunes dans le cadre du réseau national des clubs des jeunes dans les établissements scolaires. Il est en phase d'expérimentation dans les établissements scolaires du niveau secondaire qui favorisent le dialogue permanent et la sensibilisation du public sur les questions relatives aux adolescents par le biais des TIC dans les établissements scolaires sénégalais. Ce projet a été mis sur pied en partenariat avec une ONG dénommée GEEP, le ministère de l'Éducation et un groupe de jeunes Canadiens appelé Club 2/3 Canada.

Afrique du Sud

SchoolNet Afrique du Sud (SNSA) a été impliqué dans le recrutement d'un directeur exécutif et d'un directeur technique permanents et la transformation de SNSA en une ONG basée dans les locaux du CRDI à Johannesburg. À l'origine, l'objectif de SNSA était de fournir entre un et trois ordinateurs à 48 établissements scolaires et de tenir huit séminaires de formation des éducateurs.

Ouganda

Acacia a collaboré avec WorLD dans le démarrage de SchoolNet Ouganda. Le partenariat a pris la forme d'une communiçation régulière entre Acacia et SchoolNet Ouganda, ce qui a servi de base à la mise en place de CurriculumNet, un projet orienté vers le développement du contenu éducatif local sur Internet. CurriculumNet a été lancé en décembre 2000 avec le soutien de Acacia.

Tableau 2.1 : Projets SchoolNet évalués dans la présente étude en fin 2000

Pays	Titre du projet	Phase du SchoolNet	Brève description	Valeur du projet en dollars canadiens	Durée du projet
Angola	Mise en réseau des écoles en Angola	Préliminaire	Connexion avec trois écoles urbaines	31 871	6 mois
Lesotho	Application des TIC dans les écoles et centres de formation ruraux	Préliminaire	Introduction du concept de mise en réseau des écoles et la fourniture de sites pour montrer comment les TIC peuvent être bénéfiques à l'éducation	27 500	1 an
Mozambique	Introduction des TIC dans les établissements secondaires au Mozambique	Démarrage	Introduction de l'enseignement assisté par ordinateur dans le secondaire	437 855	3 ans
Namibie	Soutien à l'exécution de SchoolNet Namibie	Fin du démarrage/ début de l'exécution	Soutien au développement des activités et plans stratégiques en vue de la mise en place de SchoolNet Namibie	50 000	1 an

Tableau 2.1 : Projets SchoolNet évalués dans la présente étude en fin 2000 (Suite)

Pays	**Titre du projet**	**Phase du SchoolNet**	**Brève description**	**Valeur du projet en dollars canadiens**	**Durée du projet**
Sénégal	Cyber Jeunes	Préliminaire	Utilisation des écoles pour soutenir l'accès des jeunes aux TIC	207 180	2 ans
Afrique du Sud	Développement du programme SchoolNet en Afrique du Sud	Exécution	Création de SchoolNet Afrique du Sud	472 000	2 ans initialement
Ouganda	SchoolNet Ouganda	Exécution	Projet WorLD	Pas de financement Acacia	Lancé en 1996
Zambie	Promotion de la mise en réseau des écoles régionales en Afrique australe	Préliminaire	Développement des projets de mise en réseau des écoles en Zambie	29 804	9 mois
Zimbabwe	Promotion de la mise en réseau des écoles régionales en Afrique australe	Démarrage	Développement des projets de mise en réseau des écoles au Zimbabwe	29 804	6 mois

Zambie

Acacia a parrainé un projet qui a servi de base à la création d'une structure nationale SchoolNet visant 14 centres provinciaux des ressources pour enseignants situés dans chacune des neuf provinces de Zambie. Ces centres étaient déjà équipés en ordinateurs, téléphone et électricité.

Zimbabwe

Acacia a parrainé la mise sur pied d'un projet WorLD SchoolNet dénommé SchoolNet Zimbabwe en apportant un soutien financier à la tenue d'un atelier national sur les TIC dans l'enseignement ; cet atelier était destiné aux formateurs des établissements scolaires impliqués dans le programme de mise en réseau et d'élaboration des plans d'activité au niveau provincial. Ce projet a été mis sur pied avec le concours de la Computer Society du Zimbabwe, WorLD, le ministère de l'Éducation, le British Council, le Corps de la Paix du Zimbabwe et l'UNESCO.

Par conséquent, il existe des cas où Acacia a activement contribué à la promotion et à la mise sur pied des SchoolNet, alors que dans d'autres cas, il a soutenu le démarrage des activités sous les auspices de structures existantes. Dans les cas du Zimbabwe et de l'Ouganda, WorLD a joué un rôle primordial dans la mise en place des SchoolNet, tandis que Acacia a financé deux activités de démarrage au Zimbabwe.

L'ensemble des projets SchoolNet financés par Acacia est inclus dans la présente étude qui permet d'avoir une vue complète de la gamme d'expériences. Cette étude n'a pas pris particulièrement la forme d'une comparaison entre différents projets SchoolNet, mais elle est plutôt axée sur l'expérience tirée des projets SchoolNet en Afrique subsaharienne.

Questions de recherche

Les questions de la première évaluation étaient les suivantes :

1. Comment les projets SchoolNet ont-ils été exécutés et quels ont été les impacts de l'investissement du CRDI dans l'appui au démarrage de la mise en réseau des établissements scolaires ?
2. Quelles leçons avez-vous tiré des activités et de l'exécution des projets SchoolNet financés par le CRDI ?
3. Quels thèmes, tendances et leçons généraux se dégage-t-il de la mise en réseau des établissements scolaires et comment peuvent-ils guider les futurs projets SchoolNet et l'évaluation des activités ?

4. Quels domaines nécessitent-ils une recherche plus approfondie et quel programme d'évaluation proposez-vous pour les prochaines phases d'évaluation et de recherche du CRDI ?

En plus des premières questions d'enquête posées, les thèmes suivants ont été explorés : le contexte, les infrastructures, la mise en réseau, la formulation du contenu, la formation des enseignants, la stratégie, la programmation des projets et leur mise en exécution, les impacts du projet et les enseignements tirés. L'on a toutefois noté des variations entre les pays faisant objet de l'étude, selon les circonstances. Une liste détaillée des questions posées se trouve en annexe 2.

Techniques de collecte des données

Les techniques de collecte des données suivantes ont été utilisées :

- **Revue documentaire** *:* elle concernait entre autres les propositions de projets, les rapports d'activités, les correspondances, les rapports annuels, et les sites Web ainsi que toute documentation relative à la stratégie.
- **Interviews approfondies (face à face et par téléphone)** : les principales parties prenantes étaient constituées du personnel travaillant pour le projet, des membres des comités, des responsables gouvernementaux, des enseignants, des élèves, du personnel du programme Acacia et d'autres principaux bénéficiaires identifiés par l'équipe chargée de l'évaluation.
- **Enquêtes par e-mail** *:* en tant que technique de collecte des données, ces enquêtes se sont révélées très utiles parce que les enquêtes ont été réalisées dans plusieurs pays à moindre coût et les personnes enquêtées ont eu le temps de consulter d'autres documents pertinents ainsi que d'autres personnes en répondant aux questions. Toutefois, cette technique est limitée par l'absence de contrôle du processus de réponse au questionnaire par l'équipe d'enquêteurs, les retards causés par les problèmes techniques et la mauvaise compréhension des questions.
- **Visite des sites et observations** : les détails fournis par chaque étude de cas sont présentés plus loin dans ce document.
- **Documentation photo lorsqu'elle était disponible**.

La validation des résultats de l'enquête comprenait :

- L'interrogation des différentes parties prenantes sur les mêmes questions afin d'obtenir une variété de points de vue et d'opinions ;
- La conduite de visites sur les sites et la comparaison des observations avec les points soulevés dans les interviews ;
- Les enquêteurs ont, dans certains pays, testé les ordinateurs en essayant de les connecter, d'avoir d'autres programmes tels que MS Word, Excel et PowerPoint. Les tout derniers documents sur les ordinateurs étaient également contrôlés pour savoir si les ordinateurs ont effectivement été utilisés ; et
- Un séminaire de restitution a été organisé avec les directeurs des projets SchoolNet en janvier 2001. Au cours de cette rencontre, les résultats de l'enquête ont été présentés aux directeurs des projets SchoolNet, aux personnes chargées de l'évaluation, aux représentants des bailleurs de fonds qui ont fait des commentaires détaillés. Ce séminaire prévoyait une visite de site par l'ensemble des séminaristes dans une école locale en Afrique du Sud. Les séminaristes ont comparé les résultats de la visite à ceux de l'enquête sur les SchoolNet.

Les problèmes rencontrés au cours de la recherche

Plusieurs facteurs ont influencé les résultats de l'enquête, notamment lors de la phase de la collecte des données. Au nombre de ces facteurs :

- Le moment de la collecte des données : les données étaient collectées au moment ou les élèves passaient les examens, ce qui a limité le temps dont pouvaient disposer les enseignants et les élèves. Par conséquent, le nombre d'enseignants et d'élèves pouvant être interrogés a été très limité.
- Étant donné que l'anglais était la langue utilisée pendant l'enquête et que les personnes interrogées dans les différents pays n'utilisaient l'anglais que comme deuxième langue, cela a affecté la qualité des informations reçues.
- Dans certains pays, les principales personnes à interroger n'étaient pas disponibles. En Angola par exemple l'enquêteur n'a pu interviewer qu'une seule personne. Ceci a un grand impact sur les possibilités de généralisation des résultats de la présente étude d'évaluation.

- Un autre facteur est le fait que certains projets SchoolNet n'avaient pas de personnel permanent. Les membres du conseil et du comité de direction étaient employés ailleurs et leur participation au projet SchoolNet était basée sur le volontariat, ce qui rendait difficile la programmation d'un entretien. Deux exemples patents sont SchoolNet Zambie et SchoolNet Namibie où l'enquêteur a passé plus de jours sur les visites sur le terrain que prévu en raison de l'indisponibilité de certains membres du conseil.
- Plusieurs projets SchoolNet disposent de multiples sources de financement et dans certains cas (SchoolNet Zimbabwe par exemple) le soutien d'Acacia était limité au strict minimum. Ce problème a particulièrement affecté l'évaluation de l'impact du soutien du programme Acacia.
- Certains projets n'avaient pas de structures de gestion ; c'est le cas du Lesotho et du Zimbabwe. D'où les difficultés relevées pour rencontrer les acteurs principaux, notamment lors du démarrage des projets.
- En général, il y a eu peu de réponses aux enquêtes faites par e-mail, lorsqu'elles ont été entreprises.
- Les projets SchoolNet se trouvaient à différents niveaux d'évolution. Certains (c'est le cas du Lesotho) venaient tout juste de démarrer leurs activités lors de la collecte des données, cela a rendu difficile l'évaluation de certaines questions.

Chapitre 3

Images émergentes – leçons apprises et recommandations

Tina James

Introduction

Un examen minutieux des résultats de la présente étude d'évaluation révèle un certain nombre de leçons que l'on peut considérer comme étant la meilleure pratique émergente pour le développement des SchoolNet. Par conséquent, ce chapitre présente la base émergente des leçons qui peuvent informer à la fois les nouveaux projets et les projets existants, et guider les processus de prise de décisions. Il poursuit des suggestions et fait des recommandations pour les projets futurs, et liste aussi des domaines de recherche possibles qui méritent plus d'attention. Les résultats de l'étude sont présentés au début du présent ouvrage pour que le lecteur puisse établir un lien entre les expériences initiales des études de cas des pays aux perspectives plus larges qui ont été consolidées ici.

Le présent chapitre traite des grands domaines suivants :

- Conceptualisation d'un projet SchoolNet ;
- Institutionnalisation ;
- Connectivité et accès ;
- Renforcement des capacités et formation des enseignants ;
- Développement du contenu ;
- Politique ; et
- Recherche future.

La conceptualisation initiale et la planification des projets SchoolNet

La conceptualisation initiale et la planification subséquente des projets SchoolNet sont des étapes cruciales pour déterminer si la mise en œuvre sera concluante ou non. D'importantes leçons ont été tirées au cours de l'évaluation, notamment l'importance de penser grand et la nécessité de penser à la viabilité au-delà de la durée du cycle de financement d'un bailleur de fonds.

Ce qui est petit est beau, ce qui est grand est nécessaire

Tous les projets SchoolNet dans cette étude ont été conceptualisés et mis en œuvre comme initiatives pilotes, qui dans certains cas, étaient à une très petite échelle. Ceci signifie qu'ils ont été conçus comme une expérimentation et par conséquent, leur mise en œuvre était susceptible de se heurter à des difficultés et à des défis aux conséquences non voulues et inattendues.

L'expérience avec la plupart des initiatives pilotes est qu'elles progressent rarement au-delà de la phase d'expérimentation. Bien que le discours du développement soit pénétré par le langage de la « viabilité », la conceptualisation des projets SchoolNet en phase de conception n'est pas apparue comme un facteur dans les possibilités d'augmenter la taille et d'évoluer au-delà de la phase pilote, tout comme la durabilité n'a pas été prise comme facteur dans le plan initial. SchoolNet Namibie est peut-être l'un des rares exemples dans cette étude – il a été conceptualisé au départ comme pilote, mais ensuite il est passé très vite au développement d'une approche systématique en concevant une stratégie nationale d'intégration des TIC dans toutes les écoles de ce pays.

Bien que cela puisse être le cas, il peut subsister un doute sur le fait que le principal impact des TIC du point de vue éducationnel sera au niveau macro-systémique, et cela pour deux raisons :

- Les investissements dans les TIC sont mobilisés – au Botswana, en Namibie, et en Afrique du Sud au moins – en qualité suffisamment satisfaisante pour que leur impact ait une conséquence sérieuse. (Il y a une preuve anecdotique suffisante pour laisser penser que ce niveau de dépense pourrait bien s'étendre à d'autres pays de la région) ; et

- Au niveau macro-systémique, les efficacités tirées de l'utilisation d'une technologie donnée ont un impact qui dépasse de loin l'utilisation de cette technologie au niveau projet ou micro.

Au niveau projet ou micro-systémique, la justification de l'utilisation des TIC est souvent assez facile à établir. Les individus peuvent, avec l'attention et les compétences qu'il faut, déployer des technologies pour accroître leur efficacité et leur productivité de façon significative. Les petits projets sont de nature à bénéficier de manière significative de l'intégration bien pensée des TIC dans la gestion des projets, que ce soit pour améliorer la communication, pour produire plus efficacement la documentation du projet, ou pour mettre en valeur la puissance des applications, des logiciels (publication assistée par ordinateur, logiciels de graphiques, etc.). De même, il est possible de conduire des interventions à petite échelle dans le domaine de l'enseignement qui démontrent le potentiel éducatif des TIC.

Toutefois, des problèmes surgissent lorsqu'il s'agit d'augmenter la taille des projets. Chose plus importante, augmenter la taille d'un système d'une importance donnée n'améliore pas, par définition, l'efficacité ou la productivité de ce système. Ici, les termes « efficacité » et « productivité » décrivent les deux gains complémentaires qu'une technologie doit démontrer avant qu'un investissement dans celle-ci puisse être justifié. Soit il doit faire preuve d'un potentiel pour permettre à un système de produire à moindre coût ce qu'il était capable de produire sans la technologie (efficacité accrue), et/ou il doit faire preuve d'un potentiel pour permettre à un système de produire plus – ou fonctionner mieux – qu'il n'était en mesure de produire ou fonctionner sans la technologie (productivité accrue). Bien que ceci puisse ressembler à une généralisation brute, ce sont les raisons fondamentales qui sous-tendent tout investissement technologique, dont le renversement va miner la capacité du système de fonctionner avec le temps.

Ce qui marche bien au niveau micro peut être désastreux au niveau macro, parce que cela peut nécessiter des niveaux de complexité tel, qu'un grand système n'est pas en mesure de s'adapter durablement. Le plus souvent, les modèles d'utilisation réussie des TIC au niveau micro sont élaborés par des individus dévoués, très compétents et dépendent des traits de caractère et de l'engagement personnels de ces personnes pour le succès du moment. De tels modèles ne se traduisent pas facilement ou du tout au niveau macro-systémique. Au contraire, les tentatives de faire passer ces modèles de fonctionnement au niveau systémique peuvent avoir un effet très déstabilisateur sur un grand système.

Ce problème se double de la préoccupation relative à l'impact financier lié à l'augmentation de la taille des pratiques éducatives réussies à petite échelle. Certaines apportent la preuve suffisante de ce problème. L'Institut sud-africain de l'enseignement à distance (SAIDE), une ONG basée en Afrique du Sud, a évalué le coût des modèles d'enseignement à distance développés pour être utilisés à une très petite échelle (disons, 30 à 250 apprenants), qui sont pédagogiquement valables et parfois valables au plan financier également parce que les individus qui y participent sont disposés à investir beaucoup de temps et d'énergie dans leur mise en œuvre. Pris à l'échelle cependant (c'est-à-dire des milliers d'apprenants), ces modèles surchargeraient les systèmes dans lesquels ils fonctionnent, dans la mesure où ils leur imposeraient des exigences financières impossibles. Dans un exemple, on a projeté une perte récurrente de 4 millions de dollars américains sur dix ans pour un programme d'éducation à distance projeté parce qu'il essayait de traduire la logique de l'enseignement au niveau micro dans un programme très vaste.

En outre, il est beaucoup plus difficile au niveau systémique de justifier les niveaux des investissements massifs que nécessiteraient les TIC. Au niveau macro, les planificateurs de projets perdent cette maîtrise, souvent avec de graves conséquences fortuites. Si l'utilisation des TIC échoue dans un seul programme universitaire ou dans une école, les conséquences sont relativement faciles à limiter. Cependant, si on intègre la technologie dans les systèmes aux missions cruciales (par exemple le déploiement d'un nouveau système d'inscription informatisé des élèves), l'échec a des implications beaucoup plus sérieuses.

La recherche des stratégies, l'élaboration et la mise en œuvre des programmes en cours doivent tenir compte des différences significatives qui existent entre les micro et les macro-modèles d'utilisation des TIC. Par définition, les politiques nationales s'intéresseront principalement aux modèles d'utilisation des TIC qui sont pertinents au niveau macro, et il faut par conséquent veiller à s'assurer que ces modèles n'enfilent pas simplement les modèles réussis d'utilisation des TIC élaborés dans des circonstances très spécifiques au niveau micro-systémique.

Étant donné les réalités contextuelles de l'Afrique subsaharienne, cette approche doit commencer par :

- Mettre en œuvre des stratégies d'amélioration des infrastructures nationales de base (routes et télécommunications) et de réduction des coûts d'utilisation durable de ces infrastructures ;

- Renforcer les capacités professionnelles des personnes et organismes à tous les niveaux du système, lesquels seront responsables d'une manière ou d'une autre de l'utilisation des TIC dans l'enseignement ; et
- Assurer la responsabilité financière en intégrant les dépenses sur les TIC dans des budgets durables aux niveaux national et institutionnel.

En mettant l'accent sur ces éléments fondamentaux dans les politiques nationales, il est possible de créer les conditions nécessaires pour une intégration réussie des TIC dans les systèmes éducatifs, et permettre ainsi la réalisation du potentiel de ces technologies dans les plus brefs délais possibles. Compte tenu des défis qui se posent aux systèmes éducatifs de la région, cet effort devient une question relativement urgente.

Promouvoir le concept de TIC ou de « TIC dans l'enseignement »

L'étude d'évaluation montre que les projets SchoolNet ont davantage développé une approche « technologique » plutôt qu'« éducative », leurs activités consistant surtout à installer et à rendre accessibles les technologies, et moins à les utiliser à des fins éducatives. Cette situation est perçue avec certaines réserves comme une première étape dans la réalisation des projets SchoolNet, étant donné les problèmes inhérents à l'accès aux TIC tout d'abord. Puisque l'intégration des TIC dans les systèmes éducatifs demeure en grande partie un domaine inexploré, il devient clair qu'il faut davantage de recherche sur la manière dont cette intégration peut être gérée, et pour appuyer une exploration bien planifiée et développer un système où les leçons apprises lors de cette exploration sont systématiquement intégrées dans de nouveaux projets.

L'institutionnalisation

L'institutionnalisation renvoie aux mécanismes mis en place pour s'assurer qu'un projet dispose des stratégies et des plans de mise en œuvre des structures de gestion du personnel, des installations et des capacités (ressources financières et humaines) nécessaires pour atteindre les buts et objectifs fixés. Nous présentons ici un certain nombre de directives qui, suivies, pourraient contribuer à la durabilité des projets Schoolnet à cet égard.

Les réalités contextuelles doivent guider le choix de la forme du Projet

L'une des décisions cruciales à prendre est relative au degré de mise en œuvre. Souvent, les projets ambitieux ne prennent pas suffisamment compte des réalités. Un projet est affecté par des facteurs contextuels tels que les infrastructures, le manque de compétences en TIC, la situation géographique, et l'absence d'une culture d'utilisation des technologies. De même, les conditions de travail des employés affectent aussi les chances de réussite de la mise en œuvre. Lorsqu'un projet est initié, il est considéré comme une opportunité d'emploi et on s'attend à une rémunération. Lorsque ces attentes sont déçues, les gens sont démoralisés.

Les projets doivent commencer par réaliser un audit des infrastructures et compétences en TIC au niveau national. Si les compétences en TIC sont concentrées dans une province, alors le projet doit être initié là où des compétences et des ressources sont disponibles ou alors là où elles sont susceptibles d'être développées relativement vite. L'expansion à d'autres zones peut être envisagée à une étape ultérieure. Ceci réduira le risque d'échec initial et permettre que la mise en œuvre du projet soit entreprise dans un environnement moins risqué, augmentant ainsi la probabilité de parvenir au succès. Dans la plupart des projets évalués dans cette étude, les informateurs ne transigent pas sur le fait que c'est l'accès à l'électricité et aux lignes téléphoniques qui doit déterminer la sélection des écoles qui participent au projet.

La nécessité de définir des objectifs de projets simples et clairs

Les objectifs clés doivent être clairs. Lorsqu'un projet est mis en œuvre dans une perspective de pérennisation, il faut déterminer des phases spécifiques de mise en œuvre avec des objectifs clairs pour chaque phase. Des intervalles de temps et des réalisations mesurables pour l'achèvement des phases du projet doivent être signifiés à toutes les parties prenantes. La responsabilité pour les réalisations doit aussi être articulée clairement pour qu'il n'y ait pas de confusion quant à celui qui sera chargé de réaliser les tâches et activités. Ceci rendra plus faciles le suivi et l'évaluation en cours d'un projet et assurera que les réalisations du projet ont été satisfaites ; que les problèmes sont identifiés à temps ; et que le projet est mis en œuvre effectivement et efficacement. Des réunions et mises à jour régulières sont nécessaires pour tenir les parties prenantes informées de l'avancement du projet.

Les promoteurs dévoués des TIC : une bénédiction ou une malédiction ?

Les projets SchoolNet les mieux réussis semblent être ceux dont les promoteurs (champions) sont dévoués. Un bon promoteur de projet SchoolNet devrait assurer une direction visionnaire et posséder de bonnes aptitudes en communication et en gestion de projets. Les promoteurs devraient également avoir d'excellentes aptitudes dans les domaines du lobbying et de la négociation et de solides relations dans les secteurs public et privé. Les promoteurs sont généralement très enthousiastes.

Il faudrait se garder de confondre des promoteurs dévoués avec le personnel salarié à temps plein. Dans certains cas en effet, le promoteur peut remplir son rôle en travaillant à temps partiel ou en tant que volontaire. Le volontaire peut être une personne mue par la vision et le potentiel futur du projet. Il peut être un acteur représentant les pouvoirs publics ou la communauté et pourrait même ne pas être le directeur du projet, même s'il est très avantageux que ce dernier joue le rôle de « promoteur ».

Plusieurs informateurs ont réaffirmé le rôle des promoteurs des TIC à chaque niveau de l'organisation, du niveau du cadre supérieur à celui des éducateurs individuels. Comme l'illustre le cas de SchoolNet SA, les éducateurs motivés ont constitué une force puissante dans la mise en œuvre des projets à grande échelle, et nécessité peu d'intervention au niveau national.

Cependant, il y a le danger de développer une dépendance vis-à-vis d'un ou de quelques individus. Ceci pose des problèmes de viabilité dans la mesure où les projets s'effondrent facilement lorsque ces individus se retirent du projet. De même, parce qu'ils consacrent beaucoup de leur temps à faire marcher le projet, ces individus trouvent aussi peu d'opportunités – et encore ! – pour envisager une bonne planification de la relève. Ainsi, il semble que le développement d'une équipe de leaders et de gestionnaires SchoolNet est impératif pour éviter de dépendre de ces promoteurs. Le développement d'une telle équipe nécessite notamment la formation efficace de l'équipe et le renforcement des capacités en matières de leadership.

Le volontarisme peut compromettre le projet

Dans les pays où les revenus sont très bas, et où il n'existe pas de culture de volontariat, il est difficile de garder l'élan nécessaire avec les seuls volontaires. Dans la plupart des cas, les volontaires semblent s'attendre à un paiement pour leurs services et il y a peu de chances qu'ils restent dans le projet si cet argent se fait attendre. Les difficultés auxquelles font face les projets SchoolNet de Zambie et du Mozambique se rapportent directement à ce facteur – le rythme d'exécution du projet a été affecté parce que les gens ont participé à titre provisoire dans la mesure où ils en avaient le temps et l'envie.

L'utilisation de bénévoles (souvent des enseignants) présentait aussi des difficultés lorsque leurs charges de travail habituelles devenaient trop lourdes pour faire face aux exigences supplémentaires imposées par l'enseignement et l'appui aux TIC au niveau scolaire. Ceci était particulièrement visible dans les cas où les écoles dépendaient sur les enseignants volontaires pour l'appui technique.

Former pour maintenir les rares compétences en gestion

Les compétences en gestion et en mise en œuvre des projets sont rares en Afrique subsaharienne, particulièrement en zone rurale. Il convient de noter que ceci s'étend également à la faible capacité dans le secteur privé, où aussi bien les compétences en TIC que le capital entrepreneurial sont beaucoup plus limités que dans d'autres parties du monde. Ceci fait qu'il est beaucoup plus difficile de trouver des solutions locales innovatrices aux problèmes éducatifs, et augmente aussi le coût de l'effort de maintenir des projets qui dépendent de la technologie. Ces réalités peuvent expliquer, en partie, pourquoi tant de projets SchoolNet ont des partenaires internationaux ou sont initiés par des organismes internationaux. Outre le fait d'orienter les ressources vers le renforcement des capacités, les stratégies pour faire face à ce problème pourraient s'assurer que :

- Le projet bénéficie de l'appui des principaux décideurs avant de démarrer ;
- Il existe un « parrainage » formalisé ou un programme d'appoint pour diffuser les compétences sur place ;
- Il existe une structure de gestion appropriée avec des mécanismes de transfert de connaissances ;
- Les fonctions d'appui sont centralisées et partagées une fois la connectivité réalisée, ce qui permet que la plupart des questions de maintenance soient traitées en ligne ; et
- Les TIC sont utilisées pour retenir l'apprentissage organisationnel par la conservation d'archives et de données électroniques appropriées – ceci permettra de s'assurer qu'une partie des connaissances et de l'apprentissage dans l'organisation ne sont pas perdus lorsqu'un membre important du personnel ou un promoteur quitte le projet.

Créer des structures de gestion souples

Pour une phase de démarrage réussie, il faut une structure de gestion flexible, une structure qui permet l'exploration d'idées différentes et qui est très attentive à un environnement qui nécessite une prise de décision rapide. Du fait de sa nature bureaucratique inflexible, le secteur public ne serait pas par conséquent la structure optimale pour faire marcher un projet SchoolNet, particulièrement pendant la phase de démarrage.

Intégrer le projet dans une organisation existante

L'intégration du projet dans des institutions existantes (que ce soit les universités, les ministères de l'Éducation ou le secteur privé) constitue le point de départ approprié pour la plupart des SchoolNet. Elle sert à consolider les partenariats avec les institutions éducatives établies et encourage les activités visant à inciter les gens à profiter des avantages sociaux au sein des universités. Dans une perspective de développement de SchoolNet, ceci contribue à la prise de conscience du potentiel que recèlent les TIC pour la promotion de l'enseignement.

S'établir en tant qu' ONG indépendante

Un autre élément essentiel de réussite est l'établissement de l'initiative SchoolNet en tant qu'entité organisationnelle indépendante. Non seulement ceci renforce l'appropriation et le contrôle par les organes dirigeants et le personnel du SchoolNet, mais aussi élargit le champ de prise de décisions et de définition des activités et des partenariats du SchoolNet. Bien qu'il soit essentiel de mettre en place un organisme indépendant, il doit cependant s'accompagner du développement du réseau à travers des partenariats avec les ministères, le secteur privé et les structures de la société civile. Par exemple, la force de SchoolNet Namibie résidait dans son indépendance vis-à-vis du gouvernement et du secteur privé, bien qu'il ait développé des partenariats solides avec les parties prenantes dans ces secteurs. Au Zimbabwe, les personnes membres du projet SchoolNet interviewées ont mis en garde contre une dépendance vis-à-vis du ministère de l'Éducation.

Jouer un rôle de plaidoyer

Dans plusieurs des pays évalués, les SchoolNet ont joué un rôle de premier plan dans la prise de conscience sur l'utilisation et l'importance des TIC dans l'éducation. Dans certains cas, on les considère comme des partenaires stratégiques des ministères de l'Éducation (comme au Mozambique et en

Afrique du Sud). Dans d'autres ils ont joué un important rôle de plaidoyer dans les communautés et entre les jeunes (par exemple au Sénégal). En Ouganda, le rôle de plaidoyer du SchoolNet vis-à-vis des parents a été reconnu et il a été suggéré que les écoles organisent des ateliers pour exposer aux parents les avantages des TIC et pour qu'ils voient ce pourquoi ils payent. Il y a aussi la nécessité pour les écoles d'étendre leurs partenaires au-delà de la communauté des parents, pour construire ainsi des partenariats locaux pour mobiliser des ressources.

Comprendre les implications de l'appui des bailleurs de fonds sur la viabilité financière

Les projets SchoolNet dans cette étude ont été exclusivement financés par les donateurs dans la plupart des cas. Ceci doit être distingué des projets initiés par les donateurs dans lesquelsils détiennent le leadership. La recherche dans cette étude suggère fortement que tous les SchoolNet soient impulsés et dirigés par les chefs de projets locaux et non par les donateurs.

Certains des SchoolNet n'ont pas été en mesure de trouver des ressources autres que les apports financiers et en nature des donateurs, et par conséquent, il s'est créé une dépendance, particulièrement parce que les projets n'ont pas été planifiés au départ pour générer des revenus et ressources externes. Cependant, il y a des cas où il s'est dégagé un embryon de viabilité financière, surtout sous forme d'implication et d'appui du secteur privé aux projets. SchoolNet Afrique du Sud et SchoolNet Namibie sont des exemples types.

Lorsqu'on n'encourage pas l'émergence d'un modèle de viabilité financière, le futur à moyen ou long terme des projets est rendu très fragile. Cette situation est exacerbée par des projets qui ne s'assurent pas que l'appropriation préalable par les potentiels bénéficiaires est bien établie avant de continuer, le résultat étant que ces initiatives restent très en marge de l'activité sociale et produisent un impact limité. En Zambie, par exemple, l'exécution de la proposition du projet CRDI a échoué. Ce fut un processus réactif, plutôt que proactif, dans ce sens que la proposition de projet a été élaborée pour répondre à une demande du CRDI portant sur une initiative de mise en réseaux d'écoles en Zambie dont le coût s'élève à US$ 20 000. Ceci a abouti à l'inclusion d'activités inappropriées dans la proposition, et à la négligence d'aspects importants lors de l'élaboration. Par exemple, certaines des technologies proposées et achetées étaient très inappropriées aux conditions qui prévalent en Zambie.

La principale leçon tirée par le CRDI, les projets SchoolNet et surtout les communautés qui ont l'intention de démarrer de nouveaux Schoolnet est que, au stade de la conception, il est important de prendre en compte les possibilités d'aller au-delà de la phase pilote et de développer un cadre de viabilité dès le départ. D'un point de vue évaluation, la clarté sur les questions de recherche est cruciale au début du projet. Ces aspects doivent être stipulés clairement dans les accords de projets et les réalisations prévues doivent être identifiées comme étant des engagements.

Développer une stratégie de partenariat précise

Les partenariats avec un certain nombre de parties prenantes se sont révélés être un critère important de réussite. Ils peuvent prendre différentes formes, à la fois en termes d'appui financier et d'appui non financier, celui-ci à travers des contributions en nature. Les contributions en nature se sont révévées extrêmement opportunes dans la croissance des SchoolNet. Dans le cas de SchoolNet Zimbabwe, par exemple, le ministère de l'Éducation a fourni des bureaux et du personnel. Pour SchoolNet Angola, le fournisseur de services Internet local (ISP) a offert l'accès gratuit à Internet aux écoles membres du projet. Dans SchoolNet Namibie, plusieurs entreprises du secteur privé ont fourni, entre autres, des mécanismes incitatifs pour les participants au projet.

Cette évaluation recommande que les SchoolNets pensent à intégrer leurs activités aux stratégies nationales impliquant un certain nombre de parties prenantes :

- Le gouvernement, pour l'appui des politiques incitatives ;
- Les fournisseurs d'accès Internet pour des coûts plus abordables ;
- Les sociétés des télécommunications pour l'accès moins cher au téléphone ;
- Les ministères du Commerce pour l'importation à des coûts réduits d'ordinateurs et de logiciels ; et
- Les ONG, telles que les syndicats des enseignants, pour favoriser l'appui des enseignants à l'initiative SchoolNet.

Localiser les organisations et activités SchoolNet à l'intérieur d'un système holistique pose un énorme défi, mais semble bien fournir la clé pour encourager la viabilité. Les projets SchoolNet doivent par conséquent veiller à développer des stratégies pour gérer les relations au sein des projets qui impliquent plusieurs parties prenantes. Il faut une compréhension claire de la façon dont les donateurs entendent gérer leurs projets, et de leurs attentes relativement à la gestion, à la mise en œuvre et au suivi des projets.

Développer des modèles novateurs de viabilité financière

L'un des éléments importants est que peu d'institutions d'enseignement publiques reconnaissent que des modèles de financement novateurs devront être utilisés dans le moyen ou long terme si les projets qui cherchent à exploiter la capacité des TIC dans l'enseignement doivent avoir un impact significatif. Le partage des ressources de TIC et la connectivité entre divers secteurs (par exemple le centre de santé rural, l'école et la communauté), et la génération des revenus par la fourniture des services d'accès public pour compenser les coûts n'ont pas encore fait l'objet d'une discussion au niveau national ou régional en Afrique subsaharienne. Ici, cependant, résident les grains de la viabilité financière potentielle des projets SchoolNet. Le modèle de viabilité devrait prendre en compte non seulement les possibilités de gérer des revenus, mais aussi, chose très importante, le développement de partenariats public-privé dans lesquels on peut montrer au secteur privé les effets positifs du partenariat avec les SchoolNets. En Angola, le projet a donné au secteur privé l'occasion de mettre en œuvre certains de ses programmes de responsabilité sociale, qui étaient susceptibles d'aboutir à un retour sur investissement. De même, en Namibie, un modèle de connexion a été exploré à travers le SchoolNet, lequel était constitué de différents partenaires aux intérêts divergents, mais qui contribuaient à la même vision, avec l'espoir que la réalisation de cette vision profiterait aux partenaires

Les écoles pourraient faire pression sur les grandes organisations pour les dons d'équipements en TIC, ainsi que sur le gouvernement pour l'exonération des taxes sur les TIC. Par exemple, SchoolNet Ouganda pourrait suivre cette voie, mais chaque école doit se charger de mobiliser ses propres ressources.

Même si la plupart des SchoolNet restent essentiellement des entités à but non lucratif, il devient crucial d'organiser le projet sur des principes de gestion sains pour la longévité et la viabilité de l'initiative. Ceci implique la création des produits et services ayant des flux de revenus potentiels et la promotion de stratégies commerciales agressives.

La connectivité

La question principale qui a affecté l'utilisation des TIC par diverses communautés était, et demeure, la connectivité de même que sa disponibilité et son coût d'accès. Les problèmes liés à l'utilisation des connexions sans fil ont porté sur l'étroitesse de la bande passante. Il faut que les SchoolNet explorent dans le détail les différentes options techniques disponibles et à prix abordables pour les écoles afin qu'ils puissent opérer des choix avisés par rapport à la connectivité. Parmi les obstacles rencontrés par tous les SchoolNets, il y a les problèmes d'accès aux ordinateurs et le ratio élevé des apprenants par rapport aux ordinateurs. Le coût des appels téléphoniques et d'accès à Internet constituait un facteur prohibitif important. Certaines écoles ont vu leur connexion suspendue pour cause de factures impayées. Un point de vue contraire a été exprimé selon lequel Internet pourrait constituer une distraction pour les nouveaux utilisateurs. La connectivité est très onéreuse et il a été suggéré de faire usage d'une connexion par ligne commutée unique par un enseignant qui s'y connaît, lequel pourrait alors rendre le contenu d'Internet disponible hors connexion à d'autres éducateurs et apprenants.

Élargir l'éventail des choix en matière de connectivité

Tant la connectivité sans fil que celle avec fil ont été utilisées dans les projets SchoolNet. Par exemple, le Lesotho et SchoolNet Namibie ont tous les deux expérimenté les technologies sans fil. Le projet du Lesotho a acheté une station terrienne portable utilisant un satellite à faible orbite (Pacsats) et des panneaux scolaires, étant donné que les écoles étaient basées en dehors du réseau électrique. SchoolNet Namibie reconnaît qu'une solution de communication unique ne saurait être viable à raison des questions réglementaires, de l'accès limité aux services publics, aux terrains et des questions d'emplacement des écoles et des distances entre celles-ci. Il expérimente avec les ponts Ethernet sans fil dotés d'antennes à gain élevé pour relier les écoles à un noyau central câblé. Les ponts Wilan Hopper Plus ont été testés, avec des antennes appropriées qui permettent des gammes pouvant atteindre 60 km.

Ordinateurs neufs ou ordinateurs d'occasion ?

On a trouvé une gamme variée d'ordinateurs dans les différents projets SchoolNet – des nouveaux Pentium III qui étaient souvent des dons du secteur privé ou de bailleurs de fonds, aux vieux ordinateurs offerts aux écoles. Dans certains cas (SchoolNet Mozambique, par exemple), ces derniers se sont avérés inutilisables. Les écoles utilisaient généralement les systèmes d'exploitation et les logiciels Windows 95 de Microsoft, à l'exception de SchoolNet Namibie, qui utilisait un système d'exploitation Linux et un logiciel de standard ouvert.

Les ordinateurs de seconde main sont utilisés pour les besoins de démonstration et la dispense de cours de saisie, mais il faut des mécanismes en place pour tester les ordinateurs avant qu'ils ne soient dispatchés dans les écoles, et pour que les installations de remise à neuf et d'amélioration soient facilement disponibles. Les ordinateurs de seconde main ne sont pas toujours rentables à cause des coûts de maintien élevés et des durées de vie plus courtes. La plupart des pannes techniques et des problèmes de connectivité ont été imputées au fait qu'on utilisait des ordinateurs vieux et lents. Ceci était exacerbé par le fait que les utilisateurs étaient souvent novices dans l'utilisation des ordinateurs.

Au regard des problèmes techniques rencontrés dans l'utilisation des vieux ordinateurs, le constat est que des ordinateurs plus rapides et plus neufs sont nécessaires pour accéder à Internet et pour télécharger les informations. Ceci aiderait aussi à diminuer les montants des factures de téléphone.

Dans les pays où l'appui technique est susceptible d'être rare en zone rurale, une stratégie d'utilisation des ordinateurs de seconde main a peu de chance de réussir à moins qu'une stratégie concomitante ne soit mise en place pour développer des compétences locales d'appui technique.

L'accès

Dans le contexte qui est celui de l'exploration des moyens pour améliorer l'accès universel aux TIC en Afrique, les écoles ont été perçues comme une entité qui couvre de nombreuses communautés. L'expérience consolidée dans les limites de cette étude révèle que l'utilisation des écoles comme point d'accès pour les TIC est un succès. Dans plusieurs cas, les TIC basées dans les écoles fournissent, à des degrés divers, l'accès non seulement à divers membres de la communauté (enseignants, apprenants, directeurs et personnels administratifs), mais aussi aux membres de la communauté en dehors des écoles (aux jeunes et aux résidents des environs de l'école).

Ainsi, différents modèles d'accès ont été appliqués :

- Les TIC dans les écoles où les utilisateurs viennent uniquement de l'école concernée : ici, l'usage varie de l'utilisation par le directeur seul de l'unique ordinateur disponible pour l'école, à l'utilisation par les apprenants, les éducateurs et les responsables des salles d'informatique d'une école. Au Collège Josina Machel de Maputo au Mozambique, le directeur, les enseignants et apprenants utilisent les ordinateurs installés dans une salle d'informatique. Par contre, au Lycée Katlehong de Johannesburg, ce sont surtout les enseignants qui ont accès aux ordinateurs dans l'établissement.
- Les TIC dans les écoles où les utilisateurs viennent à la fois de l'école et de la communauté environnante : c'est le cas dans certaines communautés de la quasi-totalité des projets SchoolNet. En Afrique du Sud, le Lycée Mafikeng dans la province du Nord-Ouest a mis sa salle d'informatique à la disposition des jeunes de la communauté pour la formation en informatique après les heures de travail. De même, à Nampula au Mozambique, l'Institut industriel permet aux membres de la communauté d'être formés par les enseignants qui ont eux-mêmes suivi une formation de cette façon ; l'Institut génère aussi des revenus.
- Les TIC dans une école, là où l'école joue le rôle de site central pour couvrir les écoles et la communauté environnantes : il existe différents modèles de concept de site central. Dans certains cas (Katlehong en Afrique du Sud par exemple) le site central est un centre de ressources communautaires. SchoolNet Zimbabwe utilise aussi le modèle de « télécentre basé à l'école », dans lequel l'école sert de point d'accès aux TIC pour les membres de la communauté plus large, en plus des élèves.

Le renforcement des capacités et la formation des enseignants

La formation des enseignants dans les compétences de base en TIC et, dans certains cas, l'utilisation des TIC pour améliorer l'enseignement figure en bonne place comme l'activité centrale de certains SchoolNet. Tous les projets SchoolNet inscrivaient la formation des enseignants comme projets pilotes et aucun ne considérait la formation en TIC comme faisant partie du système de formation des enseignants. Le projet SchoolNet Internet para as Escolas, qui visait les instituts de formation des enseignants comme site de formation à l'informatique constitue une exception, de même que les installations en informatique et la connectivité à l'Internet.

Mettre l'accent sur la dimension éducative

La plupart des SchoolNets n'ont pas réussi à introduire le contenu éducatif dans les premières phases de leur développement. La raison de la mise sur pied des SchoolNets est de démontrer les effets bénéfiques des TIC sur l'enseignement. Pour cette raison, il devient impératif d'initier des projets basés sur le contenu. En Ouganda, un projet CurriculumNet a été élaboré en partenariat avec SchoolNet Ouganda, qui intègre l'implication des enseignants dans l'élaboration du contenu éducatif local de façon très originale. Certains projets SchoolNet peuvent certainement tirer des enseignements de l'expérience CurriculumNet.

Développer des aptitudes techniques en dépannage

L'élaboration et le développement des mécanismes d'appui pour la connectivité effective et pour travailler sur les ordinateurs sont très importants. La promotion des capacités locales en aptitudes techniques, une équipe de dépanneurs et des gens capables d'améliorer et de remettre à neuf les ordinateurs, et la mise sur pied de services d'assistance téléphonique sont particulièrement nécessaires. Dans le cas du Sénégal, on a noté que la formation était inadéquate, souvent inappropriée au besoin des utilisateurs et dispensée avec peu ou sans égard pour les préoccupations relatives à la maintenance. Ce commentaire reflète le feedback de certains chefs et de formateurs de projets SchoolNet. Les mécanismes visant à améliorer l'appui technique, particulièrement en zones éloignées, doivent être abordés pendant la formation des enseignants, ne serait-ce que pour traiter des aptitudes de dépannage de base. Il faudrait mettre plus l'accent sur la formation technique des enseignants afin qu'ils puissent entreprendre leur propre appui technique local de première intervention.

L'idée de former quelques enseignants dans les écoles en tant que coordinateurs des salles d'informatique chargés de s'assurer que les laboratoires fonctionnent normalement et que tant les enseignants que les apprenants disposent d'un appui basé sur place, a semblé bien marcher dans les écoles mozambicaines. Ceci a également assuré un point de contact pour le personnel des SchoolNets dans les écoles. En Namibie, les apprenants issus d'une école polytechnique ont reçu une formation sur le tas, qui les préparait en même temps pour le marché du travail. On disait qu'ils étaient des « passagers » qui pourraient « s'envoler » vers des écoles qui ont besoin d'appui et d'assistance technique. Les deux cas seraient des modèles possibles à émuler dans d'autres projets scolaires.

Envisager de plus longs programmes de formation continue pour les enseignants

Une leçon importante dans la formation des enseignants est que les enseignants qui suivent les programmes de formation en TIC se sont plaints que les personnes ayant des compétences variables en informatique étaient placées dans les mêmes sessions, et que dans certains cas, les formateurs combinaient la formation informatique de base avec la formation supérieure. L'expérience montre aussi que les délais d'enseignement des aptitudes en TIC sont trop courts et que ces formations accélérées sont plus concluantes avec les enseignants qui ont déjà quelques connaissances informatiques. Les éducateurs ont besoin de temps pour intérioriser la formation et il n'est pas réaliste de s'attendre à ce que des personnes sans expérience antérieure en TIC atteignent la vitesse en quelques jours. Bien que le matériel de cours soit de valeur, il faut aux éducateurs l'opportunité de pratiquer leurs aptitudes jusqu'à ce qu'ils s'y sentent à l'aise. La formation ne saurait être une intervention unique, mais elle doit être permanente et suivie. Il faut envisager différents niveaux de formation pour les enseignants qui possèdent divers niveaux de compétence. En outre, des mécanismes sont nécessaires pour apporter aux enseignants un appui continu en TIC, par exemple, à travers des services d'assistance téléphonique, à l'instar de SchoolNet Afrique du Sud.

L'élaboration des contenus

Une base technologique solide pour l'élaboration des contenus au niveau local

Pas une seule question n'est ressortie comme étant une leçon principale dans le domaine du contenu et du programme, probablement parce que ce thème est en cours de formulation sous une forme cohérente de pratique. Il est évident qu'une bonne partie du contenu disponible sur Internet a été élaborée ailleurs et qu'il n'avait pas toujours un rapport avec la situation locale dans les pays africains.

De toutes les composantes de l'activité SchoolNet, l'élaboration du contenu éducatif en ligne, à travers l'utilisation des TIC, était extrêmement limitée, ou était complètement marginalisée, bien que ces activités faisaient partie du modèle initial du SchootNet. Par exemple, les premières étapes du SchoolNet Afrique du Sud montrent que l'accent porte sur les projets de connectivité comme le fait le projet Internet para as Escolas au Mozambique, qui ne s'est pas donné la peine de développer un logiciel de mathématiques personnalisé pendant les trois années qu'a duré le projet. Cependant, les Cyber Jeunes au Sénégal ont fortement mis l'accent sur l'élaboration d'un contenu local, en utilisant les informations relatives au planning familial et à l'éducation sexuelle via Internet.

En dehors de l'expérience de SchoolNet Afrique du Sud et des Cyber Jeunes, pratiquement aucun SchoolNet n'avait initié de projets sur l'élaboration de contenu. Les projets SchoolNet ont commencé par un accent plus marqué sur les technologies et accordé moins d'attention aux dimensions éducatives de la mise en réseau des écoles. Les nombreux obstacles et défis rencontrés par les SchoolNet d'abord pour atteindre l'objectif de connectivité ont consommé les ressources humaines disponibles, particulièrement lors de la phase de démarrage. Cependant, ceci devrait être perçu dans un contexte plus large – l'expérience des pays développés tels que les USA et la Suède ont connu des problèmes similaires en phases de démarrage de la mise en réseau des écoles. Familiariser les éducateurs et les apprenants avec la technologie semble constituer une étape nécessaire avant que l'élaboration effective du contenu ne soit réalisée.

Intégrer les TIC dans les programmes

La mise en œuvre des TIC dans l'enseignement fait souvent apparaître une incohérence entre les TIC proprement dites et leur utilisation dans l'enseignement. Un enseignant a déclaré que « les enseignants semblent motivés à apprendre les aptitudes d'application des TIC, mais le sont moins à explorer l'application des TIC dans les programmes ». Ceci pourrait laisser penser que les SchoolNets devraient prêter plus d'attention dans leurs programmes de formation à l'exploration des moyens par lesquels les TIC peuvent être intégrées dans les programmes et ainsi être utilisées plus efficacement dans l'enseignement d'une gamme variée de sujets. Les liens doivent être explicités et ceci constitue un domaine potentiel de recherche future. Ce qui suppose aussi un partenariat étroit avec le ministère de l'Éducation en raison des implications pour les modèles de développement basés sur les enseignants, sur les écoles et sur les programmes.

La stratégie

Il y a une différence significative en termes d'approches pour la mise en place de cadres de politique nationale. On peut classer les pays en fonction du niveau d'engagement politique dans le domaine de l'éducation ainsi qu'il suit :

- **Absence de politique** : il n'y a actuellement aucune politique qui tente soit de réguler, soit de stimuler l'usage des TIC dans l'enseignement (Angola) ;
- **Politiques nationales des TIC** : une politique nationale des TIC couvre l'usage des TIC dans l'enseignement (Mozambique et Namibie) ;
- **Intégration des TIC dans la politique générale d'éducation** : les déclarations de politique sur l'usage des TIC sont intégrées dans les politiques générales d'éducation (Swaziland) ;
- **Un usage plus généralisé de la technologie dans les politiques d'éducation** : on met en œuvre des politiques globales sur l'usage des technologies dans l'enseignement, et des stratégies – aux niveaux national et provincial – pour développer des usages spécifiques des TIC dans l'éducation émergent de ce cadre politique général (Afrique du Sud) ;
- **Des stratégies sectorielles de TIC dans les politiques d'éducation** : on développe des politiques qui mettent particulièrement l'accent sur l'usage des TIC dans l'enseignement (Namibie) ;
- **Des politiques spécifiques sur les écoles et les infrastructures TIC** : des politiques spécifiques sont développées pour équiper les écoles avec des infrastructures TIC (Botswana).

Cependant, la perception générale est qu'il y a très peu de politiques qui concernant l'usage des TIC dans l'enseignement. Ceci a été conformé par des personnes interviewées en Angola, au Lesotho, en Namibie et en Zambie. Toutes les personnes interrogées ont indiqué qu'il n'y avait aucune politique en place qui informe le travail des projets de mise en réseau des écoles, tout comme il n'y a pas de perspectives pour élaborer ces politiques dans les différents pays. Lorsqu'elles existent effectivement, elles tendent à rester vagues et font peu allusion à la mise en œuvre.

Pour la majorité des systèmes éducatifs en Afrique subsaharienne, les TIC ne constituent pas encore une priorité ni du point de vue des choix politiques ni en termes financiers. Il y a un important manque d'expertise locale à résorber dans le domaine de l'enseignement de technologies.

Plusieurs priorités – des contraintes budgétaires, les défis administratifs et de gestion, l'affectation d'enseignants et l'impact du VIH Sida sur l'éducation – rivalisent pour attirer l'attention des décideurs locaux. La politique d'éducation liée aux TIC doit aussi s'insérer dans cet ensemble de priorités.

Des relations de travail étroites avec les entités chargées d'élaborer les politiques sont nécessaires pour les SchoolNets. L'implication immédiate des décideurs dans les processus de mise en œuvre s'est avérée comme le seul facteur le plus habilitant dans l'élaboration des politiques concernant l'usage des TIC dans l'enseignement. Ceci est confirmé par les expériences au Mozambique, en Namibie et en Afrique du Sud. Dans la plupart des cas cependant, les contraintes des capacités à l'intérieur des entités chargées d'élaborer les politiques constituent une contrainte majeure – le secteur est généralement à court de personnel ou le personnel qui y est affecté manque d'expérience en TIC ou d'une compréhension de la valeur de l'intégration des TIC dans le programme scolaire plus large au niveau national.

Les implications pour la recherche future

La présente étude s'est penchée sur les expériences de mise en réseau d'écoles dans neuf pays africains et n'a fait qu'effleurer les problématiques de production de la connaissance sur ce sujet. Cependant, certains écarts de recherche sont apparus au cours de l'étude, particulièrement en réponse à la question de recherche numéro 4 – quels sont les domaines qui nécessitent plus d'investigation et quel calendrier d'évaluation propose-t-on pour les phases ultérieures de l'évaluation et de la recherche au CRDI ?

L'hypothèse d'Acacia selon laquelle les TIC améliorent l'apprentissage et l'enseignement en Afrique n'a pas été vérifiée de façon concluante. Il faut pousser la recherche, sur une période plus longue, sur les retombées et les effets des TIC sur l'amélioration de l'apprentissage et de l'enseignement en Afrique. Dans l'ensemble, trois grands fossés sont apparus durant l'étude, pour lesquels il faut continuer la recherche.

- Les expériences et l'appui sur l'élaboration des politiques ;
- Les modèles reproductibles et durables pour les SchoolNets ;
- L'élaboration des programmes et continus.

L'élaboration de politiques

Le rôle des environnements politiques d'appui et habilitant pour un meilleur apprentissage et un meilleur enseignement du fait des TIC dans les écoles doit faire l'objet d'une investigation. Cela signifie étudier de plus près toutes les autres politiques sectorielles qui informent le processus d'intégration des TIC dans l'environnement éducatif.

Des modèles durables de SchoolNet

- Certains SchoolNets d'Afrique sont en phase de démarrage et seront sans doute en mesure d'utiliser les résultats de cette recherche dans leur processus de conception. Il serait important de mener des investigations sur les modèles de durabilité que les écoles ont appliqués et établir quels modèles fonctionnent mieux. Par exemple, certaines écoles initient des programmes de formation pour les membres de la communauté pendant les vacances. En fonction des différents emplacements des écoles (c'est-à-dire ville ou campagne) et de la situation socio-économique de la communauté environnante, la formation des membres de la communauté – surtout en zones rurales – est susceptible de rester plus un service communautaire qu'une activité génératrice de revenus. Si une école a pour but de collecter des fonds à travers ces genres d'initiatives, il y a des chances de connaître quelques frustrations, surtout dans des zones où les gens sont relativement pauvres et où la demande de formation en informatique est faible. Il y aura aussi des domaines où les gens ne peuvent pas avoir les moyens de payer cher pour ces genres de services, quand bien même ils voudraient suivre cette formation. Si le but de l'école est d'offrir un service communautaire, alors la formation pour les membres de la communauté pourrait être fortement subventionnée dans la plupart des cas. Cependant, la question demeure : subventionnée par qui ? Ceci soulève la question de savoir dans quelle mesure les écoles peuvent avoir les moyens d'offrir ces genres de services à leurs communautés environnantes et au frais de qui ces services seraient rendus. Cela soulève aussi les problèmes de la viabilité à long terme. De telles questions nécessitent une recherche plus poussée.

  Plusieurs projets SchoolNet dépendent de l'appui des bailleurs de fonds. Cependant, si les bailleurs décident d'éliminer progressivement les financements pour le projet, quelles mesures seront les mesures alternatives ? Si l'État adoptait une politique claire sur l'application des TIC dans les écoles, la situation serait moins problématique et un environnement pour des types de partenariats innovateurs serait favorisé (par exemple les partenariats public-privé). Même à ce moment-là, quel type de partenariat les autorités publiques se proposeraient-elles de promouvoir ? Une recherche plus poussée sur les modèles de partenariat pour les SchoolNets serait extrêmement utile pour les nouveaux projets de cette nature.

- Il n'y a toujours pas de réponses claires quant à la raison pour laquelle certains projets SchoolNet ont pu passer avec succès à des niveaux macro de mise en œuvre tandis que d'autres se sont démenés pour survivre en tant que petites initiatives pilotes. Cette évaluation a mis en lumière certains éléments nécessaires, mais il faut approfondir la recherche pour apporter des réponses qui comportent des niveaux de certitude plus élevés.

L'élaboration des contenus et des programmes

- Des recherches doivent être menées pour déterminer l'utilité de la myriade de logiciels éducatifs et des projets de programmes en ligne en Afrique, et dans quelle mesure ils sont efficaces dans l'appui au processus d'apprentissage et d'enseignement.
- Dans les projets SchoolNet qui mettent fortement l'accent sur le contenu, tels que les Cyber Jeunes au Sénégal, il faut pousser la recherche pour déterminer si le contenu existant a un effet sur la performance de l'école ou sur la gestion des clubs EVF (Education à la vie familiale). En d'autres termes, y a-t-il une relation directe entre l'accès élève/enseignant aux TIC et les résultats positifs dans l'apprentissage/enseignement ? Des progrès considérables ont été certes réalisés si l'on considère le niveau de réalisation dans la mise en œuvre du projet. Néanmoins, pour être à même de mesurer ces progrès par rapport à l'objectif sous-jacent d'Acacia, il serait intéressant de savoir dans quelle mesure le projet a permis un changement de comportement.
- Les projets de programmes en ligne en Afrique devraient être évalués, de même et dans quelle mesure ils sont efficaces dans l'appui au processus d'apprentissage et d'enseignement.

La connectivité et l'accès

- Des options alternatives de connectivité à faible coût doivent faire l'objet de recherche, y compris l'usage des systèmes Internet satellitaires bilatéraux, les technologies sans fil, la radio et téléphonie cellulaire.
- Les éventuelles raisons pour lesquelles les élèves et les enseignants de sexe féminin ont tendance à moins utiliser les ordinateurs que ceux

de sexe masculin pourraient fair l'objet de recherche. Les raisons de cette résistance ne sont pas très claires et doivent être comprises si le déséquilibre genre dans l'utilisation des ordinateurs doit être abordé.

- Les problèmes liés à l'utilisation des questionnaires envoyés par e-mail, et les éventuelles raisons sous-jacentes des taux de réponse faibles ou nuls dans cette étude devraient faire l'objet d'une étude.
- Les différentes options de connectivité qui peuvent être utilisées par différentes écoles devraient être explorées plus sérieusement, en gardant à l'esprit les questions de coût, de fiabilité et d'efficacité. Il y a un besoin non seulement d'étude technique, mais aussi d'études de faisabilité pour minimiser les différentes frustrations ressenties par les écoles.

Le renforcement des capacités et la formation

- On ne peut pas présumer que les changements positifs potentiels que peut entraîner l'intégration des TIC dans l'enseignement seront nécessairement bien accueillis et adoptés par tous les éducateurs. Certains éducateurs ne seraient pas intéressés ou ne seraient pas encore convaincus. Il est donc important de développer un argument coûts-bénéfices plus solide pour soutenir l'usage des TIC dans les écoles et leur intégration dans d'autres parties du programme scolaire.
- D'autres explorations sont nécessaires sur les voies et moyens de vulgariser les TIC et de les rendre disponibles pour tous à un coût raisonnable. Les questions d'équité qui se posent à cause de l'introduction des TIC dans l'éducation nécessitent une investigation plus poussée.
- L'intégration des TIC implique un passage des méthodologies centrées sur l'enseignant aux approches centrées sur l'apprenant. Ceci nécessite non seulement un changement de méthodologie, mais aussi d'attitudes et, éventuellement, un changement de philosophie d'enseignement. Les éducateurs doivent être formés à nouveau pour avoir une autre perception de leur rôle pédagogique. Les enseignants doivent aussi être encouragés à créer leur propre contenu. Il faut pousser la recherche pour déterminer la manière dont cela peut se réaliser au mieux.
- Il serait utile de mener des recherches sur les moyens les plus efficaces d'élaborer les programmes de formation des enseignants de façon systématique en encourageant l'introduction de la formation en TIC dans le système de formation des enseignants.

Les futurs processus de recherche en évaluation

Les futures études panafricaines devraient mettre davantage l'accent, en phase de pré-recherche, sur la nature des liens entre les différentes composantes de l'étude. Bien que la recherche panafricaine ait une certaine valeur, il faut plus de travail sur la signification de ce type de recherche comme approche, ainsi que sur les objectifs qui lui sont assignés. Les liens entre les études dans les différents pays sont très implicites, et davantage de recherches préliminaires les auraient rendus plus claires et donc plus faciles pour faire l'objet d'attention dans le processus de recherche.

Les futurs projets d'évaluation devraient être entrepris à une échelle plus réduite pour faciliter un feedback rapide dans les projets de sorte que l'apprentissage puisse avoir lieu. Un retard de feedback signifie que la gestion de projet ne peut pas répondre suffisamment vite aux suggestions et les incorporer dans les phases de projet ou dans des nouvelles composantes.

Le fait le plus spécifique aux projets financés par Acacia est que les destinataires doivent être davantage sensibilisés sur le rôle du CRDI dans l'appui à la recherche développement en tant que telle. À la genèse d'Acacia en 1997, l'idée d'appliquer les TIC au développement était nouvelle. Les projets Acacia (y compris les SchoolNets) étaient donc inévitablement impliqués dans la création de nouvelles institutions et la fourniture des financements pour le faire. Par conséquent, il y avait proportionnellement moins de financement pour la recherche, ce qui constituait une déviation de la norme pour d'autres projets CRDI marqués par leur accent marqué sur la recherche. Les SchoolNets bénéficiaires de l'appui du CRDI semblaient relativement ignorer qu'ils faisaient explicitement partie d'un processus de recherche. Les activités de collecte de données et de génération de la connaissance n'étaient donc pas privilégiées au départ. Ceci doit être rectifié dans les futurs projets.

Comme le suggère son titre, cette étude a mis l'accent sur la réalité que les projets de mise en réseau au cours des deux ou trois dernières années ont beaucoup plus constitué une avant-première. Plusieurs SchoolNets ne sont pas encore prêts à passer au «plat de résistance». Néanmoins, cette évaluation consolide quelques-unes des expériences africaines qui, nous l'espérons, vont inspirer l'avenir de la mise en réseau des écoles sur le continent. Nous espérons qu'il stimulera aussi plus d'intérêt pour la recherche qui élargira la panoplie d'options ouvertes aux éducateurs africains sur la manière dont les TIC peuvent être utilisées au mieux pour prodiguer un meilleur enseignement aux enfants africains.

Chapitre 4

Lancement des projets Schoolnet nationaux

Malusi Cele et Shafika Isaacs

Introduction

Depuis le milieu des années 1990, l'Afrique a manifesté un regain d'intérêt soudain en ce qui concerne l'introduction des TIC dans les établissements scolaires. Jusqu'en 2000, plus de 23 pays étaient engagés dans des projets de mise en réseau de leurs établissements. Alors que certains n'avaient pas encore dépassé la phase initiale, d'autres en étaient déjà à l'étape de la mise en œuvre au plan national. Étant donné que les problèmes rencontrés par les projets SchoolNet à leurs débuts sont communs, il a été décidé d'inclure dans le présent volume, un chapitre entièrement consacré à l'évaluation du démarrage des projets SchoolNet. Dans la mesure où les projets SchoolNet du Mozambique, du Sénégal, d'Afrique du Sud et d'Ouganda sont étudiés en détail dans les chapitres 5 à 8, l'évaluation dont il sera question dans le présent chapitre portera essentiellement sur les SchoolNets, des cinq autres pays, à savoir l'Angola, le Lesotho, la Namibie, la Zambie et le Zimbabwe.

Il s'agit pour nous de présenter brièvement le contexte dans lequel ces SchoolNets fonctionnaient, en mettant l'accent sur la mauvaise qualité des infrastructures, l'insuffisance de personnels qualifiés et les lacunes du cadre stratégique qui les caractérisent. Nous examinerons également les points d'entrée pour le démarrage des projets SchoolNet en Afrique, ainsi que les facteurs nécessaires pour soutenir et assurer la durabilité de cette initiative.

En mettant en évidence les difficultés et les succès enregistrés par un ensemble représentatif de pays africains, l'on espère que les enseignements qui en découlent permettront de mieux aborder les futurs projets de mise en réseau des établissements scolaires en Afrique.

Une analyse d'ensemble des différents modèles émergents de lancement est présentée, suivie par un débat sur les expériences vécues en matière de connectivité, de formation des enseignants, d'élaboration de contenus et de stratégies. L'évaluation de la phase de démarrage met l'accent sur le contenu, le programme initial, la conceptualisation et la mise sur pied des SchoolNets. Dans cette étude, il n'a pas été question de mener une analyse d'impact détaillée de la réaction ou des points de vue des bénéficiaires. L'évaluation de la mise en œuvre et des leçons tirées est faite dans l'étude de cas détaillée.

La méthodologie de recherche évoquée au premier chapitre est celle que nous avons adoptée ici ; elle est cependant guidée par une question préliminaire : comment les projets SchoolNet soutenus par le programme Acacia ont-ils été réalisés, et quels effets les investissements de Acacia ont-ils eu dans l'appui au lancement de la mise en réseau des établissements scolaires ?

Les outils de recherche ont été pilotés en collaboration avec SchoolNet Afrique du Sud et SchoolNet Lesotho, après quoi, le processus de collecte des données a été engagé. Treize questionnaires ont été soumis par e-mail. Huit questionnaires remplis nous ont été retourné. La méthode principale de collecte des informations a été celle des interviews approfondies. Pour les cas du Lesotho, du Mozambique, de la Namibie, du Sénégal, de l'Afrique du Sud, de l'Ouganda et de la Zambie, ces interviews ont été menées face à face, tandis que pour l'Angola et le Zimbabwe, elles ont été faites par téléphone. Au total, dix-neuf interviews ont été réalisées, et sept discussions de groupe se sont tenues avec 24 participants au total.

Les recherches sur la phase de démarrage se sont limitées à identifier et à comprendre la genèse de chaque projet, et avaient une dimension plus réduite. Elles ont néanmoins donné une image utile d'études de cas qui a permis de mieux comprendre le contexte et la conceptualisation des projets dans les divers pays. Le tableau 4.1 présente une vue d'ensemble de la taille et de l'envergure des cinq projets SchoolNet étudiés à leur phase de lancement.

Tableau 4.1 : Vue d'ensemble de nouveaux SchoolNets (en phase préliminaire) étudiés en 2000

SchoolNet	Forme organisationnelle	Activités pilotes	Établissements ciblés	Établissements atteints	Partenaires
Angola	projet soutenu par l'ISP et basé à l'Université catholique	installation de 2 ordinateurs à usage scolaire formation des enseignants	3	4	Université catholique Ebonet (ISP) Fonds angolais d'assistance à l'éducation (basé à Boston)
Lesotho	projet interne de l'ISAS à l'Université du Lesotho		1 établissement scolaire et 1 centre communautaire	1 établissement scolaire et 1 centre communautaire	Institut d'études sur l'Afrique australe (ISAS), Université du Lesotho
Namibie	ONG	*Insect@thon-base de données sur les insectes connexion des établissements scolaires à l'Internet formation technique des élèves projet des élèves volontaires avec système de récompense	50, plus programme de connexion des 1500 établissements scolaires de Namibie	31	ministères de l'Éducation Nampower Polytechnique UUNET
Zambie	Association bénévole	Connexion à l'Internet des établissements dotés d'ordinateurs formation des enseignants	14 Centres	9	Zamnet (ISP)
Zimbabwe	ONG	* télécentres scolaires formation des enseignants	30 établissements scolaires	30	WorLD ministère de l'Éducation

Résultats

Contexte

Le commentaire d'un représentant d'une grande entreprise de technologies de l'information a fait ressortir les points essentiels suivants. Ceux-ci s'appliquent également bien, mais à des degrés divers, à tous les pays pris en compte dans l'enquête. Tous présentent un environnement de contrastes marquants et de grandes disparités :

- La majorité des établissements scolaires ont besoin d'importants travaux de maintenance ;
- La situation économique du pays est désastreuse. La plupart des enfants sont incapables de se procurer des outils de travail de base tels que des ouvrages ;
- La gestion des établissements scolaires se fait encore sur papier, et semble moins performante que celle faite par ordinateur ;
- Les infrastructures de télécommunications sont inappropriées. Le nombre de lignes téléphoniques en Zambie était estimé à 128 000, dont 50% à Lusaka, le reste étant réparti entre les autres régions du pays. La télé densité variait entre 1,4 % à Lusaka et 0,0002 % dans les autres régions. L'énorme fracture numérique entre la ville et la campagne illustre la situation qui prévaut dans la plupart des pays africains ;
- Le cadre stratégique est défavorable pour orienter et encadrer la mise en réseau des établissements scolaires du pays. Il est nécessaire d'adopter une stratégie énergique comportant un volet TIC – stratégie qui ferait la promotion d'un accès universel aux télécommunications sur l'ensemble du pays ;
- Les conditions de travail dans le secteur public, et plus précisément dans le domaine de l'éducation, sont très mauvaises. La majorité des enseignants sont mal payés et démotivés ; et
- Les institutions sont dans un état d'effondrement généralisé ou d'« implosion », du fait d'un manque de compétences et de personnel qualifié pour les diriger.

En Angola, les établissements sont globalement pauvres et délabrés du fait de la guerre. Il faut par conséquent les reconstruire. La situation est aggravée par le mauvais état des infrastructures téléphoniques du pays, et dans les établissements scolaires en particulier. L'état défectueux du réseau électrique limite l'efficience de la mise en œuvre du projet. Certains établissements avaient de la peine à payer leurs enseignants. Dans certains cas, ils accumulaient 3 ou 4 mois d'arriérés de salaires. De plus, le système tarifaire du pays est très désavantageux, avec une forte imposition douanière sur les importations, notamment les équipements informatiques.

En Namibie, les infrastructures scolaires sont dans un très mauvais état, excepté dans les établissements anciennement réservés aux Blancs. Compte tenu du déficit de 2000 salles de classe et du manque de toilettes, d'eau et de téléphone dans la plupart des établissements, les TIC sont considérées comme un véritable luxe. Au moment de l'évaluation effectuée en 2000, il y avait peu d'engouement à développer les TIC à l'école. L'on percevait les TIC dans l'éducation dans la perspective d'une formation des élèves à l'utilisation de l'ordinateur. Cet enseignement était prodigué comme matière du programme normal et pouvait par conséquent être évalué et certifié.

Le contexte dans lequel les SchoolNets ont été mis sur pied est essentiellement caractérisé par la mauvaise qualité des infrastructures, la faible disponibilité des ressources de base dans les établissements scolaires, l'absence de ressources humaines qualifiées et un manque criard d'appui stratégique. Si l'on prend en compte le caractère nouveau du concept SchoolNet, le contexte général dans lequel il fonctionne est miné par de nombreuses difficultés et caractérisé par la rareté des ressources.

Le processus d'incubation

Compte tenu des contextes décrits ci-dessus, plusieurs modèles de démarrage ont vu le jour, accompagnés de processus d'incubation différents. Certains ont utilisé les institutions existantes comme points d'entrée, tandis que d'autres ont mis en place une nouvelle organisation dès le départ.

SchoolNet Mozambique a été établi au département informatique de l'université, alors qu'en Angola il a été intégré au centre d'animation de l'université. L'appui fourni par les universités avait plusieurs fonctions ; en effet, celles-ci :

- Fournissaient une base administrative établie à partir de laquelle les activités SchoolNet pouvaient être menées et gérées. Les bailleurs de fonds avaient la possibilité d'acheminer les fonds destinés aux projets SchoolNet par le biais des mécanismes de contrôle financiers établis et crédibles des centres et des départements universitaires. L'Institut des études sur l'Afrique australe de l'université du Lesotho et l'université catholique de Luanda en Angola ont joué ce rôle, tout comme l'université Eduardo Mondlane du Mozambique ;

- Offraient des ressources que les projets SchoolNet naissants pouvaient exploiter. Pour le cas de SchoolNet Angola, l'Université catholique a offert des locaux pour la salle d'informatique ; et
- Disposaient de compétences que les projets SchoolNet pouvaient utiliser. À l'université du Lesotho, l'Institut des études sur l'Afrique australe a apporté un appui en ressources humaines.

SchoolNet Zambie a commencé par collaborer avec les Centres de ressources provinciaux (PRC), qui sont des centres de formation des enseignants basés dans les 9 provinces zambiennes. La plupart des PRC s'étaient déjà dotés de salles d'informatique équipées de 10 ordinateurs en moyenne.

Tandis que SchoolNet Zambie doit sa naissance au Musée national de Zambie (à travers le projet Insect@thon qui impliquait de jeunes apprenants engagés dans la collecte d'informations relatives aux insectes conformément à une base de données établie), il s'est établi dès le départ comme une institution indépendante. Par contre, SchoolNet Zimbabwe fait partie du programme WorLD, dont l'approche est de mettre en place des SchoolNets à travers les ministères de l'Éducation. Contrairement aux autres SchoolNets, SchoolNet Zimbabwe a été mis sur pied après que la Banque mondiale ait envoyé un consultant sur place pour procéder à une étude de faisabilité. Ces études de faisabilité n'ont eu lieu dans aucun des autres pays couverts par la présente étude.

Dans les cas où les SchoolNets utilisaient les institutions existantes comme bases de leurs activités, ils ne se sont pas établis comme institutions organiques indépendantes. Par contre, ils avaient adopté la forme organique d'un projet d'animation au sein d'une entité juridique existante. Pour le cas de la Zambie, le projet SchoolNet exploitait les ressources du PRC sans en être dépendant. Il a pris la forme d'une association bénévole soutenue par Zamnet, un fournisseur de services Internet zambien.

Étant donné le contexte difficile dans lequel la majorité des SchoolNets démarrent, il est essentiel que les activités préliminaires et de lancement soient basées dans un organisme existant pour les raisons ci-après :

- La mise en place de nouvelles structures est généralement considérée comme un processus long, coûteux et comportant de nombreux risques, surtout lorsqu'elles comportent des programmes nouveaux et novateurs en phase d'expérimentation ;
- En s'associant à d'autres organismes, la nouvelle structure peut être soutenue et protégée par les ressources administratives, financières et

humaines existantes. Le projet ne peut être considéré comme mature que s'il se développe et s'il est capable de supporter les contrecoups ; et

- Lorsque les difficultés sont vaincues et qu'il devient nécessaire de modifier le concept de départ, il peut être possible de s'y faire et de s'engager dans de nouveaux projets sans compromettre les nouvelles structures encore fragiles.

Au regard de ce qui précède, l'on se rend compte que l'incubation au sein de structures existantes (universités, ministères de l'Éducation ou organismes privés) est le point de départ propice pour les SchoolNets. Ce processus semble bien fonctionner dans le cas d'une initiative pilote. Il permet de consolider les partenariats avec des structures éducatives existantes, de promouvoir la sensibilisation au sein des universités et, sous l'angle du développement des SchoolNets, de promouvoir la prise de conscience du potentiel des TIC pour le développement de l'éducation.

Cependant, l'étude révèle qu'au stade de la conceptualisation et de la mise en œuvre des projets, les problèmes qu'impliquerait l'arrêt de l'appui fourni par les institutions n'avaient pas été pris en compte. Ce qui révèle le risque d'une éternelle dépendance du projet vis-à-vis des institutions d'appui. Les mêmes arguments relatifs à l'incubation au sein d'un organisme existant peuvent être avancés pour décrier une collaboration trop prolongée avec une institution donnée :

- Alors que le lancement d'une nouvelle structure peut s'avérer long, coûteux et potentiellement risqué, cette nouvelle structure peut être précisément le véhicule nécessaire pour lancer un projet novateur. Le but final des SchoolNets devrait être déterminé dès le départ afin que les choix opérés au cours des phases initiales ne soient pas des choix de commodité qu'on serait obligé de revoir par la suite, avec tous les retards et les coûts que cela impliquerait ;
- La protection et l'appui (administratif, financier et infrastructurel) peut créer une illusion de sécurité. Ils peuvent cacher les véritables coûts et les implications sur le plan des compétences, et empêcher une bonne conception et une bonne programmation des projets. En reposant sur des systèmes et méthodes existants, les nouvelles fonctions et exigences de SchoolNet peuvent être façonnées de manière à correspondre à celles déjà en vigueur, au lieu d'en créer de nouvelles pour mieux cadrer avec leurs besoins ;

- L'installation au sein d'une structure préexistante peut retarder la fixation d'un objectif précis et des buts clairs, empêchant ainsi le projet de démarrer sur des bases solides et durables.

Pendant que l'on avait des signes évidents de préparatifs pour le passage à la vitesse supérieure et pour l'évolution vers la deuxième phase du projet au moment de l'enquête, les projets SchoolNet Angola et SchoolNet Lesotho n'étaient pas encore passés à la phase opérationnelle, tout comme ils n'envisageaient pas encore de se détacher de leurs institutions d'appui. Le fait que ces deux projets n'employaient pas de coordonnateur à plein temps peut y avoir contribué, bien qu'il soit nécessaire de mener une étude plus approfondie pour en connaître les causes véritables.

Activités pilotes ou programme national ?

Dans tous les projets, les activités initiales consistaient à acquérir et à installer des ordinateurs, puis à les connecter à Internet pour certains établissements sélectionnés. L'approche était basée sur des critères soit subjectifs, soit préétablis. Ces activités sont englobées dans le vocable « connectivité » et analysées plus en détail plus loin dans ce chapitre. Étant donné le caractère nouveau du phénomène des SchoolNets dans tous les pays impliqués dans la présente étude, la connectivité se présentait nécessairement comme l'activité principale. Ce qui a obligé les SchoolNets respectifs à faire face aux obstacles érigés par l'insuffisance d'infrastructures, les coûts élevés et la largeur de la bande. Face à ces problèmes, tous les SchoolNets ont lancé leurs activités de connectivité dans les établissements mieux lotis en infrastructures et qui semblaient présenter une meilleure réceptivité vis-à-vis d'une nouvelle approche.

Quatre des cinq SchoolNets ont initié de petits projets d'initiation aux TIC visant essentiellement les enseignants. Il s'agissait en priorité d'éveiller une prise de conscience sur les possibilités offertes par les TIC, et d'encourager les enseignants à utiliser les TIC comme ressources pour améliorer la qualité de leurs enseignements. En Angola, au Lesotho, en Zambie et au Zimbabwe, la formation des enseignants à l'usage des TIC figurait sur la liste des activités prioritaires. La formation en TIC consistait à outiller les utilisateurs en techniques d'exploitation des différents logiciels d'application. Cependant, les enseignements prodigués ne portaient pas sur les technologies de l'information, la maintenance et le dépannage. Cette imperfection dans l'objet de la formation a eu de graves implications sur l'usage optimal et la maintenance du matériel de TIC, en particulier dans les cas où l'on utilisait les ordinateurs d'occasion et que les pannes étaient fréquentes (voir la section sur le renforcement des capacités et la formation).

SchoolNet Namibie contraste nettement avec les autres, dans la mesure où il place l'apprenant au centre du processus, plutôt que l'enseignant. Le directeur de SchoolNet Namibie a indiqué que le principal axe de ce programme est « le renforcement des capacités des jeunes ». Ce projet forme de jeunes élèves et les étudiants de Techniken en TIC. SchoolNet Namibie a mis sur pied un programme de bénévoles qui utilise ces compétences pour apporter aux établissements un appui technique et en matière de maintenance.

La gamme des activités variait des projets pilotes plus réduits, tels que SchoolNet Angola où trois établissements scolaires étaient identifiés pour l'installation de micro-ordinateurs et la formation des enseignants, aux programmes nationaux de grande envergure, à l'instar de SchoolNet Namibie où une approche nationale a été adoptée dès le départ et qui visait tous les établissements scolaires du pays. Au moment de la collecte d'informations, SchoolNet Namibie avait déjà distribué et connecté des ordinateurs dans 50 établissements scolaires.

La majorité des projets SchoolNet n'ont pas démarré par des activités pilotes, clairement conçues comme éléments d'un programme ou d'une stratégie nationale, tout comme ils n'ont pas été préparés dès le départ pour se poursuivre au-delà de la phase pilote. SchoolNet Namibie constitue une exception, dans la mesure où il a rapidement évolué vers un programme national, politique qui ne faisait pas partie de la configuration initiale du projet, mais qui est devenu un produit de son évolution. L'inconvénient des activités pilotes qui ne se sont pas déroulées de manière à évoluer à la phase d'élaboration, est que la viabilité et la durabilité du projet s'en trouvent compromises. Tel fut l'un des projets ayant contribué à la baisse des activités de SchoolNet Zambie.

Le choix des établissements scolaires

Les établissements ciblés par les projets SchoolNet étaient tous relativement mieux dotés en ressources dans la mesure où ils avaient accès à l'électricité et aux infrastructures de base. Ces établissements étaient situés soit dans les environnements urbains des zones bien équipées, soit dans les zones rurales pauvres. Dans le cas de SchoolNet Angola, le projet portait essentiellement sur les établissements scolaires de Luanda. Cependant, les SchoolNet du Lesotho, de la Namibie et du Zimbabwe ont démarré dans les établissements pauvres et sans ressources, et dans ceux des zones rurales qui n'ont pas accès à l'électricité.

Ces établissements scolaires étaient publics, en majorité du cycle secondaire. L'action de SchoolNet Angola a porté sur une école primaire parmi les trois premières écoles qui étaient initialement ciblées. Les SchoolNets de la Namibie, et du Zimbabwe ont élargi leurs activités à la fois aux écoles primaires et secondaires.

Les structures de gestion et le personnel

Tous les projets SchoolNet sont gérés par des comités de pilotage ou des Conseils d'administration composés de plusieurs parties prenantes bénévoles. Dans tous les cas, le promoteur du SchoolNet était membre de la structure dirigeante, que ce soit à titre permanent ou bénévole. Le caractère bénévole de ces structures a affecté l'efficience de la gestion des SchoolNets concernés. S'agissant de SchoolNet Zambie, le comité de pilotage ne se réunissait pas régulièrement du fait du programme très chargé de ses membres. Les membres du Conseil d'administration de SchoolNet Namibie quant à eux n'étaient pas très actifs, et de l'avis de l'un des membres, c'est comme si le conseil ne jouait pas son rôle de meneur. Il ne se réunissait pas assez souvent, et l'interaction entre le Conseil et le directeur était considérée comme informelle et non structurée. De même, un bénévole de SchoolNet Zambie a indiqué que la gestion du projet était tributaire du temps libre des participants. Personne n'était obligé de participer, ce qui causait des retards et rendait le projet vulnérable.

Tous les SchoolNets de notre enquête ont fonctionné avec des volontaires, sauf pour le cas de SchoolNet Zambie qui employait un directeur à temps plein. L'avantage ici était que le projet évoluait beaucoup plus rapidement qu'on ne l'avait espéré. L'étude révèle que dans tous les autres cas, l'absence d'un personnel dévoué et à temps plein et la dépendance vis-à-vis de personnes ayant volontairement décidé de consacrer leur temps et leurs services au projet SchoolNet compromettait gravement l'évolution de ce dernier. Les personnes interrogées dans le cadre de SchoolNet ont unanimement indiqué que pour avoir été géré par des volontaires, le projet n'a pas bénéficié de suffisamment de suivi et de supervision en ce qui concerne les objectifs et les étapes du projet lui-même. L'un des principaux enseignements tirés de cet état de choses était que dans le cas de la Zambie, le promoteur éventuel du projet a été envoyé à SchoolNet Afrique du Sud pour un programme de formation technique six mois avant la mise en place du programme. Cette expérience s'est avérée utile, et l'on souhaite que les autres SchoolNets s'en inspirent.

De toute évidence, le recrutement d'un personnel à temps plein, ou du moins d'un promoteur dévoué, est un facteur de succès que les SchoolNets devraient sérieusement prendre en compte. Il est également pertinent que la mise en place d'une structure de gestion à plusieurs parties prenantes est vitale pour promouvoir les partenariats et rassembler le plus grand nombre d'appuis en faveur des activités SchoolNet. La présence des principaux acteurs des secteurs privé et public au sein des organes dirigeants s'est avérée bénéfique pour les SchoolNets de Namibie, de Zambie et du Zimbabwe. Cependant, le plus grand défi qui demeure est d'encourager la participation active des membres du Conseil d'administration ou du Comité de pilotage qui y travaillent à titre essentiellement bénévole. Il serait également utile d'explorer les divers niveaux de gouvernance et d'appui en faveur des SchoolNets. Plusieurs autres possibilités s'offrent également, tels que le recours à des parrains qui sont des personnalités publiques et qui militent en faveur des SchoolNets, aux organes consultatifs composés d'adhérents actifs à qui l'on pourrait verser des honoraires.

Les partenariats

Tous les projets SchoolNet ont été menés en partenariat avec divers organismes et institutions issus des secteurs suivants :

Le gouvernement

Les partenariats avec le gouvernement ont engagé les ministères de l'Éducation. Ainsi par exemple, SchoolNet Namibie et SchoolNet Zambie ont bénéficié d'un appui réel de la part de leurs ministères de l'Éducation respectifs. Dans le cas d'espèce, le partenariat consistait en la fourniture de ressources humaines aux projets SchoolNet. Dans les deux cas, le ministère de l'Éducation a aidé des individus à diriger le projet. De plus, le ministère a fourni des locaux, l'électricité, le téléphone, et dans une moindre mesure, les moyens de transport pour les activités du projet.

Au Zimbabwe, le ministère de l'Éducation a joué un rôle très important en fournissant les ressources humaines nécessaires pour le projet. Quelque 13 à 20 enseignants ont été détachés à temps plein dans les centres WorLD, et c'est le ministère qui continuait de prendre en charge les salaires de ces enseignants et leur fournissait des bureaux. C'est également lui qui avait mobilisé de nombreuses autres ressources, tels que les moyens de transport et une unité mobile au cours de la phase initiale du projet.

Les communautés locales

Dans deux des cinq projets SchoolNet, les communautés locales ont été impliquées comme partenaires dans les activités. Les responsables de SchoolNet Zimbabwe ont collecté des fonds auprès des communautés, auxquels ils ont ajouté leurs fonds propres ; ils ont également persuadé les populations environnantes à s'impliquer dans le projet. Ce qui a favorisé l'appropriation du projet par les communautés. L'engagement communautaire venait ainsi s'ajouter aux enseignants mis à disposition par le ministère pour diriger le projet. Ce modèle a bien fonctionné, dans la mesure où les SchoolNets ont été créés sous la forme de télécentres scolaires, ce qui les ouvrait aux communautés et leur garantissait l'appui de celles-ci. SchoolNet Lesotho formait également les membres de la communauté.

Les organismes parapublics

Les sociétés parapubliques d'électricité et de télécommunications ont particulièrement soutenu les projets SchoolNet. Dans le cas de SchoolNet Namibie, Telecom Namibia, par son président directeur général adjoint, et Nampower, avec son directeur commercial, faisaient partie du Conseil d'administration. En outre, Nampower offrait des opportunités de placement aux étudiants en formation dans le cadre du projet.

Le secteur privé

Les entreprises privées qui semblaient soutenir les projets SchoolNet comprenaient notamment les fournisseurs d'accès Internet locaux, les sociétés d'informatique et de télécommunications. Zamnet en Zambie, Ebonet en Angola et UUNET en Namibie sont des exemples de fournisseurs d'accès Internet locaux qui ont joué un rôle déterminant dans la promotion des projets SchoolNet dans leurs pays respectifs.

L'inclusion des responsables du secteur privé dans les instances dirigeantes des projets SchoolNet semble avoir été une décision stratégique adoptée par trois projets. Deux responsables de Ebonet étaient membres du comité de pilotage de SchoolNet Angola, et pour ce qui est de SchoolNet Namibie, le directeur général de UUNET faisait partie du Conseil d'administration.

Le partenariat avec le secteur privé comporte de nombreux avantages :

- Il réduit le coût de l'accès des établissements scolaires à l'Internet, comme ce fut le cas en Zambie où Zamnet a offert son appui. En Angola aussi, Ebonet a accepté de connecter quatre établissements scolaires à l'Internet à un tarif préférentiel de 30 % inférieur au tarif en vigueur ;
- Les partenariats permettent aux SchoolNets de bénéficier de l'expertise technique en matière d'équipements en informatique et de logiciels. Ainsi par exemple, Ebonet fournit un appui technique et une connexion gratuite à Internet depuis 1998 ;
- Comme dans le cas de certaines sociétés parapubliques, le secteur privé offre des possibilités de placement pour les étudiants qui ont reçu une formation, c'est le cas de UUNET en Namibie par exemple ;
- Le secteur privé procure de l'aide aux SchoolNet de diverses manières. Ainsi par exemple, de nombreuses entreprises privées ont participé à divers programmes promotionnels, en offrant notamment des pizzas aux étudiants volontaires qui assuraient la maintenance des ordinateurs.

L'implication du secteur privé est mue par plusieurs facteurs :

- Le besoin de participer aux activités de développement à travers des programmes de responsabilité sociale (Ebonet en Angola et UUNET en Namibie).
- Le besoin de créer la demande pour un produit (UUNET en Namibie) ; et
- Le souci relatif au bas niveau des connaissances en sciences, en mathématiques et en technique dans les établissements scolaires (Zamnet en Zambie).

Contrairement aux cas cités ci-dessus, trois des SchoolNets n'ont pas pu établir des partenariats efficaces avec le secteur privé. C'est ainsi que le coordonnateur de SchoolNet Zimbabwe a expliqué que le secteur privé était en principe très favorable au projet, mais que cela ne se traduisait pas en engagement pratique ou matériel. Il a insisté cependant sur le fait que le secteur privé souhaitait s'impliquer, mais que la mauvaise santé économique du pays rendait cette implication difficile. Néanmoins, quelques entreprises privées ont fait des dons au projet, à l'instar de la société nationale qui a offert cinq ordinateurs neufs. Pour étayer cet argument, le Directeur exécutif de UUNET a souligné que le statut économique de son entreprise dans le pays leur permettait de s'impliquer. Il a souligné que la vision stratégique de

UUNET a joué un rôle important pour décider si l'entreprise devait s'engager dans des projets non rémunérateurs tels que SchoolNet.

Les bailleurs de fonds

Dans trois des cinq cas, le CRDI, par le biais de son programme Acacia, a été le plus grand bailleur de fonds du projet SchoolNet. Le programme WorLD de la Banque mondiale était le principal donateur au Zimbabwe. En Namibie, un accord avait été signé avec l'Agence suédoise de coopération internationale au développement (ASDI) qui a financé le projet SchoolNet à hauteur de 50 millions de rands.

Les Institutions d'enseignement

Trois des cinq projets SchoolNet ont bénéficié d'un appui actif de la part des centres et départements universitaires. Pour le cas de SchoolNet Namibie, l'école polytechnique locale est l'un des partenaires actifs du projet.

Le partenariat avec un grand nombre de parties prenantes est essentiel pour généraliser l'appui et pour rendre l'action des SchoolNets plus visible. Les partenariats ne s'arrêtent pas seulement à un appui financier en faveur des SchoolNets, mais impliquent également une assistance non financière sous la forme d'affectation de ressources humaines, de dotations en ordinateurs, et la réduction des coûts d'accès à Internet, qui contribue de manière significative au succès des projets. L'appui des ministères de l'Éducation s'est avéré déterminant pour les projets SchoolNet en Namibie et au Zimbabwe. L'on devrait également explorer les possibilités de partenariat avec d'autres ministères comme ceux en charge des télécommunications et des sciences et technologies, comme ce fut le cas pour SchoolNet Afrique du Sud. La contribution du secteur privé, non seulement en participant aux Conseils d'administration, mais également à travers un appui multiforme — du placement des diplômés aux dotations en ordinateurs — est un aspect qui mérite d'être examiné en profondeur.

La connectivité

L'on entend par connectivité l'installation d'ordinateurs dans les établissements scolaires et leur connexion à l'Internet – et c'est la principale activité de tous les projets SchoolNet objets de la présente étude. Beaucoup de variantes ont été relevées en matière de modèles de connectivité des cinq projets SchoolNet. Les activités de connectivité se caractérisent généralement par les éléments suivants :

- L'acquisition d'ordinateurs (généralement des PC) auprès des entreprises ou leur achat en gros ;
- Le transport des ordinateurs vers les établissements scolaires ;
- L'installation de ces ordinateurs et leur connexion aux réseaux locaux, généralement grâce à un support électrique ;
- La fourniture de lignes téléphoniques ;
- La connexion à l'Internet ;
- La formation d'une équipe de techniciens pour le dépannage, l'actualisation et la réfection des ordinateurs.

Les projets SchoolNet ont installé des ordinateurs de seconde main, et des ordinateurs neufs et pour SchoolNet Namibie, des Apple Macintosh ont été installés. Les plates-formes techniques variaient entre « connecter un complexe strictement solaire » dans des régions non desservies par le réseau électrique, aux écoles qui ont accès à l'électricité. Le projet du Lesotho a acheté un système solaire photovoltaïque pour la production d'énergie, étant donné que le centre de formation communautaire et le collège d'enseignement secondaire identifiés étaient hors du réseau électrique. Une station terrienne y a été financée.

Un certain nombre d'obstacles ont surgi, dont certains n'auraient pas pu être prévus. De l'avis du coordonnateur de SchoolNet Zambie,

> En Zambie, le projet a été entravé par la défectuosité des lignes téléphoniques, l'insuffisance du nombre d'ordinateurs et les problèmes relatifs au coût. Pour l'un des projets, la ligne téléphonique avait été volée. Par conséquent, il était impossible de se connecter à Internet. L'autre ligne téléphonique qu'on aurait pu utiliser était située dans un bâtiment en dehors de l'établissement scolaire. Même dans ce bâtiment, il n'y avait qu'une seule ligne téléphonique et un seul ordinateur que l'on pouvait utiliser pour la connexion à Internet aussi bien par l'établissement que les autres membres de la communauté. L'Internet était utilisé pour la lecture des journaux nationaux en ligne, l'envoi des messages e-mail, etc. Dans la mesure où cette ligne n'appartenait pas à l'établissement, son utilisation pour la connexion des élèves à l'Internet était limitée. Ces restrictions incluaient premièrement : qu'il n'y avait qu'un seul ordinateur, pas plus de quatre élèves à la fois ne pouvaient se connecter à l'Internet ; deuxièmement, du fait des coûts induits par une connexion prolongée, les élèves et les enseignants étaient autorisés à n'utiliser

cette ligne que pour une durée limitée, c'est-à-dire pas plus d'une heure ; troisièmement, l'autre possibilité consistait à utiliser la ligne téléphonique branchée au bureau du directeur. La lacune de cette option était que la ligne ne pouvait être utilisée pour la connexion que lorsqu'il y avait peu ou pas d'impératif administratif nécessitant l'utilisation de cette ligne. Cela signifiait que pendant la majeure partie de la journée, il était impossible pour les élèves d'utiliser ces équipements, puisqu'ils devaient quitter assez tôt pour couvrir les longues distances qui séparaient leurs domiciles de l'école. La conséquence de toutes ces restrictions était que malgré le fait que l'établissement avait été connecté quelques années auparavant, seul sept élèves avaient été en contact avec l'Internet. Il convient de relever cependant qu'en dépit de ces difficultés d'accès à l'Internet et du nombre négligeable d'élèves ayant été en contact avec l'Internet, certains d'entre eux avaient pris part à des projets collaboratifs sur Internet avec d'autres établissements scolaires.

Les problèmes soulevés ci-dessus illustrent également la situation des autres SchoolNets. D'une manière générale, les problèmes relatifs au manque d'infrastructures, au coût élevé du téléphone, à l'inaccessibilité des lignes téléphoniques, au ratio apprenants-ordinateurs, l'étroitesse de la bande passante et le faible débit de l'Internet, en particulier avec les vieux ordinateurs, sont très récurrents dans tous les projets SchoolNet.

Diverses modalités de fourniture d'infrastructures de TIC ont été examinées par les différents projets SchoolNet. Nous pouvons citer à ce titre la signature d'une convention de répartition des charges entre les entreprises et les établissements scolaires, et par lesquelles les premières fournissaient aux autres l'accès à Internet soit gratuitement, soit à un taux préférentiel (Zambie et Angola) ; la cession d'ordinateurs inutilisés aux établissements afin qu'ils soient refaits et réaffectés à des tâches éducatives (Namibie) ; et les réseaux communautaires où les TIC des établissements scolaires étaient utilisées pour les activités éducatives pendant les heures de cours, et pour l'enseignement communautaire par l'accès des membres de la communauté à l'Internet après les cours (Zimbabwe).

Le renforcement des capacités et la formation

La plupart des activités de formation et de renforcement des capacités mettaient l'accent sur la manière d'utiliser les différents systèmes d'application et l'obtention des informations sur Internet. L'on insistait moins sur les techniques informatiques plus approfondies, telles que la conception de programmes d'enseignement appropriés. La formation sur l'utilisation des systèmes d'application ne se limitait pas à des objectifs scolaires. En Zambie, le peu de temps pendant lequel il était possible pour certains élèves et pour l'enseignant de se connecter à l'Internet, il leur était enseigné comment transférer ou télécharger un dossier à partir de la toile mondiale, acheter un article en ligne (commerce électronique), et rédiger des correspondances (communication électronique). De même, en Angola, le fournisseur local d'accès Internet Ebonet formait les enseignants à l'utilisation de Windows et d'Internet.

Comme nous l'avons indiqué plus haut, SchoolNet Namibie axait son action sur les élèves. La formation allait au-delà des notions de base en informatique pour inclure le dépannage, la modernisation et l'installation des ordinateurs.

L'élaboration des contenus

Les SchoolNets de Namibie, de Zambie et du Zimbabwe ont créé des sites Web contenant des informations sur l'actualité, les évènements, les nouvelles, les adresses et les liens utiles à caractère national. Cependant, aucun des projets n'a produit de contenu éducatif ou de support didactique sur Internet à l'intention des apprenants ou des enseignants, ni abordé la question sur la stratégie d'élaboration d'un programme et d'un contenu en ligne.

Stratégie

Tous les SchoolNets ont fonctionné en dehors d'un cadre stratégique national relatif à l'utilisation des TIC dans l'éducation. Dans tous les cas, la définition d'une stratégie sur les TIC en général, et les TIC dans l'éducation en particulier se fait attendre. Dans les cas où il existait une stratégie, celle-ci n'était pas appliquée. Selon un Namibien que nous avons interrogé,

> Les stratégies pour leur part n'ont pas permis aux choses d'évoluer. Le rôle de SchoolNet Namibie était d'installer des ordinateurs dans autant d'établissements scolaires que possible, et le ministère serait contraint de se rattraper en formulant ou en définissant une stratégie.

Pour ce qui est de SchoolNet Zimbabwe par exemple, les effets de la politique gouvernementale en matière de TIC n'étaient vraiment pas perceptibles. Cependant, les recherches ont découvert qu'il pourrait bien exister des allusions aux TIC dans les cadres stratégiques relatifs aux autres domaines de l'environnement politique. Ce qui amène à croire qu'il est nécessaire d'assurer une coordination stratégique par rapport aux TIC.

L'impact des SchoolNets

Le renforcement de la prise de conscience du potentiel des TIC

L'un des résultats essentiels auquel nous sommes parvenus est le niveau de prise de conscience suscité par les SchoolNets en ce qui concerne le potentiel des TIC, même au niveau gouvernemental. En Namibie par exemple, le conseil des ministres a approuvé un nouveau projet visant à promouvoir un programme de TIC dans le secteur de l'éducation et proposé par le ministère des Sciences et de la technologie. SchoolNet Namibie a également joué un rôle essentiel en inscrivant au programme des décideurs le problème d'introduction des TIC dans l'éducation, avec la possibilité pour les acteurs et partenaires de jouer un rôle important et de satisfaire leurs besoins grâce à l'initiative SchoolNet. C'est ainsi qu'un partenaire déclarait :

> [Le projet SchoolNet] a suscité une prise de conscience qui nécessitait l'appui d'une stratégie appropriée définie par le Gouvernement. Il a par exemple apporté l'idée d'utiliser l'Internet dans le système d'enseignement, ce qui nécessite une stratégie de gestion et d'encadrement en matière de TIC. Ce fut l'un des effets les plus notoires du projet.

De la même manière en Zambie, le résultat le plus marquant du projet est le niveau de prise de conscience suscité en ce qui concerne les avantages que l'on peut tirer de la mise en réseau des différents établissements scolaires du pays. Et cela malgré le fait que le projet n'avait pas pu former un nombre important de promoteurs pour diriger les activités au niveau des établissements. Selon un enseignant d'université zambien,

> … il a suscité des intérêts nationaux, ainsi que la nécessité et le rôle des TIC dans l'enseignement. Par conséquent, les établissements scolaires sollicitaient plus de formation en informatique. Les pressions en vue d'un développement conséquent des TIC dans les établissements scolaires venaient déjà de l'intérieur. Les enseignants étaient maintenant en mesure de comprendre, utilisaient déjà le « jargon des TIC » et facilitaient les relations entre les élèves et les différents établissements. Ainsi par exemple, les élèves des différents établissements communiquaient déjà par voie électronique ; ils étaient en rapport avec le ministère de l'Éducation dans le cadre de la stratégie visant à obtenir le soutien des hauts responsables du ministère ; et les établissements faisaient largement usage des outils de connexion. C'est ainsi par exemple que

les Matatele Boys ont organisé une exposition à la Foire du District à l'aide de l'Internet. Cela a changé l'attitude du ministère de l'Éducation vis-à-vis de l'introduction des TIC dans l'enseignement. Ce changement d'attitude est perceptible dans l'allusion qui est faite aux TIC en matière d'éducation dans divers documents de stratégie, notamment le document sur la Politique nationale de l'éducation, ainsi que dans les documents d'élaboration de programmes. D'autres responsables, à l'instar du secrétaire permanent, ont vivement exprimé le vœu de voir leur ordinateur connecté à l'e-mail. Ce changement d'attitude peut être attribué à l'œuvre de SNP Zambia et à d'autres pressions externes, notamment le projet Leland, ou la visite du ministre de l'Information à Londres.

En résumé, les SchoolNets ont contribué à la diffusion des TIC dans le domaine de l'éducation en créant une prise de conscience sur le potentiel des TIC dans l'enseignement.

L'Internet de plus en plus utilisé

La nette augmentation de l'utilisation de l'ordinateur et de l'Internet par les apprenants apparaît comme l'une des principales réussites du projet SchoolNet. Ce point de vue a été souligné par un Angolais que nous avons interrogé et qui indiquait que les élèves et enseignants des établissements ciblés utilisaient l'Internet, démontrant ainsi la bonne formation de 12 formateurs en micro-informatique.

Le matériel didactique et les cours avaient été élaborés en fonction des contextes locaux. Les programmes étaient conçus de manière à guider l'enseignement des notions informatiques de base à l'école. Ces programmes mettaient l'accent sur l'utilisation de divers systèmes d'application dans le processus éducatif, y compris les techniques de navigation sur Internet.

Les projets collaboratifs entre établissements scolaires à l'intérieur ou hors de l'Angola ont constitué un autre élément qui avait été inclus dans les programmes pour étendre l'utilisation de l'ordinateur au-delà des simples notions élémentaires de programmation. D'où le peu de cas qui en est fait dans ces programmes. Les établissements scolaires qui offraient déjà une formation en informatique ont été impliqués dans l'élaboration de programmes, compte tenu de l'expérience et de l'expertise acquise dans le domaine des TIC en matière d'éducation.

Sur la base de l'exemple ci-dessus, il apparaît qu'il y a eu une certaine intégration de l'ordinateur comme outil-ressource permettant l'accès aux informations et à d'autres ressources.

La promotion des SchoolNets

Les SchoolNets de Namibie et de Zambie apparaissent comme ceux ayant fait preuve de plus de visibilité dans leurs communautés respectives. Aux dires d'un de nos interlocuteurs « Tout le monde en Namibie connaissait ce projet ».

La volonté et l'appui politiques de plus en plus marqués pour l'application des TIC dans l'enseignement en Namibie, et l'appui croissant de la communauté internationale marqué par les promesses de dons de la part de plusieurs organismes étrangers étaient considérés comme la résultante de la dynamique campagne de marketing mise en œuvre par SchoolNet Namibie. Des agences de financement des USA, de Grande Bretagne, d'Italie et de Suède ont promis de soutenir le projet ; certaines de ces promesses ont abouti à un engagement financier.

Une fenêtre sur le monde

Les projets SchoolNet ont également facilité l'ouverture des élèves au monde extérieur par le biais de l'e-mail et de l'Internet. C'est dans ce cadre que le coordonnateur de SchoolNet Zambie déclarait :

Pour les élèves, le projet leur a donné l'occasion d'être en interaction avec le monde entier, à travers notamment les projets collaboratifs internationaux auxquels ont pris part les étudiants. Les communautés ont constaté que le projet leur apportait des ressources d'appui et qu'il contribuait à promouvoir leur développement. À travers ces centres, les membres de la communauté avaient la possibilité d'imprimer leur curriculum vitae, et les organisations communautaires leurs propositions et projets d'entreprise.

L'amélioration des aptitudes

Il est évident que la base des aptitudes techniques s'est élargie, quoique légèrement dans les cas où l'accent était mis sur le perfectionnement. À travers les activités du projet SchoolNet Namibie, les élèves ont appris comment arranger les ordinateurs, réaliser des connexions Internet, aider au service d'assistance, créer des sites Web et enfin comment travailler en équipe. Le résultat en a été l'amélioration des compétences techniques des élèves volontaires, et le placement de 23 élèves dans différentes entreprises, des organismes parapublics et publics. Cela permettra sans doute à terme d'accroître la valeur des élèves sur le marché de l'emploi. Le directeur de SchoolNet Namibie a affirmé que la formation des élèves et la négociation des débouchés auprès des entreprises signifie que SchoolNet Namibie devient progressivement un courtier d'emplois pour les entreprises de technologies de l'information et les fournisseurs de services Internet.

De même, le projet a profité aux enseignants, aux élèves, aux communautés rurales et au secteur privé. Les élèves et les enseignants ont reçu une formation orientée vers l'utilisation pratique des TIC, ainsi qu'une formation technique qui leur permettait de gérer et d'assurer la maintenance des centres en toute indépendance. Grâce à ces capacités techniques, les établissements scolaires pourraient se soutenir mutuellement, y compris ceux qui ne faisaient pas partie du programme. L'un des effets non prévus du niveau élevé de compétences techniques du programme a été illustré dans une région où l'enseignant du projet WorLD faisait également office de consultant des établissements scolaires en matière de TIC. Les enseignants désireux d'occuper de nouveaux postes en TIC étaient orientés au centre WorLD pour se faire évaluer. Le programme apportait ainsi un appui reconnu par le gouvernement, bien que de manière officieuse. Un autre avantage était que les enseignants qui poursuivaient leurs études à temps partiel dans des institutions académiques comme l'Université Libre étaient capables d'utiliser les centres.

Conclusion

La présente étude a donné une vue d'ensemble des expériences de cinq projets de SchoolNet en phase de démarrage en Afrique, en relevant que le plus grand défi que tous les projets doivent relever est probablement celui de la connectivité. Les obstacles actuels (nombre limité de lignes téléphoniques, coûts élevés, manque de ressources humaines pour la maintenance des ordinateurs) sont énormes et pourraient compromettre les futurs efforts visant à introduire l'Internet à l'école. En dépit de ces écueils, il apparaît cependant qu'une culture de changement d'attitude vis-à-vis des TIC a été introduite grâce à ces projets pilotes et qu'un canevas a été mis en place pour l'introduction à plus grande échelle de l'ordinateur à l'école.

Chapitre 5

Internet para as Escolas au Mozambique

Ephraim Siluma, Daniel Browde et Nicky Roberts

Contexte

Contexte sociopolitique

Les guerres et leurs effets

Entre 1964 et 1974, les Mozambicains étaient engagés dans une guerre contre les colonialistes portugais qui leur a permis de proclamer leur indépendance le 25 juin 1975. Cette guerre d'indépendance a été suivie par une longue guerre civile entre le FRELIMO et la RENAMO. Ces guerres ont mis en ruine les infrastructures du pays et provoqué de nombreuses victimes chez les populations civiles. De nombreux immeubles et routes des villes de Beira, Maputo, Nampula et Quelimane portent les stigmates d'années de négligence, et des services comme l'électricité, le téléphone et l'approvisionnement en eau ne sont toujours pas faciles.

Le secteur de l'éducation a également connu de graves perturbations. Étant donné que l'éducation était le reflet de l'orientation politique et idéoligique (socialisme) du FRELIMO, les écoles constituaient des cibles de choix pour les actes de déstabilisation de la RENAMO. Ainsi, le rapport du Comité central du FRELIMO à son cinquième congrès tenu en 1989 indique que plus de 2655 écoles, soit 45 % de l'ensemble du réseau des établissements primaires, avaient alors été fermées ou détruites. Au niveau 1 du cycle primaire, cycle le plus perturbé par la guerre, 807 926 élèves et 12 515 enseignants ont été affectés entre 1982 et 1989. La guerre a conduit des milliers d'habitants de l'arrière-pays vers les villes, ce qui a davantage perturbé le système scolaire en milieu urbain. Entre 1983 et 1992, près de 60 % des infrastructures des établissements d'enseignement primaire du niveau 1, avec 1 414 222 élèves et 18 % des infrastructures des établissements d'enseignement primaire de niveau 2, avec 13 266 élèves ont été perturbés par la guerre (Ibid.).

La guerre civile a pris fin en 1992 et les premières élections pluralistes ont été organisées en 1994. À la fin de la guerre, le Mozambique était classé comme le pays le plus pauvre du monde. Toutefois, peu après, il est devenu le pays d'Afrique ayant le taux de croissance économique le plus fort. D'après des estimations, l'économie mozambicaine a un taux de croissance de 10% par an. Pourtant, le pays reste extrêmement pauvre, et environ 50 % de ses dépenses publiques sont couvertes par l'aide et les prêts. Le budget de l'éducation en 1999 représentait 14 % du budget de l'État, dont 26 % étaient alloués à l'enseignement supérieur (Ibid.).

Les inondations

Les inondations qui ont frappé une grande partie du pays à la fin de l'année 1999 et au début de l'année 2000 ont durement affecté la vie des populations mozambicaines et ont incontestablement fait reculer le développement. Le rapport sur la situation de la INGC du 2 août 2000 a montré que les inondations ont affecté directement ou indirectement 760 000 personnes ; avec notamment 534 900 personnes déplacées et 132 600 familles sans abri. Le rapport souligne également le fait

> Qu'en termes qualitatifs, les destructions n'ont pas épargné les infrastructures publiques et, notamment, l'accès aux routes, l'approvisionnement en eau, l'assainissement et les systèmes d'évacuation, les digues de protection et d'autres installations (Rapport de situation de NGC).

Un certain nombre d'écoles dans plusieurs provinces ont été gravement affectées. À titre d'exemple, le rapport reçu le 31 juillet 2000 de Gaza indiquait que 245 écoles avaient été endommagées, affectant 74 830 élèves et 1031 enseignants. Dans la même province, deux écoles avec un internat ayant une capacité d'accueil de 958 élèves ont été détruites, 46 centres d'alphabétisation avec un effectif de 2786 apprenants sont également devenus inutilisables (Rapport de situation NGC). Dans la province de Sofala, 98 écoles ont été détruites dans les districts de Buzi, Chibalava et Machanga.

Encadré 1 : Le Mozambique en bref

Superficie : 799 330 Km^2
Nombre de provinces : 10
Capitale : Maputo
Population : 17,5 millions d'habitants (estimations de 2001)
Distribution par âge de la population : 46 % de la population a moins de 15 ans
Taux d'urbanisation : 71 % de la population vit en zone rurale
Taux d'analphabétisme : 60,5 % de la population adulte
Espérance de vie : 42 ans ; Hommes : 41 ans ; Femmes : 44 ans
Population active : 36 % de la population
Langue officielle : le portugais
Télécommunications : Lignes fixes : 78 072 (BMI-T 2001) ; Lignes mobiles : 101 000
Nombre d'élèves 1994-1997
Cycle primaire : 60 % d'élèves en âge scolaire
Cycle secondaire : 7 % d'élèves en âge scolaire
Enquête d'évaluation
Taille de l'échantillon :
Nombre d'établissements scolaires : quatre établissements d'enseignement secondaire et deux institutions de formation professionnelle.
Nombre d'interviews/questionnaires : 27 (12 questionnaires complets)
Période d'évaluation : octobre-décembre 2000
Informations sur le projet
Titre du projet : *Internet para es Escolas*
Durée : 1998-2001
Contribution du CRDI : 437 855 dollars canadiens
Organisme d'exécution : Centre d'informatique de l'Université Eduardo Mondlane (CIUEM), Maputo, Mozambique
Partenaires : le CRDI et la Banque mondiale (World Links for Development), le gouvernement néerlandais, l'ICEIDA
Bénéficiaires : 350 enseignants et 4680 élèves.

Sources : Cross (2000) ; BMI- Techknowledge (2001) ; Cellular statistics-Africa, http://www.cellular.co.za/stats/stats-africa.htm ; Banque mondiale à partir des statistiques de l'UNESCO. http://www4.worldbank.org/afr/stats/adi2000/default.cfm

Il s'agissait de 57 établissements scolaires construits avec des matériaux conventionnels et 41 construits avec de la boue et du clayonnage. À l'époque, le nombre de personnes affectées dans ces écoles étaient de 24 067 élèves et de 329 enseignants (Ibid).

Les inondations n'ont peut-être pas eu un impact direct sur le projet SchoolNet, mais elles ont eu pour effet de détourner l'attention du gouvernement de l'appui à des projets tels que *Internet para as Escolas* afin de se consacrer à l'urgence de la délocalisation des personnes déplacées à cause des inondations.

Contexte éducatif

La période allant de 1962 à 1974 est présentée comme celle qui a permis de poser les jalons d'un nouveau système éducatif et pédagogique au Mozambique (Cross 2000). Pendant cette période, les régions sous le contrôle du FRELIMO étaient connues sous l'appellation de « zones libérées ». C'est principalement à travers les expériences menées dans ces zones que le FRELIMO a énoncé de nouveaux concepts et principes qui ont formé la base de programmes d'enseignement alternatifs d'orientation socialiste et d'une nouvelle pédagogie. Ainsi, les méthodes et programmes du curriculum alternatif visaient à remplacer une mentalité colonialiste, capitaliste, individualiste et fondée sur la concurrence par une mentalité révolutionnaire fondée sur la pratique du travail et des études collectifs, de participation démocratique et d'élaboration de nouveaux types de relations sociales au sein de la population.

La transformation du Mozambique au plan éducatif a également été largement influencée par le séminaire de Beira tenu en janvier 1975. À la suite de ce séminaire, des changements préliminaires ont été opérés dans les programmes scolaires. Il s'agissait notamment de l'élimination de la religion comme matière dans les programmes scolaires ; le remplacement de l'histoire du Portugal par celle du Mozambique comme matière obligatoire en 1975 pour tous les niveaux d'enseignement ; l'extension et la standardisation de l'éducation physique afin d'y inclure les filles ; la suppression de la plupart des manuels scolaires coloniaux ; la formation de nouveaux enseignants, de moniteurs (enseignants sans qualifications officielles dans l'enseignement) et la conception de nouvelles méthodes d'enseignement. D'après Cross (2000), la plupart des changements de politique concernant l'enseignement adoptés lors du séminaire étaient fondés sur des motivations politiques. Aucune recherche n'a été menée, et les acteurs environnementaux et ressources humaines et matérielles n'ont pas été pris en compte non plus. Par conséquent, la mise en œuvre de ces changements s'est avérée problématique.

La nationalisation des établissements scolaires en 1975 a donné lieu à un certain nombre d'expériences positives et négatives. Pour le côté positif, on a enregistré une augmentation du nombre d'élèves. Par ailleurs, l'on a observé une baisse drastique du nombre d'enseignants qualifiés, principalement en raison de l'émigration massive de colons portugais (Cross 2000). À titre d'exemple, le nombre d'élèves du cycle primaire est passé de 695 885 en 1974/75 à 1 276 500 en 1976, tandis que le nombre d'enseignants est passé de 10 281 à 15 000, soit un ratio élève/enseignants de 1/85 (1 pour 85) en 1976 contre 1/67 en 4975. Les pénuries de personnel ont conduit au recrutement d'étrangers de diverses nationalités. Cette situation a créé d'autres problèmes dans la mesure où une grande partie de l'élite mozambicaine très assimilée a estimé que le statut de ces coopérants était, au double plan économique et social, plus enviable que leur propre statut de citoyens mozambicains. Par conséquent, des Mozambicains qualifiés ou sémi-qualifiés ont renoncé à leur citoyenneté et adopté la citoyenneté portugaise afin d'être employés comme coopérants. Le gouvernement à son tour a réagi en les expulsant du pays, ce qui a eu pour effet d'exacerber la pénurie de personnel qualifié.

De 1988 à 1990, le secteur de l'enseignement au Mozambique a connu de grandes perturbations du fait de la guerre. Le nombre d'enfants dans les écoles a baissé. On a estimé que 59 % d'enfants de 7 à 10 ans ne fréquentaient aucun établissement scolaire. Bien plus, la qualité de l'enseignement a aussi décliné en raison de la diminution du nombre d'heures d'apprentissage. Étant donné que de nombreuses personnes migraient de l'arrière-pays vers les centres urbains, les institutions éducatives, au rang desquelles le ministère de l'Éducation et les directions provinciales n'ont pas pu régler le problème. Leurs activités sont limitées aux principaux centres urbains que sont Beira, Cabo, Delgado, Inhambane, Lichinga, Maputo, Nampula, Quelimane, Tete et Xai-Xai. Les zones rurales se sont ainsi dépeuplées à cause des migrations des populations vers les centres urbains (Cross 2000).

En 1987, la Banque mondiale a initié un programme d'ajustement structurel (PAS) au Mozambique. Les effets des PAS dans nombre de pays en développement sont bien documentés. Au Mozambique, le programme a entraîné l'annulation d'un certain nombre de stratégies socialistes afin de donner libre cours aux initiatives privées. Il a favorisé l'expansion d l'enseignement de base et le développement sélectif de l'enseignemer universitaire. Il a en outre entraîné la dévaluation du metical (monnai mozambicaine). Ce qui a eu un effet sur les conditions de travail de enseignants. Cette situation a été exacerbée par le fait que le budget d l'éducation connaissait une baisse depuis 1980. Dans ce contexte, le salaires des enseignants ont baissé avec pour corollaire la baisse de leu motivation. L'insatisfaction du corps enseignant a entraîné des protestation et des grèves d'enseignants à l'échelle nationale au début des années 199 (Cross 2000)

Après la conférence sur l'éducation pour tous de Jontiem en Thaïland (1990), le gouvernement mozambicain a lancé une étude nationale sur l secteur de l'éducation et mis sur pied un forum de dialogue avec les bailleur de fonds afin d'examiner les moyens de rationaliser les programmes d'aid et veiller à ce qu'ils s'intègrent dans le programme national. En 1992, l structure du système de l'éducation nationale a été énoncée. Ainsi, l système éducatif se structurait autour de trois axes :

- L'enseignement préscolaire, pour les enfants de moins de 6 ans ;
- L'enseignement scolaire qui comprend l'enseignement général, l'ensei gnement professionnel, l'enseignement technique et l'enseignemer supérieur ; et
- L'enseignement extrascolaire, qui couvre les activités éducatives qu sont menées hors du cadre de l'enseignement formel.

C'est de cette façon que le processus de reconstruction du système éducat a été mis en route. Au rang des priorités, il y avait notamment l'expansio des infrastructures scolaires qui ont été gravement endommagées par la guerre et l'amélioration des capacités nationales pour la planificatio stratégique et la gestion.

Le portugais est la langue officielle d'enseignement bien qu'il soit la langue maternelle de 6,5 % de la population. Toutefois, de nombreu Mozambicains, y compris en milieu rural, sont capables de communique dans cette langue. Dans l'enseignement secondaire, l'anglais et le françai sont des matières au programme, et l'anglais ne cesse de gagner du terrai depuis que le Mozambique est devenu membre du Commonwealth. Enviro 13 langues africaines sont parlées au Mozambique. Récemment, le ministèr de l'Éducation a décidé d'introduire l'usage de la langue maternelle dan les petites classes sur une base optionnelle et sélective.

Les infrastructures et les politiques en matière de TIC

Pendant longtemps, le Mozambique a connu une pénétration limitée des TIC principalement à cause de la faiblesse de ses infrastructures. Selon un document du projet Acacia, le secteur privé et l'État étaient les principaux consommateurs de technologies de l'information. Ainsi, les ordinateurs n'étaient pas utilisés dans les écoles. Pendant de nombreuses années, le Centre d'informatique de l'Université Eduardo Mondlane (CIUEM) est resté la principale structure qui utilisait les TIC au Mozambique, fournissant l'accès à la fois à Internet et aux services de messagerie électronique à des ONG, à des entreprises, aux pouvoirs publics et à des membres de la communauté internationale. Comme il était le service le plus utilisé, le courrier électronique occupait la plus grande partie de la bande passante. L'accès à tous les services de l'Internet était possible pour les utilisateurs des lignes commutées, mais l'accès aux sites Web internationaux était lent. Des problèmes se posaient également à cause du manque de lignes supplémentaires pour acheminer les nombreuses connexions commutées simultanées exigées par les utilisateurs des services d'Internet. À la date de l'étude, on s'employait à résoudre la plupart de ces problèmes de diverses façons, et le nombre de fournisseurs d'accès à Internet a augmenté dans le pays.

Le secteur des télécommunications a enregistré une croissance considérable entre1995 et 1998. L'on a noté une augmentation du nombre de lignes qui est passé de 65 606 à 75 354, tandis que le nombre d'abonnés au téléphone cellulaire progressait de 2500 à 6725 (CRDI 1997). Toutefois, il a également été admis qu'avec une télé-densité de 0,46 %, le Mozambique avait l'un des taux de couverture téléphonique nationale les plus faibles. En dépit de nombreux problèmes et des limites financières, infrastructurelles et techniques auxquels le pays fait face, l'accès et l'utilisation de l'Internet ont augmenté rapidement. En 1995, le pays n'avait qu'un seul fournisseur d'accès Internet et moins de 100 utilisateurs du réseau Internet. En 2001, ce chiffre s'est s'élevé à 8 principaux fournisseurs d'accès Internet et d'après les estimations, on comptait entre 6000 et 12000 utilisateurs du réseau Internet (James et Hesselmark 2001). Cette utilisation accrue d'Internet est survenue malgré les coûts d'accès relativement élevés. En effet, les cybercafés de Maputo fixent un tarif d'environ 3 dollars américains pour une heure d'accès, et les connexions commutées coûtent environ 30 dollars américains. La plupart des utilisateurs d'Internet (75 %) se retrouvent à Maputo. Toutefois, il a été envisagé d'étendre les infrastructures d'information et de communication aux zones rurales (Cross 2000).

Le succès enregistré au Mozambique dans la mise en place des infrastructures destinées à faciliter l'accès et l'utilisation de l'Internet peut être attribué à l'engagement du gouvernement à mettre en place un environnement propice. Bien que le pays ne disposât pas de politique officielle de TIC jusqu'à la publication du projet de politique de 2000, les pouvoirs publics, y compris le président de la République et le Premier ministre, ont reconnu les potentialités de développement d'Internet et ont insisté pour que le Mozambique soit relié aux autoroutes mondiales de l'information. C'est pourquoi le gouvernement a créé un groupe de travail de haut niveau afin de définir une politique nationale de l'information (CRDI 1997).

La commission de la politique des TIC a élaboré une politique nationale qui a été approuvée par le Conseil des ministres en décembre 2000. Les objectifs de cette politique consistaient à :

- Prendre conscience au niveau national du rôle et des potentialités des TIC dans le développement durable du Mozambique ;
- Étendre et développer la formation en informatique dans le système éducatif national ;
- Encourager et appuyer la formation des responsables publics, des leaders communautaires, des femmes, des jeunes et des enfants à l'utilisation de l'ordinateur ;
- Éradiquer la pauvreté absolue et améliorer les conditions de vie des Mozambicains ;
- Accroître l'efficacité des secteurs public et privé ;
- Fournir l'accès universel à l'information à tous les citoyens en vue d'améliorer leur niveau et la productivité dans les secteurs de l'éducation, des sciences et de la technologie, de la santé, de la culture et du divertissement, ainsi que dans d'autres domaines ;
- Créer un climat favorable pour l'industrie, les activités économiques et les investissements dans les TIC ;
- Faciliter l'intégration et la participation du Mozambique dans l'économie locale et mondiale, et dans la société mondiale de l'information ;
- Veiller à ce que tous les plans et projets de développement dans tous les secteurs soient dotés de volets concernant les TIC ;
- Aider à réduire et, à terme, éliminer toutes les inégalités et différences régionales entre les zones urbaines et rurales et entre les diverses couches de la société en termes d'opportunités de développement ;

- Créer un environnement propice pour la coopération et le partenariat dans le cadre des TIC entre les secteurs public et privé et entre toutes les parties intéressées au triple plan national, régional et international ; et
- Aider le Mozambique à devenir un producteur et pas seulement un simple consommateur de TIC (MCIC 2000).

Selon le plan d'action, étant donné que le Mozambique n'a pas un secteur privé national fort, le gouvernement devrait jouer un rôle significatif dans la mobilisation et la canalisation des ressources pour les investissements dans les infrastructures d'appui aux TIC. Dans le même temps, le plan d'action reconnaît que le gouvernement devra faire face à des défis majeurs dont l'absence d'une culture et d'une tradition d'utilisation des TIC, de ressources humaines, techniques et financières limitées pour stimuler le développement du secteur.

Le contexte du projet

La conceptualisation et le lancement du projet

Le projet *Internet para es Escolas* a été officiellement lancé à Maputo le 4 septembre 1998 par le Premier ministre Pascal Mocumbi en présence de représentants du gouvernement, du CRDI, de la Banque mondiale, ainsi que d'enseignants et d'élèves dans les dix établissements secondaires choisis dans le cadre du projet (MCIC 1998).

Le projet a été conçu à la suite d'ateliers et de séminaires organisés aux fins de sensibiliser les populations à l'utilisation des ordinateurs dans les établissements primaires et secondaires en Afrique australe. Au cours de l'atelier dont le thème était « Vers une société de l'information » (CRDI), le groupe de travail sur l'éducation a recommandé que le CIUEM et le ministère de l'Éducation élaborent conjointement un projet de mise en réseau d'établissements secondaires, d'écoles de formation d'enseignants, d'institutions techniques et du ministère de l'Éducation (CIUEM). L'objet du projet serait d'améliorer les échanges d'expériences et d'informations dans le domaine de l'éducation et de piloter l'utilisation d'outils pédagogiques sur support Internet. À la suite de cette recommandation, le CIUEM, en collaboration avec le ministère de l'Éducation, a soumis une proposition à la fois à la Banque mondiale et au CRDI.

Les objectifs du projet

De façon générale, le projet a été conçu afin de permettre l'introduction des TIC dans les établissements d'enseignement secondaire. Ce faisant, il contribuerait de façon générale à l'enseignement au Mozambique et réduirait les inégalités d'accès à l'information entre les élèves de Maputo et ceux des provinces. En outre, le projet a également été perçu comme un investissement rentable en ce sens que les aptitudes informatiques figurent au rang des conditions à remplir pour obtenir un emploi s (Document abrégé d'évaluation). Le projet vise également à encourager le partage d'informations et la communication entre les élèves, les enseignants et les directions de l'éducation nationale en utilisant le courrier électronique et Internet. Il est aussi considéré comme une étape majeure vers l'introduction de cours d'informatique, et aussi vers l'intégration de l'usage de l'ordinateur par les élèves et les enseignants pour l'enseignement de diverses disciplines de l'enseignement secondaire.

Les objectifs spécifiques suivants du projet ont été énoncés :

- Sensibiliser les éducateurs, les chercheurs, les décideurs et les communautés à la nécessité de changer les concepts actuels en matière d'enseignement et d'apprentissage à la lumière des exigences d'aujourd'hui pour un apprentissage permanent, en particulier au rôle que les écoles normales peuvent éventuellement jouer dans ce contexte ;
- Promouvoir l'introduction de l'apprentissage de l'informatique et développer une culture des TIC dans l'enseignement secondaire à travers l'intégration de la technologie dans les processus d'enseignement ;
- Stimuler le renforcement des établissements scolaires en question afin qu'ils deviennent des centres de partage d'informations et de communication dans le secteur éducatif ;
- Offrir des opportunités de formation aux enseignants, aux élèves, aux chercheurs et aux décideurs dans le cadre de l'utilisation effective du courrier électronique et des applications Internet dans le contexte de l'amélioration de l'enseignement et de l'apprentissage en vue de la création d'un réseau national d'écoles ;
- Promouvoir l'utilisation du courrier électronique et d'Internet par les établissements secondaires, les institutions techniques de niveau intermédiaire, les écoles normales et les partenaires pour :

  - l'épanouissement professionnel des enseignants ;
  - la recherche collaborative et les activités d'apprentissage. Il s'agit notamment de projets conjoints conçus par des élèves ;
  - la création de pages d'accueil pour les écoles ;
  - la conception de matériel pédagogique et des programmes d'enseignement localement adaptés et produits également au plan local ;
  - la promotion d'activités d'apprentissage à assise communautaire autour des établissements scolaires ;
  - l'élaboration et la mise en œuvre d'une politique éducative participative.
- Promouvoir l'échange d'expériences sur le projet dans la sous-région de l'Afrique australe et sensibiliser à l'utilisation des ordinateurs dans le système éducatif (EMUCI 1998).

Si l'on s'en tient à ces propositions, il est question tout d'abord que le projet connecte cinq établissements secondaires, deux collèges techniques de niveau intermédiaire et établissements d'enseignement commercial, et trois écoles normales.

Les bénéficiaires du projet

Au départ, le projet était conçu pour bénéficier à vingt-quatre institutions d'enseignement. Dix d'entre elles (cinq établissements d'enseignement secondaire, deux institutions de niveau intermédiaire et trois écoles normales) seraient couvertes lors de la première phase. Ces établissements seront choisis dans les villes de Belra, Maputo, Matola, Nampula et Quelimane. Le nombre moyen d'enseignants et d'élèves devant bénéficier du projet dans les dix établissements était estimé à environ 5000 (EMUCI 1998). D'autres établissements d'enseignement secondaire, institutions de niveau intermédiaire et écoles normales seront intégrés au projet lorsque les fonds seront disponibles. Il a également été envisagé que chaque institution reçoive onze ordinateurs pour la salle des ordinateurs et un ordinateur pour le courrier électronique et les connexions Internet.

Les structures de gestion et le personnel

Dès le départ, le recrutement du personnel a été envisagé dans le cadre du projet afin d'assurer sa mise en œuvre efficace. Toutefois, le projet ne disposait pas de personnel à temps plein. Des structures de gestion ont été créées, chacune d'entre elles ayant des responsabilités clairement définies. Il s'agit notamment :

- D'un **comité de pilotage** dont la mission est de prendre toutes les décisions au niveau politique, de superviser la mise en œuvre du projet et d'aider à la mobilisation des fonds. En tant que structure suprême de prise de décision, le comité de pilotage est composé de membres représentant des décideurs clés tels que le CIUEM, le ministère de l'Éducation, la Banque mondiale, le CRDI, la Société des télécommunications du Mozambique (TDM) et le secteur privé ;
- Du **coordonnateur national du projet** qui serait chargé de la coordination de toutes les activités du projet au double niveau politique et de la mise en œuvre en vue de fournir aux enseignants et élèves participant au projet l'appui technique et pédagogique ;
- D'un **responsable de projet opérationnel** qui serait chargé, entre autres de fournir une formation pédagogique et technique directe et en ligne, et un appui aux établissements d'enseignement ; de faciliter l'accès des enseignants aux projets conjoints ; de la distribution du matériel produit par WorLD et d'autres programmes d'échanges internationaux en matière d'éducation ; et
- D'un **responsable du système scolaire** qui serait chargé de la formation de collègues enseignants ; d'effectuer des recherches sur Internet sur les programmes d'enseignement ; d'élaborer des projets communs de superviser les élèves et de régler les problèmes techniques. Ce responsable sera la première personne contact pour le responsable de projet opérationnel.

De toutes ces structures, le comité de pilotage semble être la plus importante dans la prise de décisions.

Les activités du projet

La phase préliminaire et de démarrage (première année)

Au terme d'une campagne de sensibilisation auprès des directions nationale et provinciale de l'Éducation, le projet a été lancé en septembre 1998. La première année a vu la mise en place d'un réseau dans trois établissements scolaires. Il s'agissait notamment de la préparation du site et de l'installation du matériel informatique et des logiciels nécessaires pour la formation en informatique dans quatre provinces, ainsi que la formation des formateurs à Maputo. Un forum de discussion des utilisateurs de SchoolNet a été créé et, finalement, une méthodologie d'évaluation du projet. Pendant la phase initiale, le projet a massivement investi dans la réhabilitation des équipements informatiques et l'achat des accessoires afin de permettre aux ordinateurs de fonctionner.

La seconde phase (2e et 3e années)

De nombreuses activités ont été planifiées pour la seconde phase du projet bien que certains acteurs clés pensent que le projet n'a pas évolué au-delà de la phase de démarrage en raison surtout de problèmes de gestion. La seconde phase du projet était conçue pour consolider la formation en informatique et didactique dans les programmes scolaires ; elle avait également pour but de lancer des stratégies commerciales dans trois écoles ; examiner les besoins en formation ; étendre les capacités de création de contenu d'apprentissage ; et adapter le logiciel en utilisant des outils de conception. En outre, une étude d'impact a été prévue pour les élèves, les enseignants et la communauté, avec un affinement concomitant des indicateurs.

Les partenariats

Le projet a reçu des ressources de divers partenaires :

- L'Ambassade des Pays-Bas a financé les équipements, la formation et la connexion de deux établissements scolaires à Nampula ;
- Le gouvernement du Mozambique était chargé de la fourniture du mobilier, de la climatisation et des autres équipements nécessaires pour la connectivité ;
- L'Agence islandaise d'assistance au développement international (ICEIDA) a acheté des ordinateurs pour la Escola Secundaria Francisco Manyanga de Maputo. En plus, l'organisation a envoyé un enseignant de l'établissement prendre part à une conférence en Angleterre et permis à un enseignant islandais de visiter l'établissement scolaire concerné ;
- La Banque mondiale et le CRDI étaient les deux principaux bailleurs de fonds du projet. Les financements octroyés par ces institutions ont permis de faciliter la formation, d'acheter et de fournir des équipements, d'assurer la connectivité et de couvrir les dépenses de fonctionnement du projet.

Le processus de recherche

Le processus de recherche type est examiné de manière détaillée au chapitre 2. S'agissant précisément du Mozambique, la méthode de recherche reposait sur des entretiens, des questionnaires et des visites de sites. Au total, 27 personnes ont été interrogées, parmi lesquelles 13 chefs d'établissements et enseignants des établissements secondaires visités. Ces personnes ont surtout été interrogées en groupe pour permettre les études de cas desdits établissements et de savoir comment les ordinateurs y sont utilisés. Douze questionnaires ont été remplis. Étant donné que la plupart des salles d'ordinateurs étaient vides pendant les visites sur le terrain au Mozambique, des questionnaires e-mail ont été envoyés à un certain nombre d'institutions scolaires. Aucune d'elles n'a répondu.

Quatorze des personnes interrogées étaient des informateurs clés, notamment des responsables du projet et du ministère de l'Éducation, ainsi que des représentants des bailleurs de fonds. Six structures – quatre établissements secondaires et deux institutions de formation professionnelle – ont été visitées. Les établissements scolaires sélectionnés pour les études de cas du projet l'ont été en fonction des critères suivants :

- Les établissements scolaires choisis devaient être localisés dans trois différentes provinces au moins ;
- Les établissements devant faire l'objet d'évaluation devaient être choisis parmi les dix premières institutions scolaires où le projet avait été lancé ;
- Le groupe d'établissements retenus devait refléter la dichotomie villes/ campagnes, riches/ pauvres ; et
- Il fallait que des institutions différentes – établissements secondaires, collèges d'enseignement technique et écoles normales soient représentées.

Tableau 5.1 Établissements scolaires évalués au Mozambique

Nom de l'institution scolaire	Type de l'institution	Province	Ville
Escola Secundaria Josina Machel	Établissement secondaire pré-universitaire	Maputo	Maputo
Instituto Industrial de Maputo	Collège d'enseignement technique de niveau intermédiaire	Maputo	Maputo
Escola Secundaria de Nampula	Établissement secondaire pré-universitaire	Nampula	Nampula
Instituto Industrial de Nampula	Collège d'enseignement technique de niveau intermédiaire	Nampula	Nampula
Escola Secundaria 25 de Setembro	Établissement secondaire pré-universitaire	Zambezia	Quelimane
Escola Secundaria Samora Machel	Établissement secondaire pré-universitaire	Sofala	Beira

Au début du projet, les écoles normales faisaient partie des structures à visiter. Par la suite, l'équipe de recherche a su qu'elle ne participerait pas pleinement au projet sur instruction du ministère de l'Éducation selon laquelle l'équipe ne devait pas recevoir d'ordinateurs au motif que le ministère devrait les leur fournir. Une école normale à Quelimane a reçu deux ordinateurs du projet et, malgré le mobilier fourni par le projet, la salle d'informatique était quasiment vide.

Les résultats des recherches menées

Le contexte

Le projet Internet pour les écoles a été mis en œuvre dans un environnement marqué par la faiblesse des infrastructures, le manque de capacités et d'aptitudes en TIC, ainsi que l'absence de culture d'utilisation des TIC. Tous ces facteurs ont évidemment eu un impact sur le projet.

Trois principaux aspects ont en particulier entravé la réalisation des objectifs du projet :

- **Les questions d'encadrement** : le fait que le projet n'ait pas de responsables à temps plein a été identifié comme un problème majeur. En outre, certaines des personnes impliquées dans le projet n'étaient pas rémunérées, ce qui n'a pas été sans conséquence sur le moral et l'engagement des acteurs ;
- **Les équipements** : l'utilisation d'ordinateurs de seconde main a aussi entravé la réalisation des objectifs du projet ; et
- **L'absence de capacités techniques dans les provinces :** des établissements scolaires ont connu des pannes d'ordinateurs fréquentes du fait de l'utilisation de vieux ordinateurs, ce qui s'est avéré être un exercice coûteux parce que l'assistance venait de Maputo.

Une présentation plus détaillée de certains obstacles et contraintes majeurs rencontrés pendant l'étude suit.

La connectivité et l'accès

Le taux de pénétration des télécommunications reste faible en dépit de la croissance rapide du secteur. D'après Telmina Paixão, vice-ministre de l'Éducation du Mozambique, la lente expansion de ces services aux zones rurales était susceptible d'entraver la progression du projet Internet dans les écoles. En dépit de ces problèmes d'infrastructures, tout portait à croire que les TIC connaissaient une lente expansion dans les zones où elles n'existaient pas.

L'électricité

Des cas de coupures d'électricité fréquentes ont été signalés (à Nampula par exemple) dans l'ensemble de la ville. Ces coupures ont clairement affecté l'utilisation des ordinateurs dans les établissements scolaires. Dans certaines institutions concernées par le projet, les lignes téléphoniques et l'approvisionnement en électricité avaient été coupés et ont dû être réinstallés. Les locaux de certaines d'entre elles ont été reconstruits et aménagés pour le projet.

Un membre du comité de pilotage du projet a déclaré que :

> La mise en œuvre du projet ne reposait en fait sur rien. Son environnement n'était pas assez pratique pour que le projet soit exécuté comme prévu. Les populations mozambicaines n'avaient pas été exposées à la

> technologie... Les établissements scolaires n'étaient pas prêts. En plus, les chefs d'établissement invités aux réunions ne savaient pas quel rôle ils allaient jouer dans le cadre du projet... les conditions dans les établissements n'étaient pas réunies parce que les lignes téléphoniques notamment ne fonctionnaient pas ; d'autres établissements scolaires n'avaient qu'une seule ligne utilisée par le chef d'établissement, et des lignes supplémentaires étaient nécessaires. Les salles devaient également être réhabilitées avec notamment la réfection des toitures ou des dispositifs de sécurité, etc.

Le ministère de l'Éducation, par l'entremise de sa structure chargée de la construction des infrastructures, le Gabinete Técnico de Gestão de Projectos Educacionais (GEPE) devait s'assurer que les salles étaient bien aménagées pour abriter les ordinateurs. Le GEPE devait peindre les salles, installer les portes et les grilles de sécurité ainsi qu'une électrification spéciale avec des câblages séparés pour les ordinateurs, l'éclairage et la climatisation.

Les fournisseurs d'accès Internet (ISP)

La pénurie de fournisseurs d'accès Internet, en particulier dans les provinces, était l'une des principales difficultés rencontrées. Jusqu'en 1995, le CIUEM était la seule institution éducative qui utilisait les TIC en vue de renforcer ses capacités pédagogiques. Lorsque le projet Internet dans les écoles a été conceptualisé, le CIUEM était le seul point de présence dans le pays. Cette situation a eu pour conséquence la centralisation du projet et sa mise en œuvre à travers le CIUEM à Maputo. Le CIUEM est ainsi devenu le point de présence, même pour les établissements scolaires des provinces, ce qui représentait un dispositif coûteux pour l'accès à Internet.

La pénurie de compétences en TIC

L'on a noté une pénurie de personnel qualifié en TIC, surtout dans les provinces, ainsi que l'absence d'une culture des TIC. Lorsque les établissements dans les provinces avaient des problèmes techniques, les techniciens de CIUEM devaient partir de Maputo, parfois pour des problèmes mineurs ; ce qui s'est avéré très coûteux. Lors de l'introduction du projet dans les établissements scolaires :

> ...il n'y avait pas de demande en TIC. Il était évident que les TIC n'étaient pas intégrées dans le fonctionnement quotidien des

institutions scolaires, et le projet tombait comme un cheveu dans la soupe parce qu'elles n'y étaient pas préparées.

La politique en matière de TIC

Au lancement du projet, le Mozambique ne disposait pas d'une politique d'utilisation des TIC dans l'enseignement. Toutefois, cette situation ne semblait pas poser de problème en ce sens que le projet bénéficiait d'un important appui de la part des principaux responsables publics, notamment du président de la République et du Premier ministre, appui qui trouvait sa meilleure expression dans la création d'un groupe de travail de haut niveau dont la mission était de définir une politique nationale d'information.

La planification et la gestion du projet

Un trait saillant de la conception du projet était que, dès le départ, le plan du projet prenait en compte les obstacles potentiels à la réussite du projet dans l'intention de définir des solutions.

Stratégies de planification pour aborder les difficultés potentielles

Plusieurs difficultés potentielles furent identifiées pendant les activités de planification.

- On s'est rendu compte que le ministère de l'Éducation pourrait tarder à rénover les salles de classe avant l'installation des ordinateurs, ce qui aurait des implications sur les plans de formation.
- L'équipe de planification du projet était consciente que la formation et l'appui techniques étaient essentiels dans les régions reculées dont les capacités étaient limitées. Aussi, l'approche suivante fut-elle adoptée :
  - Les dix institutions qui avaient les meilleures chances de succès furent reliées. Il s'agissait d'institutions qui avaient déjà quelque accès aux besoins essentiels en matière de connectivité tels que l'électricité et les lignes téléphoniques.
  - On a également constaté qu'il était nécessaire de trouver dans les provinces des personnes qui avaient des connaissances en maintenance informatique et de les encourager à appuyer les écoles ; et
  - Les enseignants qui montraient un intérêt pour l'informatique dans les écoles étaient retenus pour être formés et pour appuyer le projet dans leurs écoles respectives. Toutefois, la formation des enseignants

qui étaient appelés à former d'autres d'enseignants et apprenants dans leur école et à concevoir des projets web collaboratifs a été un autre sujet de préoccupation. On craignait que ces enseignants ne quittent les écoles pour des emplois plus rémunérateurs avant d'avoir transmis leurs connaissances à d'autres personnes dans leur école. En conséquence, il fallait étudier un moyen de retenir le personnel. Pour ce faire, il fut proposé que le ministère de l'Éducation fût invité à contribuer en préparant des contrats qui encourageraient les enseignants à rester dans les écoles.

- Le choix d'écoles mieux dotées en ressources était à l'évidence une question cruciale. Les écoles retenues devaient être disposées à adopter la technologie proposée. La distribution géographique des écoles était, pour d'aucuns, une question d'intérêt politique, mais en fin de compte, les particularités des écoles et leur capacité d'adaptation à la technologie étaient de loin plus importantes. En l'espèce, la capacité d'adaptation se ramenait essentiellement à l'accès à l'électricité et au téléphone.
- Les planificateurs du projet savaient également que la réussite de ce dernier était fonction de la qualité et du coût des lignes de communication. Les subventions que les écoles recevaient de l'État pour leur fonctionnement ne suffiraient pas, en particulier si les écoles devaient supporter les coûts de connexion à Internet et à la messagerie, les coûts d'électricité, de téléphone et des consommables. Pour aider les écoles, il fallut négocier avec des organismes de financement tels que le CRDI et la Fondation de développement communautaire Graca Machel pour obtenir leur appui financier. Une deuxième stratégie consista à inviter la TDM–la société des télécommunications du Mozambique, à siéger au Comité de direction. Ainsi, ce dernier aurait les moyens de faire pression sur la société au cas où la qualité des services ne serait pas conforme aux normes (CIUEM 1998).
- Si elles pouvaient accéder gratuitement à Internet grâce au CIUEM, les écoles devaient encore faire des appels téléphoniques longue-distance, des provinces à Maputo, pour accéder à Internet, ce qui était coûteux. Pour régler ce problème, on proposa de transformer les écoles en centres d'apprentissage locaux capables de générer des fonds pour leur fonctionnement. Les dirigeants du projet se réunirent plus tard avec Teledata, une co-entreprise privée appartenant à TDM et à 'Portugal Telecom'.

Le but de la réunion était de persuader les Teledata d'appuyer la mise en réseau des écoles dans les provinces parce que la société avait des ISP dans tous les chefs-lieux de province et était en mesure de fournir des services Internet.

Suivi et évaluation

La phase de conception fut marquée par la définition d'un cadre d'évaluation qui traitait des intrants, des résultats et des indicateurs d'impact qui permettaient d'évaluer le projet plus tard. L'élaboration d'un cadre d'évaluation pendant la phase de planification conféra un caractère unique au projet *Internet para as Escolas*, d'autant plus que pour beaucoup d'autres projets du genre, une forme d'évaluation n'était conçue qu'après la phase d'exécution (CIUEM 1998).

Cadre institutionnel et recrutement

Il ressortit des activités d'évaluation que, pour des raisons diverses, le Comité de pilotage ne fonctionnait pas comme on le souhaitait. Pendant les premiers jours du projet, la plupart des membres ont fait montre de leur engagement en sa faveur, mais au fil du temps, l'absentéisme devint un problème. Le Comité de pilotage ne se réunissait plus régulièrement et ses travaux ne commençaient plus à temps, toutes choses qui ont contribué à frustrer les membres. La qualité des réunions se détériora faute de rapports appropriés et les finances ne furent plus bien tenues. Tous ces problèmes affectèrent le moral des membres engagés. Cet état de choses tenait sans doute au fait que les membres du Comité n'étaient pas récompensés pour leurs efforts. Étant donné que les salaires sont généralement bas au Mozambique, il est courant qu'un individu accepte un ou deux emplois supplémentaires pour compléter son revenu. Les membres du Comité de pilotage escomptaient donc une forme de rémunération ou une autre.

Comme l'a affirmé le coordonnateur du projet SchoolNet :

> Lorsqu'on parle de projet, les gens s'attendent à de l'argent et, de ce point de vue, le projet était mal planifié. Les personnes qui ont conçu le projet télécentre au Mozambique étaient payées, ce qui n'était pas le cas pour le projet Internet pour les écoles. Les membres du comité de pilotage n'étaient pas rémunérés pour le temps qu'ils consacraient au projet. Ils n'avaient même pas d'indemnités de carburant, ni d'indemnités journalières pour les efforts fournis. Cette situation ne fut pas sans conséquence sur leur moral et l'on commença à faire passer d'autres

> engagements avant le projet. Ceux qui percevaient un salaire, à l'exemple du directeur et des coordonnateurs techniques et pédagogiques, se moquaient parfois de ceux qui n'en avaient pas. Il arrivait même qu'ils manquent de prendre part à une réunion du comité sans excuse.

Un autre problème était le fait que le comité était composé de membres issus d'organisations différentes et dont le degré d'engagement et l'attitude envers le projet n'étaient pas les mêmes. En effet, comme l'explique le Secrétaire général,

> parce qu'il regroupait une gamme variée d'acteurs, dont chacun avait un rôle particulier, il était difficile de piloter ou de conduire le projet. Les acteurs n'avaient pas la même vision du projet, et, comme aucun d'entre eux ne rendait directement compte à l'autre, les divergences de vue sur la ligne d'action à suivre étaient difficiles à aplanir. Une définition nette des rôles et des rapports hiérarchiques au sein du comité de pilotage était nécessaire pour une gestion efficace du projet. Une équipe plus restreinte, à la mission clairement définie, aurait sans doute été plus efficace.

Les problèmes du comité de pilotage affectèrent la gestion générale du projet et la communication. Certains membres du comité de pilotage n'étaient plus informés de la conduite du projet, étant donné qu'ils ne recevaient plus de rapports d'activités par e-mail.

Le projet ne disposait pas de personnel permanent, ce qui nuisait à la continuité des activités. Les coordonnateurs pédagogiques étaient remplacés chaque année. Cette situation entraînait une certaine confusion, en ce sens que les enseignants ne savaient pas qui était responsable du projet.

Les bénéficiaires

En plus des bienfaits que le projet procurait aux apprenants et aux éducateurs, toutes les écoles visitées s'efforçaient de concevoir des programmes de formation aux rudiments de l'informatique pour les membres de leur communauté. Les programmes se rapportaient au traitement de texte, aux feuilles de calcul, au courrier électronique et à l'Internet et étaient dispensés aux membres de la communauté à moindre coût. Les recettes générées étaient utilisées pour la maintenance des ordinateurs et le paiement des factures d'électricité et de téléphone. Certaines de ces initiatives n'ont pas été concluantes. À en croire des enseignants à l'Instituto Industrial de Nampula et au Lycée de Nampula, cet échec était dû au fait que :

- Certaines personnes n'avaient pas les moyens de payer les cours ;
- D'autres n'étaient pas intéressées, principalement parce que la culture de l'ordinateur ne s'était pas encore ancrée ; et
- Les personnes qui étaient intéressées par le programme ne l'étaient réellement que pour l'Internet. Lorsque les lignes téléphoniques étaient coupées, les apprenants et les enseignants, tout comme les membres de la communauté, avaient tendance à se désintéresser du programme.

Les partenariats

Le CRDI et la Banque mondiale, deux organismes de financement, travaillaient en étroite collaboration avec le CIUEM, l'organisme d'exécution. Cette collaboration fut officialisée en janvier 1988 par la signature d'un mémorandum d'accord entre les deux organisations. Au CRDI, le mémorandum d'accord donna lieu à un projet connu sous le nom de « Introduire les TIC dans les écoles mozambicaines ». Même si le projet *Internet para as Escolas* apparut comme un effort conjoint, certains acteurs pensaient que la Banque mondiale se comportait comme si le projet lui appartenait.

> Même les annonces passées dans la presse affirmaient sans ambages qu'il s'agissait d'un projet de la Banque mondiale et d'une initiative de WorLD Links. Le rôle du CRDI n'a jamais été mentionné.
> La Banque mondiale appelle toujours le projet WorLD Links for Development Programme, mais parce que le CIUEM a fait entrer en jeu d'autres acteurs et d'autres bailleurs de fonds pour financer la connexion des écoles, la Banque a dû faire des concessions. Aussi le projet est-il appelé SchoolNet.

D'autre part, les acteurs locaux qui ont joué un rôle appréciable dans la conception et la formulation du projet y voyaient un projet mozambicain. Aussi appréciaient-ils le comportement du CRDI qui offrait aux Mozambicains l'occasion de conduire et de façonner le projet.

> En certaines occasions, le personnel de la Banque mondiale, ignorait... le coordonnateur du projet pour travailler avec le directeur du projet et les coordonnateurs pédagogiques qu'ils payaient à travers le programme WorLD Links. La Banque les laissait également croire qu'ils comptaient plus que le coordonnateur général. Mais lorsque le personnel de la Banque se heurtait à des difficultés, il se retournait vers le coordonnateur du projet.

Les principaux acteurs sont d'avis que la Banque mondiale avait une attitude différente de celle du CRDI en ce sens qu'elle faisait clairement savoir ses besoins et ses attentes et ce faisant, provoquait la colère de certains gestionnaires du projet. Par exemple, le fait que la Banque ait fait pression pour que le projet fût confié au ministère de l'Éducation ne fut pas très bien perçu par certains gestionnaires du projet qui pensaient que le ministère n'avait pas les moyens de conduire un projet de cette envergure.

> La Banque mondiale décida de confier le projet au ministère parce qu'elle lui apportait un appui financier dans le cadre d'un programme appelé renforcement des capacités. Il était donc préférable pour la Banque que le projet fût conduit par le ministère. Il ne s'agissait pas là d'une bonne décision, car elle était prise de l'extérieur. Il faudrait un processus de maturation naturelle de l'intérieur caractérisé par une participation progressive du personnel du ministère. Ce processus de transition lent garantirait la qualité du projet et éviterait de stopper l'évolution du projet dans les écoles.

Pour d'autres personnes, le CRDI avait contribué à certaines difficultés rencontrées par le projet en manquant d'assurer un suivi régulier, et partant, la responsabilité. Par exemple, avant la présente évaluation, le responsable des programmes du CRDI ne s'était jamais rendu au Mozambique pour s'assurer du niveau de responsabilité des gestionnaires.

Le ministère de l'Éducation joua un rôle non négligeable en tant que partenaire dans l'exécution du projet. Grâce à ses services de construction appelés GEPE, le ministère devait ré-équiper au moins une salle de classe où les ordinateurs devaient être placés dans les écoles et livrer les ordinateurs.

Des entreprises privées spécialisées dans le domaine des TIC, telles que ICL Mozambique Ltd., furent associées au projet et contribuèrent, le cas échéant, en configurant les ordinateurs.

Plusieurs problèmes avaient trait aux financements et à la responsabilité financière envers les bailleurs de fonds. Différentes organisations finançaient diverses activités, et certains financements avaient tendance à arriver avec du retard, entraînant des problèmes de liquidités pour le projet. En conséquence, les financements qui arrivaient à temps étaient utilisés pour des activités auxquelles ils n'étaient pas destinés. Cet état de choses, conjugué à l'absence d'un comptable à temps plein, engendra des problèmes de comptabilité financière. Pis encore, les fonds destinés au projet étaient gardés dans le compte du CIUEM. La conséquence en était que des fonds destinés au projet étaient parfois utilisés à d'autres fins.

La connectivité et l'accès

Choix des établissements scolaires

Les établissements scolaires visités étaient généralement bien équipés dans la mesure où ils disposaient de laboratoires et de bibliothèques spécialisés en sciences physiques, en chimie et en biologie. Certains disposaient également d'outils technologiques tels que des photocopieurs.

Dans certains établissements à l'instar de l'Instituto Industrial de Maputo, l'on trouvait déjà des ordinateurs à usage essentiellement administratif bien avant le démarrage du projet. L'Institut de Maputo possède des ordinateurs assez obsolètes et qui sont utilisés uniquement par les enseignants. Ils servaient pour la saisie des épreuves pour les étudiants.

Préparation des sites pour les établissements scolaires

Dans certains des établissements scolaires, les services tels que l'électricité et le téléphone avaient été interrompus, alors que dans d'autres, il n'existait qu'une seule ligne téléphonique pour le Directeur. Les travaux de réfection menés par le ministère de l'Éducation comprenaient l'installation de portes de sécurité, la mise en place d'installations électriques spéciales, la peinture des salles et la fourniture de meubles pour les ordinateurs et de fauteuils. D'une manière générale, l'implication du GEPE n'a pas posé de problème.

Installation des ordinateurs et appui technique

La Banque mondiale a offert 125 ordinateurs d'occasion (modèle 486) dont environ une centaine, bien que fonctionnant normalement, étaient incompatibles avec les logiciels les plus récents disponibles. Il a donc fallu les reconfigurer et y installer des logiciels tels que Windows, Microsoft Office et des programmes antivirus. Quatre des écoles visitées, à savoir la Escola Secundaria Josina Machel de Maputo, l'Instituto Industrial de Maputo, la Escola Secundaria 25 de Setembro de Quelimane et la Escola Secundaria Samora Machel de Beira ont reçu des ordinateurs 486 d'occasion offerts par la Banque mondiale.

Le CDRI a fourni des fonds pour l'achat de deux ordinateurs neufs dans chaque établissement tandis que la Banque mondiale a financé l'achat d'un ordinateur neuf supplémentaire. L'ambassade néerlandaise a financé pour l'achat d'ordinateurs neufs au profit de la Escola Secundaria de Nampula et l'Instituto Industrial de Nampula. La majorité des établissements scolaires visités ont reçu chacun environ 12 ordinateurs (y compris le serveur), à l'exception de Josina Machel qui en a reçu 16.

La formation des enseignants comportait des méthodes de base pour faire face à des problèmes techniques mineurs. Ce n'est qu'au moment où ces enseignants ont rencontré des problèmes auxquels ils ne pouvaient pas apporter de solution que le CIUEM a été invité à intervenir.

Selon des avis recueillis auprès des établissements visités, les ordinateurs tombaient régulièrement en panne. Certains de leurs problèmes avaient été résolus et d'autres pas. D'autres problèmes ont été soulevés :

- Deux des ordinateurs de l'Institut Industriel de Maputo avaient des problèmes de carte-mère, tandis qu'un autre présentait un problème d'alimentation en énergie électrique. Seul ce dernier pouvait être dépanné ; le CIUEM n'était pas en mesure de réparer les deux premiers ;
- Le collège Francisco Manyanga avait deux onduleurs en panne, alors que la Escola Secundaria Samora Machel avait des problèmes de connexion avec son nouvel ordinateur Compaq. Selon le rapport, l'ordinateur avait été configuré, testé et déclaré fonctionnel par le CIUEM. L'on en a conclu que le problème était dû à un manque d'expérience ;
- À la Escola Secundaria 25 de Setembro, quatre ordinateurs étaient en panne et il était impossible de se connecter à Internet ; par ailleurs, quatre ordinateurs n'étaient pas dotés de programmes antivirus, tandis que six onduleurs et trois des cartes de réseau étaient défectueux. Pour tenter de remédier à ces problèmes de connectivité, il avait fallu installer de nouveaux systèmes SUN et des ordinateurs Compaq ultra-modernes dans les établissements scolaires. Ces équipements devaient également être utilisés comme serveurs ;
- À la Escola Secundaria Samora Machel, une mauvaise installation électrique provoquait régulièrement des pannes qui se répercutaient au niveau des ordinateurs. Ce problème a été réglé depuis longtemps.
- Les ordinateurs 486 rénovés tombaient régulièrement en panne, et de l'avis de nos principales personnes-ressources, c'est l'un des facteurs majeurs n'ayant pas permis d'atteindre les objectifs visés par le projet ;
- Les problèmes techniques ont été exacerbés par le fait que les utilisateurs ne savaient pas manipuler les ordinateurs. À titre d'exemple, selon le responsable de la salle informatique de la Escola Secundaria 25 de Setembro, les pannes des six ordinateurs étaient imputables aux

apprenants qui, au moment d'arrêter les ordinateurs, ne suivaient pas les instructions, mais les éteignaient directement.

- Les établissements scolaires ont décrié la lenteur des interventions du CIUEM. Le responsable de la salle informatique de Josiana Machel a déclaré qu'ils avaient des difficultés à accéder à leur page d'accueil et que cela faisait environ trois mois qu'ils attendaient l'intervention du CIUEM. Dans certains établissements (ex : Escola Secundaria Samora Machel de Beira) on ne pouvait pas leur envoyer des techniciens parce que le projet ne serait pas en mesure de payer leurs services. Cette situation a frustré les membres des établissements et les responsables des salles d'informatique qui ont parfois été obligés d'utiliser les frais de scolarité pour dépanner leurs ordinateurs.

Contrairement à l'avis de certaines personnes-ressources selon lesquelles les vieux ordinateurs offerts par la Banque mondiale constituaient un obstacle à la réalisation des objectifs fixés, le représentant de la Banque mondiale au sein du Comité de pilotage dudit projet affirme que les différentes parties prenantes au projet savaient bien que la Banque mondiale ferait un don d'ordinateurs de seconde main. La Banque mondiale a réformé ces ordinateurs pour remplir au moins les fonctions pour lesquelles ils étaient destinés, et ces ordinateurs fonctionnaient normalement jusqu'au moment où ils avaient été enlevés des tables des responsables de la Banque pour être expédiés à Maputo. Pour la Banque mondiale, l'on pouvait certainement accroître les performances de ces machines pour permettre aux élèves d'envoyer et de recevoir des messages, et d'accéder à l'Internet. Les problèmes techniques inventoriés ci-dessus confirment l'évaluation de ce même projet par WorLD, qui a identifié les principaux obstacles rencontrés par les enseignants, à l'instar du mauvais état de fonctionnement des ordinateurs (seuls 53 % sont fonctionnels), la faible mémoire des machines (seules 59 % sont fiables) et les difficultés d'accès à Internet (environ 65 % les connaissent) (WorLD 2000).

Les responsables du projet ont reconnu qu'ils ne réagissent pas suffisamment vite pour régler les difficultés que rencontrent les établissements scolaires.

La deuxième grande lacune du projet était liée à la première (s'agissant de l'utilisation d'ordinateurs usagés). Ces ordinateurs ont toujours posé de nombreuses difficultés, et l'éloignement des provinces ne facilitait pas la maintenance du réseau. Tel était particulièrement le cas de Nampula. Chaque fois qu'un établissement nous appelait, il n'était pas aisé de déterminer la nature du problème, et nous étions obligés de prendre l'avion pour nous y rendre. Ce qui fait que notre vitesse d'intervention était limitée.

Même s'il est clair que les établissements scolaires faisaient face à une multitude de problèmes techniques, il ressort que certains de ces problèmes étaient prévisibles. La question demeure de savoir si les mécanismes mis en place pour les minimiser étaient suffisants ou appropriés.

La connectivité

Deux des objectifs fondamentaux de ce projet étaient de faciliter la communication intra- et inter-scolaire, et d'encourager les élèves à s'impliquer dans des projets conjoints. Ces deux objectifs nécessitaient un service e-mail. Nous avons constaté au cours de nos visites que la plupart des établissements scolaires avaient des problèmes au niveau de l'e-mail, notamment l'Instituto Industrial de Maputo où la majorité des ordinateurs ne pouvaient pas accéder au serveur local, et la Escola Secundaria Samora Machel de Beira dont le serveur était excessivement lent. Selon le directeur et le responsable de la salle informatique de cet établissement, l'on pouvait attendre jusqu'à trois mois pour qu'un e-mail arrive à destination. Du fait de la suspension des lignes téléphoniques pour non-paiement des factures, les deux institutions basées à Nampula n'avaient accès à l'e-mail.

Un autre problème important avait trait à la viabilité du projet. Certains établissements scolaires n'avaient plus accès à l'Internet, essentiellement parce que leurs lignes téléphoniques avaient été coupées pour défaut de paiement des frais de télécommunications. Selon Cossa, au démarrage du projet, ils avaient prévu un budget d'environ 50 dollars US pour aider chaque établissement à payer ses factures de téléphone à la fin du mois. Ce montant avait été prévu sur la base du principe selon lequel les usagers ne passeraient pas trop de temps sur Internet, mais qu'ils ne se connecteraient que pour télécharger les informations dont ils auraient besoin et pour consulter leur boîte de réception. Malheureusement, les usagers s'attardaient sur Internet et les établissements se retrouvaient avec des factures élevées qu'ils n'étaient pas en mesure de payer.

L'un des directeurs d'établissement a déclaré :

Il fallait clairement expliquer la manière dont fonctionnerait le projet car, dans la majorité des cas, lorsque les établissements scolaires ont des problèmes, ils ne savent pas qui contacter. Il convient de définir clairement la paternité et le mode de financement du projet. L'on ne s'attendait pas à ce que les établissements scolaires en supportent les coûts. Lorsqu'on leur dit qu'il n'y a pas d'argent pour envoyer des techniciens réparer les ordinateurs et pour leur permettre de payer leurs factures de téléphone, la question que l'on se pose est de savoir à qui appartient le projet ? .

Les factures élevées que doivent payer les établissements scolaires sont également dues au fait que tous, y compris ceux situés aussi loin qu'à Nampula au Nord ont été connectés à l'Internet au moyen de modems de type *dial-up* qui utilisent des lignes fixes et leur fournisseur d'accès était l'Université Eduardo Mondlane de Maputo. Ce facteur, doublé du fait que les ordinateurs eux-mêmes étaient lents à ouvrir les pages, faisait que les usagers passaient beaucoup de temps à télécharger les informations dont ils avaient besoin. Bien que la TDM, la société de télécommunication locale, fut représentée au sein du comité de pilotage du projet, toutes les tentatives visant à accorder des faveurs aux établissements scolaires furent vaines. Avec la reprise en main du projet par le ministère de l'Éducation, le budget de ce dernier prendra certainement en charge les factures téléphoniques des établissements scolaires.

Plusieurs idées ont été émises en vue de trouver une solution au problème de factures téléphoniques élevées, au nombre desquelles l'usage de systèmes sans fil pour accéder à l'Internet, ou la connexion des établissements scolaires au moyen de fournisseurs locaux. Pendant que la question précédente était encore en examen, certains établissements, à l'instar de la Escola Secundaria 25 de Setembro, avaient déjà négocié une connexion par le biais de son fournisseur Internet local Teledata. Les établissements scolaires de Nampula et de Beira étaient également en pleine négociation avec Teledata pour le même service. Des évaluations complémentaires du projet devraient être effectuées afin de mesurer les avancées enregistrées dans ce domaine.

Utilisation des ordinateurs

L'usage des ordinateurs variait d'un établissement scolaire à un autre. Dans certains, à l'exemple de la Escola Secundaria Josina Machel, les ordinateurs étaient utilisés avec enthousiasme, alors que dans d'autres, il était difficile de prouver que ces appareils faisaient l'objet d'une quelconque utilisation(5).

Contrairement aux observations faites dans la présente étude, l'évaluation effectuée par WorLD a révélé que nonobstant la moyenne de 218 apprenants par ordinateur au Mozambique, il ressort que les enseignants et les apprenants ont passé un temps considérable à utiliser les TIC. Selon son rapport,

> Onze enseignants sur quinze affirmaient que les apprenants passaient deux à trois heures par semaine, voire plus, devant l'ordinateur. Les domaines les plus exploités sont l'informatique, le traitement de texte, l'anglais et le portugais. Huit enseignants sur seize affirmaient que les élèves utilisaient l'e-mail une à trois fois par semaine ou une ou plusieurs fois pour la même période (WorLD 2000).

Les personnes-ressources dans les établissements scolaires ont énuméré un ensemble de raisons pour lesquelles les laboratoires d'informatique restaient vides pour la plupart du temps. Dans les deux institutions de Nampula, le nombre limité d'apprenants dans les salles d'informatique était dû à la non-connexion au réseau Internet.

Le responsable du laboratoire d'informatique de la Escola Secundaria Samora Machel affirmait que le fait pour eux de ne pas être connectés à l'Internet les a poussé à répartir leurs élèves des niveaux 11 et 12 en trois groupes pour leur enseigner les rudiments de l'informatique. Ces enseignements ont particulièrement insisté sur la manière de démarrer et d'arrêter convenablement un ordinateur, et sur l'usage d'une machine de traitement de texte et des tableurs. Les cours s'étant achevés en l'an 2000, il n'y avait plus d'apprenants dans le laboratoire(6).

Quant au responsable du laboratoire informatique de la Escola Secundaria 25 Setembro, il avait aménagé des horaires différents pour la formation des apprenants, des enseignants et des membres de la communauté inscrits aux cours d'informatique. L'emploi du temps réservait également des horaires spéciaux pour permettre aux enseignants de se rendre au laboratoire lorsqu'ils avaient des problèmes spécifiques. Il était également prévu que les enseignants puissent s'entraîner à titre individuel deux fois par semaine. Au cours de notre visite d'évaluation, aucun apprenant n'est venu travailler sur les ordinateurs, en dépit du fait que c'était le temps qui leur était réservé. Cependant, selon le responsable du laboratoire, l'absence des apprenants s'expliquait par le fait qu'ils étaient en période de préparation des examens.

D'autres établissements ont déclaré avoir dressé des emplois du temps similaires permettant à différents groupes d'exploiter le laboratoire d'informatique. Cependant, nous n'en avons pas eu la preuve au cours de nos missions d'évaluation.

Le renforcement des capacités et la formation

La formation des enseignants est devenue l'un des sujets majeurs dont il a fallu débattre au cours de la phase de lancement. Une analyse des rapports mensuels du projet révèle que dans l'ensemble, la formation des enseignants se déroulait bien. Différents types de formation étaient organisés de temps à autre, tant à l'échelle nationale qu'au niveau provincial, la plupart des sessions au niveau national se tenant à Maputo. Entre septembre 1998 et juin 1999, 136 enseignants au total ont été formés par les responsables.

Les enseignants qui prenaient part à ces sessions de formation devaient à leur tour former d'autres enseignants et d'autres apprenants. Les rapports montrent que plusieurs établissements scolaires ont prévu des espaces spéciaux dans leurs emplois du temps pour la formation des enseignants et des apprenants. Plus de 384 enseignants, 57 autres travailleurs et 2818 élèves ont été formés entre janvier et août 2000.

Les participants à l'atelier pédagogique tenu au CIUEM en avril 1999 (CIUEM 1999) ont été formés dans les domaines suivants :

- L'utilisation de l'e-mail pour l'échange de messages écrits et des données pédagogiques utilisées dans la formation et dans le cadre des projets collaboratifs des élèves ;
- L'identification des éléments de base d'une situation d'apprentissage basée sur un projet. Ils ont été invités, entre autres, à élaborer des projets visant à résoudre un problème précis relatif au contenu de la formation, aux programmes, à l'évaluation ou aux réalisations des étudiants, ou encore à la gestion de l'établissement ;
- L'utilisation de diverses méthodes pour amener leurs collègues et camarades à s'impliquer dans les activités conjointes de l'établissement ; et
- L'accès à quelques projets collaboratifs et données pédagogiques illustratives disponibles sur Internet.

La formation durait une semaine, et le contenu s'inspirait des résultats d'un questionnaire que les enseignants devaient remplir dans leurs établissements respectifs avant de prendre part aux ateliers.

Des sujets qui avaient suscité l'intérêt des enseignants, mais qui n'avaient pas pu être couverts par la formation, on peut citer les suivants :

- La création d'un carnet d'adresses ;
- La suppression des usagers n'étant plus reliés à un réseau local (LAN) précis ; et
- Comment joindre un fichier à un e-mail.

Il a été procédé à une évaluation des sessions pour apprécier le degré de satisfaction des attentes des enseignants. Toutefois, le rapport reste muet sur la manière dont les enseignants ont apprécié la documentation et les animateurs de la session de formation.

Au cours de nos visites de terrain, les enseignants ont affirmé avoir reçu deux types de formation :

- **Une formation pédagogique** : celle-ci comprenait l'utilisation de l'e-mail, l'enseignement et l'apprentissage assistés par ordinateur et l'élaboration de projets conjoints, et
- **Une formation technique** : elle était essentiellement basée sur la manière de permettre aux enseignants de résoudre quelques problèmes techniques mineurs qu'ils pourraient rencontrer au cours de l'utilisation des ordinateurs, y compris l'installation des logiciels. Ces sessions de formation étaient organisées à trois niveaux :
    - Les sessions de formation nationales avaient lieu à Maputo et s'adressaient aux enseignants invités ;
    - Pour les sessions régionales, des équipes de trois personnes – le directeur pédagogique et deux techniciens – allaient dans les provinces, et les enseignants de la zone se réunissaient dans un établissement de leur ressort ; et
    - Les sessions organisées et dirigées par les responsables de laboratoire de chaque établissement.

Les responsables du projet étaient globalement satisfaits de la manière dont la formation des enseignants s'est déroulée. Le coordinateur du projet a affirmé que :

> les enseignants qui ont pris part à la formation sont en mesure d'accomplir plusieurs tâches sur un ordinateur, plus que des opérations usuelles. Ils sont capables de télécharger des informations à partir de l'Internet, d'utiliser la technique de recherche des informations pour les matières qu'ils enseignent et de communiquer par e-mail.

Cependant, les enseignants interrogés avaient des sentiments mitigés au sujet de la formation. Pour ce qui est des réactions positives, tous les 13 enseignants interrogés avaient le sentiment d'avoir appris à connaître l'ordinateur et que la formation était pertinente. Ils étaient également heureux d'avoir reçu une documentation et des logiciels qui leur permettent d'apprendre tout seuls. Sur une note plutôt négative, ils ont regretté la brièveté des sessions de formation et leur caractère très intensif. De l'avis d'un enseignant,

> les sessions étaient généralement homogènes et ne prenaient pas en compte le fait que la formation regroupait divers individus de différents niveaux de connaissances.

Pour étayer cette affirmation, les enseignants de la Escola Secundaria de Nampula ont ajouté que les apprenants devaient être formés aux techniques de base et à certaines subtilités en une seule session. Celles-ci ne se résumaient par conséquent qu'à de « simples ébauches ».

Selon le Directeur national de l'enseignement normal, il n'existait pas encore de projet pour l'introduction des TIC dans le programme de formation des enseignants. Cette position a été confirmée par le Directeur de la formation au ministère de l'Éducation en octobre 2000 :

> Le problème est qu'à ce niveau, nous ne sommes pas prêts à former les enseignants aux TIC parce que la plupart des enseignants sont formés dans les collèges et les universités où les programmes de formation comprennent diverses matières. Les TIC n'ont pas été introduites dans la formation des enseignants parce que le ministère de l'Éducation n'a pas mesuré quel impact la formation des enseignants aux TIC aurait sur les établissements scolaires. À notre avis, avant d'introduire une discipline nouvelle, il faut former des personnes qui en formeront d'autres dans cette discipline. Actuellement, même dans nos écoles normales, nous ne disposons pas de personnes qualifiées en TIC pour assurer la formation des autres.

Il y a grand espoir qu'avec l'actuel processus de révision des programmes afin d'introduire les TIC dans les lycées, le programme de formation des enseignants suivra le même mouvement.

L'élaboration des programmes et des contenus

Les laboratoires d'informatique des établissements scolaires servaient essentiellement à former les enseignants et les apprenants à l'utilisation du MS Office (MS Word, Excel et PowerPoint en particulier), à l'envoi et à la réception de courriers électroniques, à la navigation sur Internet, à la participation aux forums et à la rédaction de lettres d'information. Les rapports relatifs au projet examinés ne disent pas quel a été l'apport de l'ordinateur dans la formation et l'apprentissage.

L'un des problèmes rencontrés était la disponibilité des logiciels pédagogiques. Par ailleurs, les responsables du projet ont reconnu que « le succès de l'ensemble du projet est tributaire de l'utilisation du logiciel pédagogique approprié », et qu'« il serait désastreux pour le projet de fournir des ordinateurs aux établissements scolaires sans leur donner les logiciels pédagogiques adaptés ».

Le seul logiciel auquel on pensait était Sergo, un cours de mathématiques mis au point en Afrique du Sud et à usage pédagogique. L'on pense que ce logiciel est idéal dans la mesure où il correspond au concept d'éducation avec obligation de résultats ; une version en portugais est déjà disponible. Il a été suggéré d'acheter et de distribuer ce logiciel à tous les établissements scolaires participant au projet, pendant que l'on rechercherait ailleurs d'autres logiciels pédagogiques. Malheureusement, les rapports ne nous disent pas si ce logiciel a déjà été expérimenté, et si tel est le cas quel a été l'impact dans les établissements scolaires.

De l'avis du coordinateur, le projet SchoolNet n'a pas apporté grand-chose aux programmes et au contenu. Cette situation est due au fait qu'aucun logiciel pédagogique n'avait été installé, bien que l'on ait espéré le faire avant la rétrocession du projet au ministère. S'agissant des objectifs du projet, l'on avait également envisagé la participation des enseignants et des apprenants à l'élaboration de programmes et de contenus adaptés au contexte local. Selon la majorité des personnes interrogées, cet objectif a été soit atteint en partie, soit pas du tout atteint.

La majorité des enseignants ont affirmé que l'ordinateur a positivement influencé leur travail dans le seul sens où il leur permettait de saisir les cours et les épreuves pour les apprenants.

> Selon un enseignant, « avant l'arrivée de l'ordinateur, les enseignants recopiaient des résumés et les épreuves au tableau, mais aujourd'hui, ils peuvent les saisir ».

Un autre affirme :

> avant que nous ne recevions les ordinateurs, nous utilisions des machines à écrire, avec pour corollaire la lenteur dans la circulation des documents. Grâce aux ordinateurs, nous travaillons plus rapidement.

Dans les établissements connectés à Internet, certains enseignants confiaient comme tâche à leurs apprenants de rechercher des informations sur la toile. Par exemple, au cours de la visite à la Escola Secundaria Josina Machel, certains apprenants étaient en train de rechercher des informations pour un devoir dont le sujet portait sur « la répartition géographique des ressources et industries minières au Mozambique ».

Au cours de nos entretiens, certains de nos interlocuteurs ont davantage insisté sur les possibilités qu'offrait l'ordinateur pour modifier les habitudes en classe, plutôt que sur l'usage réel qu'ils faisaient de leurs ordinateurs ; ce qui, en soi, était un élément positif, dans la mesure où cela signifiait que les enseignants avaient été sensibilisés aux nouvelles techniques d'enseignement.

Les directeurs et enseignants ont également relevé l'apport positif de l'ordinateur dans le domaine administratif. Dans certains établissements, il était utilisé pour les opérations comptables et pour l'établissement de certains documents tels que les listes des élèves par classe, les emplois du temps et les rapports.

La stratégie

Le processus de formulation de la stratégie en matière de TIC a démarré en même temps que la conceptualisation du projet *Internet para as Escolas* - tous deux issus de l'atelier conjoint tenu à Maputo en février 1997. C'est pour cette raison qu'il était difficile de mesurer la nature de l'impact de la stratégie sur le projet. Cependant, selon Venancio Massingue, le projet *Internet para as Escolas* se déroulait dans ce cadre stratégique, étant donné que certaines personnes impliquées dans la gestion du projet étaient également membres de la commission chargée de définir la stratégie nationale. Son point de vue corroborait l'idée selon laquelle les projets Acacia étaient mutuellement bénéfiques.

L'impact du projet

Dans la présente section, il s'agira de présenter les résultats issus de 12 questionnaires dont le but était de vérifier si les objectifs initiaux du projet avaient été atteints ou pas. Ces questionnaires invitaient les uns et les autres à dire si chaque objectif avait été entièrement, partiellement ou pas du tout atteint. L'étude d'évaluation n'indique pas si ces objectifs avaient été précisés à tous les participants, les écoles en particulier, et si ceux-ci les avaient bien compris. Certaines parties prenantes au projet ont également souligné que celui-ci n'en était encore qu'au stade des balbutiements. Il s'agissait tout simplement d'aiguiser l'appétit des enseignants et des apprenants mozambicains, et de leur donner un avant-goût de ce dont les nouvelles technologies sont capables. Dans ce sens, le projet a été un succès. La plupart des personnes interrogées étaient assez satisfaites des résultats atteints dans le cadre de ce projet, tout en gardant une certaine neutralité quant aux sous-objectifs spécifiques.

Dans l'ensemble, l'étude d'évaluation est venue confirmer que le projet *Internet para as Escolas* n'en est encore qu'à ses tout débuts, et que la plupart des établissements scolaires n'utilisent l'ordinateur que pour des tâches rudimentaires. Il est également apparu qu'il faudra un peu plus de temps pour voir certains objectifs atteints.

La réalisation des buts et objectifs du projet

La majorité des personnes interrogées ont affirmé que l'introduction de l'ordinateur dans les établissements scolaires et le fait d'avoir appris aux enseignants et aux élèves comment les utiliser a été une très bonne idée. L'introduction de l'ordinateur en soi, au-delà de l'Internet et de l'e-mail, a été considérée comme objectif essentiel du projet. L'on devrait remettre en question ce point de vue, car il pourrait bien avoir découlé du fait que le projet passait à côté de ses objectifs de départ.

Pour certains, le fait d'acquérir des ordinateurs et de les installer dans les établissements scolaires constituait déjà une action remarquable, que ces ordinateurs fassent l'objet d'une exploitation optimale ou pas. Les autres résultats relevés ont été les suivants :

- Le projet a suscité un intérêt pour l'ordinateur ;
- Les enseignants et les apprenants des écoles impliquées dans le projet ont su ce que c'est qu'un ordinateur et ce qu'il peut faire ;
- Certains apprenants ont démontré un réel intérêt en se consacrant à titre volontaire à certaines tâches dans les laboratoires ;
- Les enseignants pouvaient communiquer par e-mail, et
- Les enseignants pouvaient télécharger des informations à partir d'Internet et les exploiter.

La sensibilisation des parties prenantes sur la nécessité de changer leur perception de l'éducation

La majorité des personnes interrogées (83 %) ont apprécié le fait que le projet a réussi à sensibiliser les éducateurs, les chercheurs et les décideurs ainsi que les communautés sur la nécessité de modifier les concepts actuels d'éducation et d'apprentissage.

Selon le Chargé de liaisons du CRDI au Mozambique,

> le projet se déroule dans le cadre du programme Acacia. À ce titre, nombre de projets Acacia produisent des intérêts qui leur profitent mutuellement. Ainsi par exemple, le processus stratégique a bénéficié des expériences tirées du projet *Internet for Schools*, qui lui-même s'est inspiré des séminaires provinciaux organisés sur le projet relatif à la stratégie des technologies de l'information.

Des hauts fonctionnaires ont également fait montre d'une prise de conscience en ce qui concerne les possibilités offertes par l'accès à Internet :

Tel est davantage le cas pour nous qui n'avons pas assez d'ouvrages Ce projet a permis aux enseignants et aux étudiants d'avoir accès notamment aux informations scientifiques et à faire partie du village planétaire, grâce à l'opportunité qui leur était offerte d'entrer en interaction avec d'autres personnes de l'intérieur du pays ou d'ailleurs.

De plus, les décideurs envisageaient d'introduire l'informatique comme matière dans les lycées et d'utiliser les TIC pour l'enseignement à distance à l'intention des enseignants. Selon le vice-ministre de l'Éducation,

> le Gouvernement se propose d'introduire l'informatique comme matière à part entière au second cycle du secondaire. Cependant, tous les établissements scolaires ne disposent pas d'ordinateurs, et le présent projet a été un succès, du moins en ce qui concerne l'équipement de certains établissements scolaires en micro-ordinateurs. Ce nouvel engagement qui consiste à inscrire l'informatique comme matière est un facteur qui milite en faveur de la poursuite du projet.

Certains éducateurs ont également compris la nécessité de changer la perception actuelle de l'enseignement et de l'apprentissage :

J'aimerais introduire de plus en plus le micro-ordinateur dans le fonctionnement quotidien de l'Institut. Partout dans le monde, les cours classiques disparaissent progressivement. J'entends utiliser l'ordinateur pour échapper au cycle déprimant des cours et des devoirs surveillés.

La promotion des connaissances en informatique et l'intégration des TIC dans l'enseignement

Les personnes interrogées avaient le sentiment que cet objectif était ambigu et qu'il méritait d'être scindé en deux volets. La majorité des réponses laissaient transparaître que le projet avait réussi à introduire l'ordinateur dans les établissements scolaires, mais que l'intégration de cet outil dans l'enseignement et l'apprentissage n'avait pas entièrement réussi. Ce qui n'est pas surprenant, dans la mesure où aucun logiciel pédagogique spécial n'avait été installé.

L'échange d'informations et la communication en milieu scolaire

Seule un peu plus de la moitié de nos interlocuteurs avaient le sentiment que cet objectif n'avait été atteint qu'en partie. L'on a noté quelques tentatives pour faire des établissements scolaires des centres d'échange d'informations, et dans tous les établissements que nous avons visités, les responsables affirment avoir conçu des cours qui étaient offerts aux membres des communautés riveraines de leurs établissements scolaires, moyennant une contribution financière. Nous avons pu le vérifier à la Escola Secundaria 25 de Setembro, où le chercheur a retrouvé 11 membres de la communauté en plein cours d'initiation à l'informatique. Nonobstant les réactions positives vis-à-vis de cet objectif, l'on se demande s'il y a eu échange d'informations et de communications au sein des établissements ou entre établissements, étant donné que l'accès à Internet n'était pas possible dans beaucoup de cas.

Les opportunités de formation pour enseignants et élèves

Tandis que certains de nos interlocuteurs estimaient que le projet offrait aux enseignants et aux apprenants une opportunité de formation en matière d'utilisation de l'e-mail et de l'Internet, certains doutaient de l'efficacité. Ainsi par exemple :

> Des opportunités ont été offertes, mais nous n'en sommes pas encore à une « utilisation efficace ». Par « utilisation efficace », on entend l'exploitation de toutes les ouvertures offertes par Internet, y compris la publication de données et d'informations relatives à un établissement scolaire, ainsi que ses résultats à l'aide d'autres sites et la possibilité de s'y connecter.

La formation professionnelle des enseignants pour la promotion de l'usage de l'e-mail

Un tiers des personnes interrogées estimaient que l'utilisation de l'e-mail et de l'Internet à des fins de formation professionnelle a fait l'objet d'une promotion appropriée. La moitié de nos interlocuteurs pensaient pour leur part que cet objectif a été partiellement atteint, tandis que le reste était sans avis. Selon le responsable du projet, les enseignants ont bénéficié d'un appui à la formation continue par e-mail, et cela au terme de leur formation. Les enseignants rencontrés dans les établissements scolaires n'ont pas été en mesure de confirmer ce point de vue, étant donné que dans la plupart des cas les services e-mail et Internet n'étaient pas opérationnels.

La promotion des activités conjointes de recherche et d'apprentissage

À en juger par les divers avis de la plupart des personnes interrogées, il ressort que l'un des objectifs centraux du projet était d'impliquer les établissements scolaires concernés dans les projets collaboratifs. Cependant, quatre des six établissements scolaires visités ont affirmé n'avoir pas été impliqués dans un projet de ce genre. Un groupe d'apprenants de la Escola Secundaria Josina Machel a été impliqué dans la rédaction d'un article conjoint sur le thème « Mariages précoces » qui a été publié sur le site Web de cet établissement.

Au cours d'une visite à l'établissement Josina Machel, les chercheurs ont trouvé un apprenant en train de répondre par e-mail à un apprenant du Brésil qui sollicitait des informations sur le Mozambique et sur l'établissement. Dans leur évaluation, les responsables de WorLD ont constaté que 10 enseignants sur 17 n'avaient pas pris part aux projets d'enseignement conjoints avec leurs élèves, tant au niveau inter scolaire qu'intra scolaire (WorLD 2000).

La création de pages d'accueil pour les écoles

Deux personnes interrogées sur 12 ont estimé que le recours à l'e-mail et à l'Internet pour la création de pages d'accueil a fait l'objet d'une promotion appropriée. Quatre ont affirmé que cet objectif n'a été atteint qu'en partie, tandis que deux soutenaient qu'il n'a pas été du tout atteint ; trois étaient indécis et un autre s'est abstenu de tout commentaire.

De l'ensemble des réactions, l'on peut retenir que les enseignants ont fait savoir que l'un des domaines dans lesquels ils ont reçu une formation était la création de sites Web. Cependant, il semblerait que la majorité des établissements scolaires avaient des difficultés à accéder à leur site Web. L'assistance du CIUEM a été sollicitée, mais son intervention a été lente.

L'élaboration de matériels pédagogiques et de programmes adaptés au contexte local

Sur les 12 personnes interrogées, 42 % ont soutenu que cet objectif n'avait pas du tout été atteint ; l'une d'elles a affirmé qu'il avait été entièrement atteint. De manière évidente, peu de personnes ont émis un avis favorable quant au taux de réalisation de cet objectif. De l'avis des responsables des laboratoires d'informatique, les ordinateurs ont permis aux enseignants de composer les devoirs et les épreuves. Néanmoins, il a été unanimement reconnu que les établissements scolaires n'étaient pas encore parvenus à un niveau qui puisse leur permettre de développer des programmes adaptés au contexte local.

L'organisation d'activités éducatives communautaires au profit des établissements scolaires environnants

La participation communautaire était limitée, nonobstant les efforts de quelques établissements scolaires en vue de développer des activités éducatives à l'intention des établissements voisins. Ainsi par exemple, les apprenants issus de trois établissements scolaires voisins de la Escola Secundaria 25 Setembro ont été autorisés à utiliser le laboratoire informatique. En collaboration avec ces établissements, ils ont également mis au point un projet visant à encourager les filles à s'intéresser aux mathématiques et aux sciences. Dans le cadre de ce projet, un groupe de jeunes issus des quatre lycées se sont servi de l'ordinateur pour mettre au point un test scientifique commun qui a été ensuite envoyé à toutes les filles des quatre lycées. Elles devaient remplir ce test et le retourner pour correction. Toutes les filles des établissements concernés devaient par la suite se retrouver à la Escola Secundaria 25 Setembro à une date donnée où toutes celles qui avaient été particulièrement brillantes devaient expliquer comment elles avaient procédé pour trouver les réponses.

La participation à l'élaboration et à la mise en œuvre de la stratégie éducative

De l'avis général, rien n'indiquait que les enseignants et les apprenants ont été impliqués dans les processus d'élaboration de la stratégie éducative.

On a l'impression que cette participation ne s'est arrêtée qu'au niveau du comité de pilotage.

La promotion et l'échange d'expériences en Afrique australe

Sur 12 personnes interrogées, 5 ont estimé que cet objectif a été atteint, tandis que quatre affirmaient qu'il ne l'avait pas été du tout. Les informations sur le projet ne pouvaient être obtenues qu'en participant aux conférences sur l'utilisation de la technologie à des fins éducatives en Afrique Australe.

Conclusions et recommandations

La présente évaluation du projet *Internet para as Escolas* a débouché sur un certain nombre de recommandations :

- Il manque au projet une stratégie de gestion claire, effective, avec des responsabilités bien définies, et la tenue de réunions régulières. De plus, il convient de veiller à ce qu'un personnel permanent, dévoué et rémunéré soit affecté au projet pour en maintenir le rythme d'évolution. L'on a évidemment besoin d'un promoteur pour faire avancer le projet.
- Il convient également de se pencher sur les tensions que connaît le projet du fait d'un manque de ressources. Il est recommandé que les projets TIC à venir procèdent à un audit des compétences afin de les initier dans les domaines présentant les plus grandes chances de succès avec des infrastructures et des ressources humaines qualifiées disponibles.
- Les objectifs du projet étaient ambigus, et partant, ouverts à de fausses interprétations. Les objectifs des projets à venir devront être simples et assortis d'objectifs et de chronogrammes précis qui permettront leur meilleur suivi et leur bonne évaluation.
- Le Gouvernement devrait jouer un plus grand rôle dans la promotion de projets de cette nature afin de s'assurer que le type de problèmes de connectivité rencontrés dans le présent projet ne se pose plus. Il est impératif de réduire les coûts des télécommunications pour les établissements scolaires.
- Il est également nécessaire de définir une politique de partenariat claire afin d'assurer une coordination entre les approches des bailleurs de fonds et les activités.
- Un plan de substitution devra être clairement défini en matière de financement afin d'éviter l'effondrement du projet après le retrait des bailleurs de fonds.

Notes

1 Centre de recherches pour le développement international (CRDI). Stratégies nationales Acacia : Mozambique – Etude CRDI / Initiative Acacia préparatoire à l'atelier intitulé « Vers la société de l'informatique », organisé à Maputo en février 1997 sous le parrainage conjoint du CRDI et de la Banque mondiale, http://www.idrc.ca.acacia./outputs/op-mozam.htm

2 La présente section s'inspire du Centre universitaire d'informatique Eduardo Mondlane (1998 : 20-22).

3 Membre du comité de pilotage du projet.

4 Les sources des citations n'ont pas été dévoilées pour des raisons de confidentialité.

5 Cela est sûrement dû, au moment de notre visite, au fait que l'année scolaire tirait à sa fin et que les apprenants étaient occupés à préparer leurs examens.

6 En jetant un rapide coup d'œil sur les dossiers créés ou modifiés le mois dernier, les documents créés le jour précédent ont été trouvés.

Chapitre 6

Les cyber jeunes au Sénégal

Ramata Molo Aw Thioune et El Hadj Habib Camara

Présentation du pays

Introduction

Le Sénégal est un pays situé à l'extrémité ouest du continent africain. Sa superficie est de 196 722 km². Il est limité au Nord par la Mauritanie, à l'Est par le Mali, et au Sud par la Guinée et la Guinée-Bissau. La Gambie, pays souverain, constitue une enclave à l'intérieur du Sénégal au Sud.

Avec une population de 9 582 542 habitants (décembre 2000), le Sénégal a une densité de 35 habitants/km². Le taux de croissance du pays est de 2,9 pour cent, et 85 % de sa population a moins de 20 ans. Les femmes représentent environ 51 % de la population, et plus de la moitié d'entre elles vivent en milieu rural. Les musulmans représentent 94 % de la population. Les principaux groupes ethniques sont : les Balante, les Bassari, les Diolas, les Mandingues, les Peuls, les Serers, les Toucouleurs et les Wolofs.

La croissance économique est soutenue par les secteurs secondaire et tertiaire. Le secteur primaire, dominé par l'agriculture, contribuait à hauteur de 17,8 % au produit intérieur brut (PIB) en 1998. Les principaux produits sont : les arachides, les produits de la pêche et le phosphate. Les secteurs des transports et des télécommunications représentaient 62 % du PIB en 1998.

Encadré 1 : Le Sénégal en bref

Superficie : 196 190 km² (CIA)
Situation géographique : Sahel, Afrique de l'Ouest
Capitale : Dakar
Population : 10,3 millions (estimations de juillet 2001)
Distribution par âge : *0-14 ans :* 44,07 % ; *15-64 ans :* 52,88 %
65 ans et plus : 3,05 %
Taux d'alphabétisation : 33,1 % (M : 43 ; F : 23,2) (BAD 1995)
Espérance de vie : 52 ans (Ibid 1997)
Population active : non évaluée, 40 % des jeunes
Langue officielle : le français
Télécommunications (BMI-TechKnowledge 2001):
Lignes fixes : 165 874 (1999)
Lignes mobiles : 165 000 (2000)
Taux de scolarisation :
Primaire : 71 % des jeunes en âge scolaire
Secondaire : 16 % des jeunes en âge scolaire (Banque mondiale)
Enquête d'évaluation
Taille de l'échantillon :
Nombre de Cyber Clubs : 7
Nombre d'entretiens / questionnaires : 113 questionnaires (94 % des élèves) ; 129 entretiens (67 % des élèves)
Période d'évaluation : novembre 2000
Informations sur le projet
Nom du Projet : *Expérimentation d'espaces Cyber Jeunes dans l'enseignement moyen et secondaire au Sénégal*
Durée : 1998 à 2002 (projet d'une durée de deux ans qui s'est officiellement achevé en 2002)
Contribution du CRDI : 71 % du coût total du projet (76 660 000 Fcfa)
Organisme d'exécution : *Groupe pour l'étude et l'enseignement de la population* (GEEP), Dakar, Sénégal.
Partenaires : CRDI / WorLD, FNUAP, Club 2/3 (Canada), GEEP, ministère de la Santé (Sénégal), School Online.
Bénéficiaires : les élèves des établissements d'enseignement secondaire (13 - 21 ans) et les enseignants.

Sources : Central Intelligence Agency, *CIA – The World Factbook : Senegal, http://www.cia.gov/cia/publications/factbook/geos/sg.html*
Banque africaine de développement, *http://www.afdb.org ;* BMI-TechKnowledge. (2001). *Communication Technologies Handbook 2001* ; Banque mondiale, http://www4.worldbank.org/Afr/stats/adi2002/default.cfm

Le système éducatif du Sénégal

La constitution du Sénégal stipule que l'État est responsable de la politique du pays en matière d'éducation et de formation. Cette politique est définie et appliquée par le ministère de l'Éducation nationale, de l'Enseignement technique et de la Formation professionnelle (MEN).

En vertu de la loi d'orientation n° 91-22 du 16 février 1991, l'État doit veiller à la mise en œuvre d'un système d'éducation et de formation approprié et efficace. L'État définit les normes, favorise et encourage la participation équitable de divers acteurs, notamment les personnes physiques et les personnes morales du secteur privé.

Le système éducatif comprend deux secteurs : le secteur formel et le secteur informel.

Le secteur formel est constitué de :

- un cycle fondamental subdivisé en :
  - Enseignement maternel, constitué des petite, moyenne et grande sections ;
  - Enseignement primaire (élémentaire), constitué de six niveaux ; et
  - Enseignement secondaire, composé de quatre niveaux ;
- Les lycées d'enseignement général, composés de trois niveaux dont les programmes portent essentiellement sur la science et la littérature. Ce niveau d'études est sanctionné par un diplôme de baccalauréat et peut ouvrir les portes de l'université ;
- L'enseignement technique et la formation professionnelle, dispensés dans des établissements spécialisés ;
- Le niveau supérieur (universitaire) ; et
- L'enseignement spécial, destiné aux personnes défavorisées telles que les personnes handicapées.

L'éducation nationale s'articule autour de trois sous-ministères :

- Le ministère de l'Enseignement supérieur et de la Recherche scientifique ;
- Le ministère de l'Éducation nationale, de l'Enseignement technique et de la Formation professionnelle ;
- Le ministère de l'Alphabétisation et des langues vernaculaires.

Le pays compte dix Inspecteurs d'académie (un dans chaque région) qui sont chargés de coordonner les activités éducatives. Dans chaque département, il existe un service distinct chargé de l'exécution de la politique d'éducation au niveau local.

Le secteur non officiel est composé du programme d'alphabétisme fonctionnel, des écoles communautaires de base, et des écoles de la rue.

- Le programme d'alphabétisme fonctionnel vise les jeunes de 15 ans au plus. Ce programme national a été mis en place en 1993. Quoique coordonné par le MEN, les ONG, le secteur privé et d'autres partenaires ont été invités à y participer.
- Les écoles communautaires de base constituent une innovation en matière de recherche de modèles éducatifs de rechange. Elles visent les jeunes de 9 à 14 ans, les jeunes analphabètes et ceux qui abandonnent l'école. Les élèves y suivent un programme d'éducation de base de quatre ans qui comprend un volet technique dans le cadre duquel les enseignements sont dispensés soit en français, soit en langue vernaculaire. Ces élèves peuvent trouver un emploi à la fin de leur cycle de formation.

Les écoles de la rue ne rentrent dans aucune des catégories ci-dessus et sont gérées par des organismes non officiels ou informels. Le système officiel coordonne ces activités d'une certaine manière.

La politique de décentralisation du Sénégal fait de l'éducation l'un des secteurs qui sont gérés au niveau local. Le projet étudié dans le présent chapitre et qui est mis en œuvre par une ONG dénommée Groupe pour l'étude et l'enseignement de la population (GEEP), est une illustration de cette politique.

Éducation et alphabétisation

Le taux d'analphabétisme est très élevé chez les personnes de plus de 15 ans : 82 % des femmes et 63 % des hommes sont analphabètes. Le pourcentage cumulé des enfants scolarisés à plein temps (enseignements maternel et primaire) est d'environ 84,2 %. Le pays compte 5793 établissements d'enseignement général et professionnel avec un effectif total de 1 393 730 élèves. Les écoles sont inégalement réparties sur le territoire national, la région de Dakar s'adjugeant la part du lion avec 900 établissements qui offrent des enseignements allant du niveau maternel au niveau universitaire. Dakar abrite également la plus grande université du pays à savoir l'Université Cheikh Anta Diop qui compte plus de 20 000 étudiants. Le taux d'alphabétisation dans la région de Dakar s'établit à près de 89 % soit un niveau de loin supérieur au taux national (MF 1999).

Néanmoins, si l'on associe l'enseignement maternel et l'enseignement primaire, le taux d'alphabétisation national pour les apprenants à plein temps est estimé à 84,2 %, ce qui veut dire que si la tendance actuelle se maintient, le taux d'alphabétisation chez les adultes pour la génération actuelle et celles à venir devrait s'améliorer.

Contexte et infrastructures des TIC

Ces dix dernières années, le Sénégal a accompli des progrès notables dans le domaine des technologies de la communication et de la technologie grâce à la SONATEL, une des entreprises les plus performantes de la sous-région dans le domaine, et également l'une des rares à être cotées à la Bourse régionale des valeurs mobilières (BRVM) en Afrique de l'Ouest.

En effet, la SONATEL a réussi à accroître le nombre de ses abonnés téléphoniques, le faisant passer de 23 000 en 1985 à 200 000 en 2000, alors que la télé-densité progressait de 0,5 à 2,5 lignes pour 100 habitants.

La SONATEL qui s'est positionnée comme l'un des principaux fournisseurs d'accès Internet (ISP) grâce au matériel d'accès SENTOO fourni par Télécom-plus, a également mis en place le réseau SENTRANET qui fournit aux entreprises l'accès à l'Internet, à l'Intranet et l'Extranet. Elle offre des services de transfert de données qui permettent aux clients d'accéder rapidement à des opérations interchangeables entre des technologies différentes, et a institué une politique visant à améliorer la qualité des services et la gestion du transfert d'informations.

Pour réaliser ces projets novateurs, la SONATEL a établi un partenariat avec CISCO Systems, devenant le deuxième opérateur en Afrique après UUNET (Afrique du Sud) à prendre part à un programme CISCO. La SONATEL n'est cependant pas le seul grand ISP national et international du Sénégal. D'autres fournisseurs d'accès existent tels que Metissacana, Refer et Sud Information.

Il n'existe aucune politique globale et intégrée en matière de TIC dans le pays, encore moins une politique qui se rapporte en particulier au système éducatif. L'environnement technologique sénégalais est cependant favorable à la généralisation des TIC, et étendre ces technologies aux écoles n'est qu'une question de temps.

Toutefois, certaines initiatives discrètes ont déjà été prises pour introduire les TIC dans les écoles. Les autorités ont lancé le programme LOGO à l'échelle des écoles primaires. Cette initiative publique financée par le Ministère des Finances visait à introduire les TIC dans les écoles primaires. Mais le programme s'est brusquement arrêté faute de moyens. Au niveau de l'enseignement supérieur, d'autres initiatives appuyées par les TIC étaient en cours pour promouvoir l'apprentissage à distance. On peut citer à cet égard l'initiative Université virtuelle africaine (UVA) à l'université Cheikh Anta Diop (UCAD) et le Centre d'application, d'études et de ressources en apprentissage à distance (CAERENAD), un projet coopératif d'enseignement à distance associant des universités des pays suivants : le Brésil, le Canada, le Chili, le Costa Rica, l'Île Maurice et le Sénégal.

Toutefois, étant donné que ces initiatives ne visent pas à intégrer les TIC dans les programmes, une politique plus globale et plus intégrée en matière de TIC, impulsée par l'État, s'impose pour le pays et les écoles en particulier.

Historique du projet

Contexte et conception du projet

Comme dans nombre d'autres pays en voie de développement, le taux d'accroissement de la population du Sénégal (2,7 % par an) est un problème majeur. Les taux de fécondité sont élevés, alors que la mortalité recule. En conséquence, le pays a enregistré des taux spectaculaires d'accroissement de la population — moins de 3,2 millions d'habitants en 1960 contre 8,5 millions en 1996, avec des projections de près de 16,9 millions en 2015 (projections de l'ONU). La population du Sénégal a doublé en 25 ans ; les jeunes constituent la plus grande partie. D'après l'enquête du GEEP sur la sexualité chez les adolescents en milieu scolaire (1995), le nombre de jeunes en âge scolaire (7-19 ans) s'est accru de 580 000 en 1960 à 2 605 559 en 1992 (dont 1 247 693 sont âgés de 12 à 21 ans).

Le deuxième grand problème du Sénégal après l'accroissement rapide de la population est la dégradation généralisée de l'environnement imputable à la sécheresse et à la pression démographique en milieu urbain et rural.

En outre, à cause d'une crise économique persistante et du chômage en particulier, la plupart des jeunes Sénégalais ne peuvent connaître l'épanouissement moral et matériel lorsqu'ils parviennent à l'âge adulte. Ils sont nombreux en effet à sombrer dans la délinquance, la prostitution et la drogue et s'engagent dans la sexualité précoce, s'exposant ainsi au risque d'une procréation tout aussi précoce, des maladies sexuellement transmissibles (MST) et du VIH/SIDA. Une enquête sur la sexualité chez les adolescents indique que plus de la moitié des jeunes en âge scolaire s'engagent dans la sexualité sans être informés au préalable des risques qu'ils encourent. Une forte proportion de ces jeunes a exprimé le besoin d'informations sur la santé de la reproduction et la vie familiale, et 83 % d'entre eux admettent que l'éducation sexuelle devrait être introduite à l'école (GEEP 1995).

Ce n'est que récemment que la santé de la reproduction chez les adolescents et leur désir de s'organiser pour préserver l'environnement sont devenus des préoccupations pour les organismes qui mènent des activités sensibilisation et de plaidoyer. On pense qu'au regard de leur rôle et de leur contribution dans la vie économique, sociale, et culturelle, les jeunes devraient être au centre des stratégies d'éducation, de formation et de mobilisation. Les problèmes auxquels ils doivent faire face à l'heure actuelle et ceux qui les attendent demain trouveront ainsi une solution efficace.

Pour faire face à cette question, le ministère de l'Éducation nationale et le GEEP, une ONG qui intervient dans le domaine de la sensibilisation aux problèmes de la population, de l'environnement et du développement, ont lancé un programme de sensibilisation des jeunes aux problèmes démographiques pour promouvoir l'éducation aux problèmes de l'environnement et à la vie familiale dans les écoles intermédiaires et secondaires. Cette initiative visait à sensibiliser les jeunes et à susciter un changement de comportement dans leurs rangs, conformément aux dispositions et principes de la loi-cadre du ministère de l'Éducation nationale (loi n° 91-2 du 16 février 1999, articles 1 et 3).

C'est dans cette perspective que le GEEP s'appuie sur la croissance naissante des télécommunications au niveau national pour renforcer et améliorer la qualité de ses interventions dans le cadre scolaire.

Deux initiatives majeures au Sénégal ont trait aux TIC dans les écoles et en faveur des jeunes. La première est l'objet de la présente étude, à savoir les cyber jeunes du GEEP. La seconde est le Programme WorLD de la Banque mondiale qui bénéficie également de l'appui du ministère de l'Éducation. On observe des différences significatives entre les deux projets :

- Le projet « Cyber Jeunes en milieu scolaire au Sénégal » a été conçu pour durer deux ans. Comme le projet WorLD, le projet GEEP vise à faciliter la connectivité et les applications pédagogiques des TIC. Néanmoins, le projet va au-delà de ces objectifs pour chercher à améliorer la gestion des clubs d'éducation à la vie familiale (EVF) ;

- Le projet du GEEP se démarque du projet WorLD par son contenu et ses approches ;
- Les Cyber Jeunes font mieux qu'améliorer l'enseignement de l'apprentissage. Les activités EVF sont conçues pour relever les connaissances des jeunes, leurs aptitudes à prendre des décisions et à diriger. Ce sont des véhicules de changement de comportement chez les jeunes et dans la communauté dans son ensemble ;
- Le GEEP met un poste de travail à la disposition des écoles cibles, tandis que le Projet WorLD en fournit généralement dix (y compris le mobilier) ;
- Le GEEP a établi ses Cyber Jeunes dans les zones urbaines, lointaines et rurales pour des jeunes qui, une fois formés, peuvent adopter et reproduire une approche communautaire en matière de formation en vue de permettre aux membres de la communauté d'accéder aux Cyber et d'en tirer parti ; et
- Le GEEP s'efforce de s'inspirer des enseignements tirés de son projet pour offrir des références aux décideurs pour ce qui est de l'introduction des TIC dans les écoles.

En outre, le ministère de l'Éducation nationale a mis sur pied le programme « Éducation de qualité pour tous » qui vise à étendre et à intensifier des méthodes d'enseignement informatisées basées sur l'Internet et, par la suite, à étendre les TIC sur tout le territoire national. Les programmes-pilotes d'utilisation des TIC s'intègrent progressivement dans les programmes scolaires. On espère que ce changement de cap contribuera à officialiser la formation des formateurs. En d'autres termes, les formateurs seront recrutés pour former ou initier progressivement d'autres enseignants ou formateurs et élèves à l'utilisation des TIC dans les programmes scolaires (en tant que discipline transversale) et dans le cadre de la formation initiale à l'École normale supérieure (ENS) de Dakar.

Au Sénégal, le CRDI collabore étroitement avec le GEEP pour mettre en place des Cyber Jeunes dans les écoles aux niveaux intermédiaire et secondaire. Ce projet de connexion des écoles entre dans le cadre des efforts envisagés par les pouvoirs publics responsables de l'éducation nationale pour redynamiser le système éducatif. Peu après son lancement, l'initiative a bénéficié de l'appui d'administrations publiques telles que la Direction de l'enseignement intermédiaire et secondaire général et de partenaires techniques et financiers de longue date tels que le Club 2/3 du

Canada, le Programme de développement intégré de la santé (PDIS) du ministère de la Santé et de Schools Online.

Nous pensons qu'au moment où tous les secteurs de la société sont concernés par la mondialisation et les questions connexes, ce serait une faute grave que d'exclure les acteurs du secteur de l'éducation. Même si l'on dit des jeunes qu'ils sont les adultes, les décideurs, les formateurs, les hommes d'affaires, les politiciens ou simplement les grands acteurs de demain, on ne les aide guère à concrétiser cet espoir. Les jeunes doivent être préparés assez tôt à aborder les grands problèmes d'aujourd'hui et, chose plus importante, les problèmes de demain lorsqu'ils vivront dans une société de l'information.

Les promoteurs de l'initiative s'attendaient donc à ce que l'utilisation des TIC par les jeunes dans les écoles procure des avantages concrets en matière d'enseignement et d'apprentissage et améliore la qualité de l'enseignement en contribuant à assurer l'accès universel à l'Internet et à l'informatique.

Conceptualisation et lancement du projet

Lorsque le GEEP a lancé le projet en février 1999, le réseau EVF comptait déjà 130 membres. Le projet a permis au GEEP de décentraliser la gestion des activités d'EVF et de lancer 110 centres pilotes d'information et de conseil pour les jeunes.

Depuis 1990, le GEEP collabore étroitement avec les pouvoirs publics pour permettre aux élèves de jouer un rôle de premier plan dans les domaines de la sensibilisation, de la formation et de la recherche sur les questions démographiques et environnementales. Les principales cibles de l'initiative sont les élèves (13 à 21 ans) et les enseignants.

En 1994, le GEEP a pris une mesure hardie dans le sens de la reconnaissance officielle de ses initiatives dans le contexte scolaire. En l'occurrence, le GEEP a lancé un projet visant à promouvoir l'éducation à la vie familiale aux niveaux intermédiaire et secondaire au Sénégal. Le projet a été exécuté avec l'appui du Fonds des Nations Unies pour la population (FNUAP). Les grands axes du projet étaient :

- La création de clubs d'EVF ;
- L'adoption d'une approche novatrice pour la revue des méthodologies d'enseignement et d'apprentissage relatives aux questions démographiques ;

- La mise en œuvre d'initiatives visant à améliorer la gestion de l'environnement et fondées sur le recyclage des déchets pour promouvoir des environnements scolaires plus verts[1] ;
- L'amélioration de la gestion administrative dans le contexte d'une meilleure appropriation de l'informatique et de l'informatisation des données scolaires ;
- L'organisation du premier festival des clubs d'EVF (1995) et de colonies de vacances pour les jeunes (1995-96), de journées de réflexion régionales sur l'EVF (1996-1997) et du concours annuel de la population et du développement ;
- La conception du matériel didactique pour améliorer l'enseignement et l'apprentissage des questions démographiques ;
- L'organisation d'enquêtes sur la sexualité chez les adolescents en milieu scolaire (1995) ; et
- La fourniture d'équipements audio-visuels à plus de la moitié des clubs EVF (45 clubs sur un total de 74 ont été équipés en 1996).

Le projet visait à promouvoir l'accès aux TIC et à améliorer la qualité de l'accès en :

- Formant les enseignants ;
- Renforçant les aptitudes ;
- Fournissant des supports d'enseignement et d'apprentissage pertinents et modernes ;
- Consolidant le réseau de Cyber Jeunes ; et
- Apportant des modifications significatives à l'environnement scolaire et en rendant les TIC plus accessibles aux jeunes, comme le fait le projet Acacia.

Le projet visait également à améliorer la gestion administrative en favorisant une meilleure appropriation de l'informatique et l'informatisation des données des écoles.

La mise en place des clubs EVF a été une entreprise exaltante, mais fructueuse. En décembre 1996, le GEEP avait mis en place 45 clubs EVF, soit 15 clubs de plus par rapport aux 30 initialement prévus. Un an après, 71 clubs constituaient le réseau EVF national. Toutefois, la progression du nombre de clubs EVF sur le territoire national était devenue une entrave à la communication directe entre le GEEP et les clubs dans leur ensemble. Les coûts élevés et les difficultés de déplacement constituent des problèmes majeurs lorsqu'on organise des événements nationaux et régionaux. Les clubs EVF ont aussi du mal à communiquer les uns avec les autres. En raison du partenariat étroit qui les lie au Club 2/3 du Canada, les membres des clubs EVF du GEEP doivent de plus en plus communiquer directement avec leurs homologues du club canadien. Or, cette communication n'est pas toujours possible du fait du manque d'infrastructures appropriées.

L'absence de ressources, notamment du matériel d'enseignement et d'apprentissage, entrave gravement l'œuvre du GEEP. C'est ainsi qu'il est difficile de transposer des modèles novateurs tels que l'enseignement interdisciplinaire sur la population et les clubs EVF. La communication avec le monde extérieur est difficile, et les enseignants aussi bien que les élèves manquent d'outils pour exprimer leur créativité en dehors du milieu scolaire.

Le deuxième festival national sur les clubs EVF organisé avec l'appui du CRDI dans le cadre de la stratégie Acacia pour le Sénégal a été marqué par des activités diverses, notamment celles des Cyber Jeunes. Le festival a été un témoignage éloquent du fait que non seulement les jeunes sont créatifs et novateurs, mais aussi ils ont une grande capacité d'assimilation de nouvelles expériences.

Les jeunes des clubs EVF, ainsi que leurs superviseurs et quelques parents ont formulé le vœu de voir l'initiative suivre son cours, s'élargir et être décentralisée après le festival. Le projet qui s'en est suivi a duré deux ans (novembre 1998-octobre 2000).

Le projet pilote de Cyber Jeunes fait partie du programme Acacia au Sénégal. Lancé en 1997 pour une période de deux ans, le projet rentre dans le cadre d'initiatives mondiales dont le but est d'appuyer les efforts des Africains visant à développer des infrastructures et des services de communication pour se connecter aux autoroutes mondiales de l'information.

Le programme Acacia du CRDI a fourni de l'appui au GEEP en :

- Finançant à titre gracieux l'achat des équipements pour les Cyber Jeunes ;
- Formant des élèves et des enseignants chargés d'assurer la supervision ;
- Recrutant un informaticien et des consultants ;
- Lançant le programme de recherche ; et
- Fournissant des documents et moyens de facilitation.

Les objectifs du projet

L'objectif général du projet consistait à :

> Améliorer le modèle des clubs EVF pour l'enseignement, la facilitation et la sensibilisation aux problèmes de la population, de l'environnement et du développement durable en introduisant les TIC et en ouvrant des Cyber Jeunes dans les écoles sénégalaises.

Aussi, le GEEP a-t-il élaboré un programme global orienté vers les jeunes. Ce programme visait à :

- Constituer un corps de connaissances sur les questions démographiques ;
- Promouvoir un changement de comportement en matière de santé sexuelle et de la reproduction ;
- Promouvoir l'intégration des questions environnementales dans les programmes scolaires ;
- Promouvoir les capacités de direction chez les jeunes grâce à l'éducation à la citoyenneté et à la promotion des droits de l'hommes ; et
- Mettre en place un réseau liant les écoles et un réseau international pour faciliter le partage de connaissances et de réflexions sur les questions de développement durable.

Les objectifs spécifiques visés étaient de :

- Ouvrir 12 Cyber Jeunes sur l'ensemble du réseau national des clubs EVF au Sénégal. Chaque club devant être équipé d'un ordinateur multimédia, d'un modem, d'une source d'énergie d'appoint et d'une imprimante laser et recevoir des subventions pour la location de bureaux ;
- Promouvoir des clubs EVF et s'appuyer sur leurs résultats et créer un réseau d'échange entre les clubs EVF et le Club 2/3 du Canada ;
- Renforcer les aptitudes des jeunes et de leurs superviseurs en formant 60 formateurs à l'utilisation des TIC, dont 40 dirigeants de jeunes et 20 enseignants servant comme des relais techniques pour permettre aux clubs d'être plus ouverts à la communauté ;
- Sensibiliser 10 000 élèves, 150 enseignants et 50 administrateurs d'écoles à l'importance des TIC ;
- Améliorer les performances académiques des élèves, les méthodes d'enseignement et les ressources disponibles dans les centres de ressources des écoles ;

- Promouvoir l'approche interdisciplinaire de l'enseignement et de l'apprentissage des questions démographiques ;
- Sensibiliser les membres de la communauté aux TIC et les former dans ce domaine ; et
- Étudier l'incidence de l'accès aux TIC sur les activités des clubs EVF et la performance des enfants à l'école.

Les principaux objectifs du projet en matière d'éducation étaient de :

- Promouvoir les clubs EVF ;
- Promouvoir la gestion des clubs EVF ;
- Promouvoir la sensibilisation aux problèmes de la population grâce à l'approche interdisciplinaire dans le site du GEEP ;
- Renforcer l'enseignement des sciences sociales et naturelles, et de la technologie ; et
- Promouvoir les forums de débat.

Le projet visait en outre à renforcer et à développer les capacités de recherche au sein des clubs EVF. Certains thèmes de recherche ont été étudiés, notamment :

- L'impact des TIC sur les connaissances, les attitudes et les pratiques des dirigeants des élèves et des animateurs dans les domaines de la santé de la reproduction et de l'environnement ;
- L'expérience des Cyber Jeunes ruraux au cours des colonies de vacances organisées par le GEEP (à l'exemple de celles de Ndiebel en 1999 et Mboro en 2000). Ces expériences visent, entre autres choses, à mettre en relief le potentiel des TIC, à montrer aux populations rurales, en utilisant des exemples concrets tirés de leur contexte, comment elles peuvent tirer le meilleur parti de leurs activités grâce à l'utilisation des TIC et à offrir à ceux qui n'ont pas accès à un ordinateur l'occasion de comprendre et de se familiariser avec les TIC.

Les activités nouvelles qui ont été planifiées comprenaient :

- La fourniture de services visant à mettre un terme à l'isolement de certaines localités et à leur permettre de communiquer avec l'extérieur grâce à Internet ;
- La création de banques de données en rapport avec des domaines différents, faciles à consulter et à un prix abordable ; et
- La création d'un centre de formation en informatique (pour le traitement de texte et l'accès à l'Internet), d'un centre de conseil pour les jeunes,

d'un centre de production et d'échange intercommunautaire et inter-cyber et d'un centre de recherche.

Les bénéficiaires

Les principaux bénéficiaires du projet étaient les élèves et étudiants (13-21 ans) et les enseignants qui étaient associés aux activités du GEEP telles que les clubs EVF. Soixante (60) adolescents et enseignants qui avaient pris part au programme de formation des formateurs ont été les premiers bénéficiaires. Il y a lieu de relever que le nombre réel de bénéficiaires était assurément plus élevé. En effet, les 60 premiers bénéficiaires ont formé à leur tour beaucoup d'autres personnes. Ils ont dépassé le cadre des établissements scolaires pour atteindre les communautés, grâce à la sensibilisation et à l'organisation d'événements tels que des conférences, des manifestations publiques et des camps de vacances cyber.

Le cadre institutionnel

Le GEEP fonctionne comme un réseau de ressources humaines qui vise à être une force motrice de changement dans le système éducatif sénégalais. Grâce à ses actions et à ses activités, le GEEP encourage l'EVF pour les élèves et étudiants, les apprenants et les enseignants, tout en essayant de sensibiliser les populations des écoles et des universités à la relation entre les questions démographiques, l'environnement, la citoyenneté et le développement durable. En raison de l'expertise de ses membres, le GEEP est régulièrement sollicité pour donner des conseils sur des questions diverses.

Les structures de gestion et le personnel du projet

Le projet est géré par le GEEP, ONG constituée de chercheurs, d'enseignants et de professionnels qui s'intéressent aux questions démographiques, à l'environnement, à la citoyenneté et au développement durable. Le GEEP est dirigé par un coordonnateur national et une équipe nationale aidés par des équipes régionales et locales sur le territoire national. L'équipe de coordination nationale est basée à Dakar et s'occupe de tâches administratives et de gestion. Chaque site du projet dispose de sa propre équipe de gestion locale et d'un comité de gestion du Cyber Jeunes.

Chaque équipe de gestion locale comprend un enseignant et un élève au moins, ainsi qu'un membre de sexe féminin au moins. L'équipe de gestion joue le rôle de facilitateur technique et est responsable de la formation, de la maintenance simple des équipements et de l'appui aux utilisateurs. Le comité de gestion a un rôle consultatif et comprend l'administration de l'école et, en certaines occasions, quelques membres d'associations de parents d'élèves. Elle joue également un rôle dans le contrôle du budget et des finances. Ces deux organes constituent un lien entre l'EVF et l'équipe de coordination nationale du projet. Les équipes se réunissent périodiquement dans une localité pour examiner les problèmes et les réalisations et partager les enseignements tirés.

Chaque Cyber Jeunes a reçu un budget pour couvrir une partie de ses factures de télécommunications et d'autres coûts de fonctionnement tels que l'encre et le papier. Certains coûts sont couverts par les recettes générées par les services offerts (traitement de texte, formation en informatique, etc.) ou par des dons. Les écoles fournissent les installations physiques, ainsi que l'eau et l'électricité à chacun des Cyber Jeunes.

Les activités du projet

La phase préliminaire

La première activité a été la sélection des sites des Cyber Jeunes. Les sites retenus devaient pouvoir :

- Promouvoir la décentralisation de la gestion des EVF en abritant des Cyber Jeunes dans une école ou une structure sélectionnée en tant que point focal régional pour les forums de jeunes, ce qui permettrait de doter la structure d'accueil d'outils d'information pour améliorer la gestion des activités d'EVF au point focal régional ;
- Permettre à certains clubs EVF de sortir de leur isolement dans les régions reculées ou de surmonter le handicap de la distance et d'améliorer la communication avec les équipes de direction ; et
- Encourager un nombre de clubs EVF prometteurs et bien structurés par des mesures d'incitation et, grâce à leur exemple, promouvoir l'excellence dans le réseau EVF.

La phase de lancement (pilote)

Au moment de l'étude, le projet était encore à la phase pilote et avait mis en place 22 Cyber Jeunes dans le pays. Ces Cyber Jeunes avaient bénéficié d'une formation en informatique et du matériel de lecture pour les élèves, les enseignants et les membres de la communauté scolaire.

Plusieurs activités étaient entreprises pendant la durée du projet. C'est ainsi que des colonies vacances pour les jeunes étaient organisées chaque année au Sénégal, et au Kenya en 2001. Ces colonies se déroulaient dans des régions reculées, en dehors des activités scolaires habituelles. Leur objectif était de permettre aux participants de partager les expériences, de créer des opportunités pour décider des activités à entreprendre pour l'année suivante (réunions de programmation), de faire connaître les résultats du projet par l'équipe du projet et d'autres personnes, de mettre en évidence l'utilité des ordinateurs en milieu scolaire et, chose plus importante, de toucher du doigt les questions de développement réelles à l'échelle communautaire.

Plusieurs ateliers nationaux et locaux ont été organisés. Ces ateliers ont connu la participation d'enseignants, d'élèves, de parents, d'administrateurs d'école et de décideurs. Un des principaux résultats en a été l'adoption de l'approche et de la stratégie des Cyber Jeunes par le ministère de l'Éducation pour introduire les TIC dans les écoles.

Les partenariats

Le GEEP a collaboré avec d'autres partenaires et bénéficié de leur appui pour exécuter le projet. Dans le cadre de son programme d'assistance au Sénégal (1998-99), le FNUAP s'est engagé à mettre en place cinq clubs Cyber Jeunes dans des centres d'information et de conseil pour jeunes à l'Université Cheikh Anta Diop et quatre bureaux de conseil dans les lycées disposant de clubs EVF.

Le Club 2/3 est un organisme de coopération et de développement qui appuie le GEEP dans la mise en œuvre d'un programme triennal expérimental sur la sensibilisation aux problèmes de l'environnement dénommé « Rendre les écoles et leur environnement verts ». Cet effort de protection et de préservation de l'environnement devrait conduire à l'ouverture de trois clubs Cyber Jeunes dans certaines écoles pilotes à raison d'un club par an.

En outre, le ministère de l'Éducation a accepté, entre autres, d'appuyer le GEEP dans le cadre de la mise en œuvre d'un programme de sensibilisation en vue de la prévention du SIDA. Le ministère fournit l'appui institutionnel et couvre les missions de suivi grâce à des subventions.

Enfin, Schools Online apporte de l'assistance en améliorant les équipements et en mettant en place un nouveau Cyber Jeunes au Collège d'enseignement moyen (CEM) de Guédiawaye.

Le tableau 6.1 montre les estimations totales de coûts du projet Cyber Jeunes, ainsi que les contributions financières et en nature des divers partenaires.

Tableau 6.1 : Estimations budgétaires des Cyber Jeunes

Libellés	**Coûts (en FCFA)**
Contribution du CRDI (71 %)	
Équipements (ordinateurs / modems)	23 160 000
Logistique, communication et consommables	21 600 000
Formation, appui technique, documentation et facilitation	21 900 000
Recherche	10 000 000
Total	76 660 000
Autres Contributions (29 %)	
FNUAP (10,44 %)	11 275 000
Club 2/3 (Canada) 5,55 %	6 000 000
Ministère de la Santé 3,70 %	4 000 000
GEEP 9,26 % (contribution en nature)	10 000 000
Coût total (y compris la contribution du GEEP)	117 935 000
Contributions supplémentaires	
Schools Online – dotation pour créer un nouveau Cyber Jeunes et améliorer les équipements dans deux autres clubs	20 000 dollars EU

Outre les partenaires officiels ci-dessus énumérés, d'autres partenaires informels d'écoles hôtes apportent une contribution non négligeable en équipant et en renforçant les capacités des clubs Cyber Jeunes. Ces partenaires sont des petites et moyennes entreprises du secteur de l'informatique, telles que Solution 2000, Informatique pour tous, Génération Informatique, des communautés et des écoles étrangères qui appuient les initiatives locales dans le cadre de la coopération étrangère, à l'exemple de communautés en France comme Voree et Rieupeyroux, le collège français de Chatel Guyon, des ONG telles que Intercultural Dimensions de Boston (États-Unis d'Amérique), ainsi que des volontaires, notamment des anciens élèves du CEM Ababakar Sy de Tivaouane actuellement établis au Canada.

Certains de ces partenaires ont fourni des ordinateurs au projet. D'autres s'occupent de la maintenance des équipements et / ou prennent en charge les coûts de fonctionnement tels les factures de téléphone. Ces partenariats informels sont dignes d'intérêt. On ne saurait dire combien de temps ils dureront, en particulier lorsque l'État n'est pas directement associé aux initiatives au niveau local.

La recherche

La collecte de données

La méthodologie de la recherche était fondée sur les questions présentées au chapitre 2. Les cinq outils suivants ont été utilisés pour la collecte de données :

- Un questionnaire individuel pour les élèves ;
- Un guide pour les entretiens en groupe ;
- Une grille de lecture de documents pour les registres d'utilisateurs et des documents décrivant l'utilisation des services des Cyber Jeunes ;
- Un questionnaire pour l'équipe de projet locale à chaque site ; et
- Un guide d'entretien pour le coordonnateur local.

Ces outils ont été essayés sur le terrain dans les Cyber Jeunes du CEM Samba Guèye de Dakar. Un échantillonnage ciblé des écoles a été effectué, et des entretiens ont eu lieu avec le directeur national du projet, et avec le gestionnaire local du projet, des enseignants, des élèves, des autorités administratives et d'autres usagers.

Les documents de référence comprenaient le document de conception du projet, la loi-cadre du ministère de l'Éducation, le rapport de l'atelier sur la politique nationale en matière de TIC, les rapports de formation, les rapports des Cyber Jeunes sur les TIC, les outils et les produits de gestion et les photographies des clubs.

Les élèves constituent la majorité des répondants aux questionnaires et aux entretiens (80 %) et représentent 94 % des personnes interrogées.

Les visites des sites

L'évaluation a porté sur sept Cyber Jeunes :

- Quatre Cyber Jeunes financés par le CRDI dans le cadre du programme Acacia :
  - CEM Ababakar Sy de Tivaouane (Région de Thiès),

Tableau 6.2 : Les personnes enquêtées par questionnaire et par entretien

Site	Nombre de répondants élèves	Nombre de répondants équipe locale du projet	Nombre de participants aux entretiens					Total
			Élèves		Utilisateurs externes	Enseignants	Admin.	
			M	F				
Delafosse	17	1	1	6		3	1	29
Dioffior	15	1	7	6		11	–	40
Kaffrine	15	1	5	1		3	1	25
Kolda	14	1	12	6	3	4	–	40
Oussouye	15	1	2	3	3	3	2	29
Saint-Louis	15	1	5	7		3	1	34
Tivaouane	15	1	16	10		3	1	45
Total	106	7	48	39	6	30	6	242

- Lycée Babacar Cobar Ndaw de Kaffrine (Région de Koalack),
- Lycée Charles de Gaule de Saint-Louis (Région de Saint-Louis),
- Lycée Aline Sitoe Diatta d'Oussouye (Région de Ziguinchor) ;
- CEM (Région de Kolda) – un Cyber Jeunes financé par le FNUAP ;
- Lycée Delafosse de Dakar (Région de Dakar) – un club Cyber Jeunes financé par le Club 2/3 du Canada ; et
- CEM de Dioffior (Région de Fatick) – un Cyber Jeunes financé par des partenaires de l'école.

Ces Cyber Jeunes sont localisés dans des écoles dont les effectifs vont de 700 à 1700 élèves. Les écoles diffèrent les unes des autres par leur situation géographique et leur statut administratif. Deux des clubs, en l'occurrence ceux de Kolda et d'Oussouye, sont particulièrement difficiles d'accès dans la mesure où ils sont éloignés de Dakar, très reculés et situés dans la partie sud du pays déchirée par la guerre. À l'inverse, les clubs de Dakar et de Saint-Louis sont situés dans deux centres urbains où la culture du cyber est en expansion, aussi bien chez les particuliers que dans les lieux publics. Les écoles qui abritent les Cyber Jeunes à Kaffrine et à Tivaouane sont situées le long de la route nationale et sont donc facilement accessibles. Elles sont les seules dans la région qui offrent des services de cette nature. Le Cyber Jeunes de Dioffior est situé en milieu rural.

Tous les Cyber Jeunes, à l'exception de ceux de Dakar, servent de point de rencontre pour les écoles dotées de clubs EVF dans leurs régions respectives. Certains des clubs, à l'exemple de ceux de Kolda et de Saint-Louis, fonctionnent comme des points de ralliement pour les clubs EVF et des centres d'information pour la santé de la reproduction et de conseil en faveur des jeunes.

Les facteurs qui influent sur la recherche

La méthodologie du projet a posé quelques problèmes, notamment en ce qui concerne l'utilisation de la grille de lecture, la manière dont l'équipe d'enquête a mené les entretiens et les méthodes d'échantillonnage. Toutefois, la présente étude n'était pas conçue pour avoir une portée nationale. En conséquence, en dépit de certains problèmes de méthodologie, les informations recueillies ont permis de répondre aux questions et aux objectifs de l'étude.

- L'équipe n'a pas fait une utilisation judicieuse de la grille de lecture à cause de l'absence d'outils appropriés (rapports de suivi et registre d'activités), ce qui a limité l'utilisation de la grille à quelques entretiens seulement ;

- L'équipe d'enquête a eu du mal à obtenir des données fiables sur les activités de certains clubs du fait que ces derniers ne disposaient pas d'outils de gestion tels que les registres ou en font une mauvaise utilisation ;
- Pendant les entretiens aux Cyber Jeunes à Delafosse, Kaffrine et Kolda, chaque membre de l'équipe d'enquête a consigné sur écrit les informations collectées. Lorsqu'ils ont confronté les notes pour établir un projet de rapport, ils se sont rendu compte que certaines informations manquaient ou n'étaient pas fidèlement consignées. Des efforts supplémentaires ont été faits pour combler les lacunes. Au cours des visites subséquentes, l'équipe a désigné quelqu'un pour prendre des notes afin de s'assurer que ces dernières étaient prises de manière fidèle, coordonnée et exhaustive ;
- Chaque fois que des enseignants et des élèves faisaient partie d'un même groupe de discussion, les élèves répondaient attentivement aux questions ou exprimaient timidement leurs opinions. Pour éviter cette situation, l'équipe a décidé de constituer des groupes distincts. À Delafosse, Dioffior et Tivaouane, où l'équipe a constitué des groupes d'élèves qui travaillaient en présence d'enseignants, ces derniers n'intervenaient pas directement, mais leur présence pourrait avoir eu des conséquences sur les discussions ; et
- Un choix ciblé (et limité) des sites a été envisagé. On devrait par conséquent faire preuve de circonspection lorsqu'on veut généraliser les résultats. Le choix des sites était fondé sur leur localisation (Dakar et d'autres localités régionales) et sur le poids du bailleur de fonds, le programme Acacia du CRDI étant la principale source de financement (quatre sites étaient équipés par le CRDI, un par le FNUAP, un par le Club 2/3 du Canada et un par des partenaires locaux de la communauté scolaire).

Les résultats de la recherche

La connectivité

REFER et SONATEL sont les principaux fournisseurs d'accès Internet et de services aux Cyber Jeunes. Les usagers semblaient avoir du mal à se connecter à Internet pendant les heures ouvrables (8h00-2h00) et 15h00-18h00) en utilisant le serveur REFER parce que le serveur était saturé à ces heures-là. Le dernier rapport du GEEP sur les TIC soulignait déjà ce problème :

Les utilisateurs du serveur REFER doivent attendre longtemps... Ils choisissent REFER comme fournisseur d'accès à Internet parce que le taux d'abonnement annuel est bas.

Lorsque le Club Cyber Jeunes utilise la même ligne téléphonique que les dirigeants de l'école, comme c'est le cas à Dioffior, le club ne peut être connecté qu'après les heures ouvrables, même si le serveur est accessible. Il s'ensuit que l'accès au serveur est plus facile pendant les jours non ouvrables et pendant les jours ouvrables après 18 heures et entre 24 heures et 2 heures, lorsque le personnel administratif n'est pas en service.

Les problèmes décelés dans ce domaine comprenaient :

- Les problèmes de connexion aux serveurs ;
- L'absence d'équipements (entre 120 et 1000 élèves par ordinateur, selon le Cyber Jeunes) ;
- Le manque de formateurs spécialisés en informatique—si l'on s'en tient à la durée de la formation qu'ils reçoivent, les animateurs de Cyber Jeunes n'ont pas le niveau de formation requis ;
- Les animateurs n'ont pas assez de temps pour se former en raison de leurs engagements dans d'autres domaines ;
- Le nombre d'animateurs disponibles est bas en comparaison au nombre d'élèves qui ont besoin de formation (100 animateurs pour 500 élèves) ;
- L'utilisation des TIC n'est pas intégrée officiellement dans les programmes scolaires ;
- L'absence d'équipements pour la formation, en particulier lorsqu'il est question de former des groupes importants avec une seule machine ; et
- Certains clubs ont un espace limité : ceux de Dioffior et de Kolda par exemple ne disposent que de 15 et 25 m² respectivement.

L'accès aux services et leur utilisation

En créant des Cyber Jeunes dans des écoles, le projet a suscité une forte demande de formation et de services Internet souvent difficile à satisfaire pour les principales raisons suivantes :

- L'absence d'installations Internet dans certains Cyber Jeunes dotés d'un nombre suffisant de postes de travail ;
- Le nombre insuffisant de postes de travail dans la plupart des Cyber Jeunes ;

Tableau 6.3 : Matériel des TIC dans les Cyber Jeunes

Cyber Club	PC	Source d'énergie d'appoint	Imprimante	Scanner	Modem	Caméra numérique	Lignes téléphoniques	Nbre d'élèves par ordinateur
Delafosse	3	1	1	1	1	1	1	457
Dioffior	6	–	1	1	1	1	1 (ligne du CEM)	126
Kaffrine	6	1	1	–	1	–	1	1 434
Kolda	6	1	1	–	1	–	1	700
Oussouye	6	1	1	–	1	–	1	170
Saint-Louis	6	1	1	–	1	–	1	1 371
Tivaouane	11	1	1	–	1	–	1	131
Total	44	6	7	2	7	2	7	

- L'absence de formateurs qualifiés dans le domaine des TIC dans les clubs ; et
- Les pannes fréquentes imputables à une maintenance défectueuse ou à une mauvaise manipulation des équipements.

Les équipements disponibles comprennent les postes de travail (ordinateurs et périphériques) tel qu'indiqué au tableau 6.3. Tous les ordinateurs, à l'exception de ceux de Dioffior, sont des Pentium. Les clubs de Tivaouane et de Dioffior disposent de plusieurs ordinateurs, un seul est connecté dans chaque club par manque de moyens financiers.

Les Cyber Jeunes de Delafosse et Dioffior disposent de scanners et de caméras numériques. Tous les clubs disposent de lignes téléphoniques, exception faite de celui de Dioffior, qui utilise la ligne du CEM.

Les équipements ont été placés dans des salles fournies par la direction des écoles avec l'appui du GEEP. Ces salles ont une superficie qui varie entre 15 et 30 m². Aucune salle n'est climatisée.

Dans les cas où les dirigeants des écoles font preuve d'un engagement ferme en faveur de l'initiative, les Cyber Jeunes sont dotés d'équipements supplémentaires. C'est le cas à Dioffior, Oussouye et Tivaouane. L'inventaire des équipements fait également ressortir le ratio ordinateurs/élèves. À titre de comparaison, le programme WorLD lancé en 2000 offre en moyenne dix ordinateurs par Cyber Jeunes. La plupart de ces clubs sont basés dans des écoles urbaines. Il importe toutefois de relever que, à la différence du programme WorLD, le GEEP est un projet qui associe l'action à la recherche. Les ordinateurs sont introduits en tant que support permettant de tester les conditions dans lesquelles les TIC pourraient jouer un rôle dans les écoles. Les enseignements tirés peuvent alors être utiles à ceux qui définissent la politique éducative.

Certains Cyber Jeunes ont pleinement tiré parti de la coopération décentralisée (par le biais de leurs communes) ou des opportunités au niveau local pour améliorer leurs équipements. Comme il a été signalé, l'accès difficile aux serveurs pendant les heures ouvrables est un des problèmes majeurs auxquels les clubs sont confrontés.

Dans tous les Cyber Jeunes, les utilisateurs ne peuvent accéder aux équipements que lorsqu'ils :

- Sont membres du club EVF ou paient une contribution annuelle pour la formation à un taux qui corresponde à l'un des statuts suivants : élève, enseignant, utilisateur externe ; ou

- Sont des clients qui paient à la minute ou à l'heure chaque fois qu'ils utilisent les services Internet du Club.

Certains Cyber Jeunes (Kolda, Oussouye, Saint-Louis et Tivaouane) exigent qu'avant d'accéder aux services d'Internet les utilisateurs s'engagent à :

- Respecter le code de conduite ; et
- Remplir un registre chaque fois qu'ils utilisent les services d'un Cyber Jeunes (nom de l'utilisateur, nature du service, temps mis et montant payé). Ce registre permet d'assurer le suivi des utilisateurs.

Pour exploiter efficacement les Cyber Jeunes dans un contexte marqué par l'insuffisance d'équipements appropriés, il faut instituer une bonne gestion et veiller à ce que les utilisateurs adhèrent aux codes de conduite définis.

La tarification

Les tarifs appliqués sont fonction du profil des différents Cyber Jeunes. À Tivaouane, ils sont de 1000 Fcfa par élève et de 2000 Fcfa pour les adultes pour la formation. Ailleurs, les tarifs varient entre 300 et 500 Fcfa.

Les services Internet coûtent 25 à 35 Fcfa la minute, sauf à Dioffior où le taux est de 15 Fcfa/minute. Même si ces taux sont plus faibles que ceux appliqués par les établissements à but lucratif, ils sont hors de portée de pas mal d'élèves, en particulier en milieu rural où le revenu est très faible.

Les taux appliqués par les Cyber Jeunes sont nettement inférieurs à ceux que pratiquent la SONATEL (60 Fcfa par minute). En conséquence, les clubs sont constamment confrontés à des déficits. Les subventions des partenaires doivent sans cesse venir combler ces déficits pour que les clubs fonctionnent lorsqu'ils le peuvent.

Les enseignants se sont plaints de devoir dépenser leur propre argent pour que les élèves puissent faire de la recherche documentaire, saisissent les données ou impriment des documents, encore qu'ils admettent que les Cyber Jeunes doivent fonctionner sans anicroche. À ce sujet, un enseignant de Saint-Louis a déclaré :

> Nous continuerons d'offrir nos services pour générer des revenus… Les autorités de l'école se sont totalement retirées de la gestion du Cyber Jeunes… Nous avons besoin d'argent pour entretenir nos machines et acheter les consommables… En fait, les fonds que nous recevons ne suffisent pas. Nous appellerons les clubs des collèges pour saisir leurs bulletins… Les autorités de l'école aussi doivent payer pour le traitement des bulletins, des épreuves, etc. Elles pourraient affecter une part

de leur budget à cette opération. Nous devons en discuter à la réunion des gestionnaires du collège, parce que la salle d'informatique a rendu des services appréciables au collège.

De même, à Tivaouane, les élèves exigent que leurs camarades de classe ou d'établissement paient 25 Fcfa pour la recherche documentaire et le traitement de texte pour contribuer aux coûts de fonctionnement.

Les heures d'ouverture

Les clubs Cyber Jeunes sont généralement ouverts :

- Les mercredi et samedi après-midi lorsque les écoles publiques sont fermées ;
- À partir de 18 heures chaque jour et, en certaines occasions, entre 12 heures et 14 heures et lorsque les animateurs sont disponibles ; et
- Occasionnellement pendant les vacances, car les gestionnaires (en particulier les enseignants) doivent aller d'un endroit à un autre.

Étant donné que les TIC ne font pas partie des programmes scolaires, on peut aisément comprendre la nature de ce programme et, en particulier, la motivation des utilisateurs qui trouvent le temps de visiter les Cyber Jeunes à ces heures-là.

Les schémas d'utilisation

Près de 41,5 % des correspondants qui sont des élèves utilisent l'ordinateur plus d'une fois par semaine et 37,7 % le font une fois par semaine.

Tableau 6.4 : Fréquence d'utilisation des ordinateurs par les apprenants

Fréquence	Nombre d'élèves	%
Plus d'une fois par jour	5	4.7
Plus d'une fois par semaine	44	41.5
Une fois par semaine	40	37.7
Une fois par mois	3	2.8
Moins d'une fois par mois	2	1.9
Aucune réponse	12	11.3
Total	106	100

Il ressort des entretiens semi-structurés et des registres des utilisateurs qu'entre cinq et dix utilisateurs en moyenne visitent les Cyber Jeunes chaque jour ouvrable, avec un record de 27 utilisateurs enregistrés à Oussouye.

Les registres portent à croire que les mercredi et samedi après-midi sont les périodes pendant lesquelles les salles sont le plus fréquentées, ces périodes étant celles où les élèves n'ont pas classe. Le taux de fréquentation est élevé peu avant les examens. Les utilisateurs passent 30 à 60 minutes en moyenne dans les clubs.

Un enseignant a affirmé :

> Lorsque nous les formateurs allons enseigner, la salle est très souvent fermée parce qu'il n'y a pas de personnel permanent qui s'occupe de la salle... La salle est utilisée de manière irrationnelle... Le nombre d'utilisateurs est beaucoup plus important les mercredi après-midi... Vers la fin de l'année scolaire écoulée, peu avant le baccalauréat, la demande a été forte, en particulier de la part d'élèves qui étaient à la recherche d'informations sur l'admission dans des universités étrangères.

Les Cyber Jeunes sont principalement fréquentés par les élèves, les enseignants et les dirigeants des écoles. Parmi d'autres utilisateurs qui ne sont pas directement liés aux écoles hôtes, on compte entre autres les enseignants des écoles primaires, les docteurs vétérinaires, les entrepreneurs, les réfugiés libériens et les membres de Groupes d'intérêt économique (GIE). Certains Cyber Jeunes manquent de consigner dans un registre les informations qu'ils reçoivent du fait de l'absence d'outils de gestion appropriés. D'autres ne répertorient que les services qu'ils fournissent aux divers usagers. Au départ, ces services étaient offerts gratuitement aux enseignants et aux élèves. Pour leur durabilité, les clubs ont été ouverts au grand public, qui devait payer pour les services offerts. En juin 2000, tous les utilisateurs ont commencé à payer à mesure que le projet tirait à sa fin.

Le tableau 6.5 montre que les Cyber Jeunes d'Oussouye et de Saint-Louis avaient le plus grand nombre de services demandés. Les utilisateurs étaient essentiellement des adultes, des enseignants notamment. Dans tous les clubs, une bonne partie des utilisateurs venait du milieu scolaire. À Kaffrine, Saint-Louis et Tivaouane, la prédominance des utilisateurs membres de la communauté scolaire hôte était encore plus prononcée. Les enquêtés ont fait savoir que même les utilisateurs non-membres de la communauté scolaire hôte venaient principalement d'autres écoles. À Dioffior, Kolda et Oussouye, les Cyber Jeunes étaient plus ouverts aux utilisateurs de la communauté dont la plupart sont des professionnels d'autres secteurs.

Tableau 6.5 : Nombre d'utilisateurs des services[1] demandés, décembre 1999-juillet/août 2000

Localités	Élèves	Enseignants	Admin.	Autres	Total
Delafosse[2]	–	–	–	–	–
Dioffior	–	–	–	–	92
Kaffrine	8	20	2	4	34
Kolda	–	–	–	–	219
Oussouye	52	92	14	46	204
Saint-Louis	34	173	2	–	209
Tivaouane	21	49	5	16	91

Notes : 1 Les services ne tiennent pas compte de la formation en informatique
2 Le club de Delafosse ne disposait pas d'un registre de services fournis pour la période couverte.

Utilisation des ressources et du site Web du GEEP

Les Cyber Jeunes disposent d'informations sur certaines questions qu'ils ont réussies à télécharger grâce à la recherche documentaire ou qui ont été préparées par des enseignants sur une large gamme de domaines tels que : l'histoire des arts, la philosophie, les philosophes français du XIXe siècle, la malaria, les questions relatives au chômage, les problèmes écologiques, les exercices de mathématiques et de sciences, le jardinage, la famine, l'immigration, le SIDA en Afrique, etc. Ces données ont été compilées en partie par des enseignants d'écoles qui abritent des Cyber Jeunes. Les enquêtés ont affirmé qu'ils visitaient régulièrement le site Web du GEEP, encore que cette affirmation n'a pas été vérifiée.

Les enquêtés ont indiqué que les élèves avaient effectué la recherche documentaire sur des questions qui n'étaient pas mentionnées du tout, telles que l'histoire et la géographie (33 %), la langue française (13,2 %), les arts graphiques et simples, et la langue anglaise, l'éducation civique, les sciences naturelles, les sciences appliquées, les mathématiques et l'économie.

Les moteurs de recherche les plus couramment utilisés étaient :

- Pour les questions liées à l'enseignement : Yahoo (26,2 %), Francité (21,2 %), Nomad (14,3 %), Hotmail (11,9 %) et Altavista (11,9 %) ;

- Pour les questions de santé de la reproduction : Francité (21,2%), Nomad (18,2%), Yahoo (18,4%) et Hotmail (18,2%) ;
- Pour les questions environnementales : Francité (26,7%), Nomad (20%), Yahoo (20%) et Altavista (20%).

Les motivations des utilisateurs de TIC

Quelque 73 % des élèves enquêtés ont utilisé les TIC à des fins académiques et pour les activités du club EVF, tandis que 24,3 % les ont utilisées pour des affaires personnelles. Un enseignant a déclaré :

> Suite à l'institution de nouveaux programmes, nos collègues des départements d'histoire et de géographie ont entrepris la recherche documentaire sur des thèmes inscrits au programme... Nous du département des sciences, nous ne l'avons pas encore fait, encore que nous envisagions de consulter le site français dénommé « examens et concours de la semaine ». Mais je pense que cela pourrait poser un problème, car si le département de sciences entreprend la recherche documentaire, nous passerons beaucoup de temps sur Internet et je me demande qui payera les factures.

Outre les enseignants et les élèves qui utilisent les TIC pour l'enseignement et l'apprentissage, il existe d'autres personnes qui recourent aux TIC pour :

- La gestion du personnel et le courrier des écoles (l'administration des écoles) ;
- La saisie de documents à caractère professionnel et la recherche de contacts avec des partenaires économiques (affaires) ; et
- Des activités personnelles telles que le courrier électronique et la recherche de contacts personnels (utilisateurs privés).

Un enseignant de Dioffior a tenu ces propos :

> Le Cyber Jeunes m'aide à mieux préparer mes leçons, à accéder à des informations plus actuelles dans le domaine de la science et à avancer plus rapidement dans le programme.

Pour un opérateur de télécentre de Kolda : « Le Cyber Jeunes m'aide à connaître l'Internet, ce qui serait d'un grand intérêt pour moi lorsque je transformerai mon télécentre en cybercafé ».

Un docteur vétérinaire de Kolda :

Le Cyber Jeunes me permet de collaborer avec d'autres partenaires qu sont établis à l'extérieur. J'ai soumissionné à partir d'ici pour un appe d'offres et j'ai été sélectionné.

Le gestionnaire du Cyber Jeunes d'Oussouye a tenu ces propos :

Notre Cyber Jeunes accueille des membres de la communauté locale en particulier des femmes et de petits commerçants appartenant à de groupes d'intérêt économique (GIE). Je voudrais rapporter deux anec dotes intéressantes à ce sujet. Une femme membre d'une associatio féminine nous a demandé de créer une page où elle pouvait faire la publicité de ses produits (huile de palme, poisson fumé, fruits, etc.) Plus tard, elle a reçu quantité de demandes. Un commerçant venu s'ini tier à l'Internet est « tombé » sur la Foire commerciale internationale de Paris. Il a demandé plus d'informations sur la Foire par Internet et a fin par être invité à y participer.

Tableau 6.6 : Produits et services les plus couramment utilisés dans les Cyber Jeunes

Produit	Nombre	%
Traitement de textes	34	32,1
Moteurs de recherche	41	38,7
Jeux	5	4,7
Courrier électronique	17	16,0
Aucune réponse	9	8,5
Total	106	100

Environ 70 % des élèves enquêtés ont affirmé qu'ils utilisent principalemen les TIC pour :

- Le traitement de textes et la recherche documentaire et, spécifiquement pour des travaux académiques (saisie d'exercices, tests et devoirs e travaux de recherche visant à préparer ou améliorer certaines leçons)
- Les activités du club EVF (procès-verbaux de réunions du club et re- cherche documentaire pour préparer des exposés et des conférences) et

- Les tâches administratives (listes des élèves et des enseignants, mémos et informatisation des dossiers scolaires).

Certaines autres activités observées dans quelques rares cas se rapportent aux travaux académiques ou sont privées et comprennent le courrier électronique (à des fins personnelles ou officielles), des demandes d'admission dans des universités étrangères et des groupes d'étude.

Quelque 46 % des élèves enquêtés avaient une adresse électronique et lisent la presse nationale et internationale.

Les moteurs de recherche les plus couramment utilisés par les personnes enquêtées étaient Yahoo (36%), Francité (15,2%) et Nomad (10,6%). Puis venaient Altavista, Caramail, Dromadaire, Francinet, Hotmail, Lockase, MSN et Toile du Québec.

Le directeur du Cyber Jeunes de Kolda a déclaré :

> Des jeunes de notre région sont en contact avec des jeunes Belges. Grâce à ces contacts, ils peuvent organiser des groupes d'étude sur un éventail de sujets : la santé, l'éducation, les droits de l'enfant, l'environnement, la politique, la démocratie... L'année dernière, un de nos élèves a reçu une invitation d'un groupe de jeunes qui ont formulé « les revendications des jeunes du monde » (avril 2000).

Les niveaux d'activités

Les résultats obtenus des différents Cyber Jeunes donnent à penser que tous les clubs sont opérationnels en dépit des obstacles auxquels ils sont confrontés. Toutefois, ils n'ont pas tous le même degré de dynamisme. Les clubs de Dakar et de Kaffrine par exemple semblent être moins dynamiques que les autres. Cette situation pourrait tenir au fait que le club de Dakar a été créé plus tard (avril 2000) et les élèves à Kaffrine étaient en grève pendant toute la période de février à avril.

Les autres Cyber Jeunes semblent avoir été bien acceptés par les écoles hôtes et intégrés dans les activités de ces écoles. Toutefois, les résultats obtenus en matière de formation à l'utilisation de l'Internet et des services demandés par les élèves montrent que ces derniers ne sont pas les principaux utilisateurs des équipements. Au contraire, ce sont les enseignants qui utilisent les Cyber Jeunes, tandis que les élèves tirent parti du travail que font les enseignants.

Les Cyber Jeunes de Dioffior, Kolda, Oussouye et, dans une moindre mesure, Tivaouane, semblent être davantage utilisés par la communauté. Il en est sans doute ainsi en raison de leur situation géographique, de leur statut administratif et de l'absence d'installations privées dans ces localités.

Obstacles et contraintes en matière de connectivité et d'accès

Près de la moitié des élèves enquêtés ont admis que les Cyber Jeunes étaient plus accessibles aux élèves qu'aux utilisateurs externes. Toutefois, certains élèves ont affirmé que les enseignants monopolisaient très souvent les postes de travail une fois qu'ils y avaient accédé. Cette situation pourrait s'expliquer par la position des enseignants (qui détiennent l'autorité) et qui semblaient plus enclins à utiliser l'Internet que les élèves.

Plus de 70 % des élèves enquêtés avaient le sentiment que l'accès aux équipements était difficile pour les raisons suivantes :

- L'absence d'ordinateurs — le ratio ordinateurs/élèves varie entre 1 pour 120 et 1 pour 1400 en fonction de la taille de l'école ;
- Le coût élevé des services — imputable aux factures de téléphone élevées qui sont majorées de la taxe sur la valeur ajoutée (TVA). En conséquence, les lignes sont souvent coupées lorsque les factures ne sont pas payées ;
- Le manque de temps ;
- La courte durée de la formation des élèves, par exemple une heure par semaine à Dioffior et deux mercredi par mois à Saint-Louis ;
- Le manque de formateurs permanents dans les Cyber Jeunes — les enseignants qui offrent la formation en informatique doivent encore s'acquitter de leur charge de travail normale ;
- Les pannes fréquentes des équipements des clubs dues aux conditions climatiques (éclairs et tonnerre), à l'absence de climatisation et à une mauvaise utilisation ;
- L'accès difficile à l'Internet pendant les heures de bureau ;
- Les qualifications insuffisantes des formateurs des Cyber Jeunes ;
- Les baisses de tension fréquentes exacerbées par l'absence d'onduleurs ; et
- La longue attente avant que les utilisateurs ne puissent accéder aux ordinateurs. Un élève a déclaré : « La salle est toujours pleine à craquer et il n'y a qu'une machine connectée… On doit parfois attendre une heure, voire deux pour accéder à un poste de travail ».

Ces contraintes n'entravent pas seulement les activités des Cyber Jeunes, mais elles hypothèquent aussi gravement le succès du programme.

Le premier défi majeur est de faire en sorte que tous les Cyber Jeunes fonctionnent convenablement et qu'ils soient connectés en permanence à l'Internet. Certains animateurs ont proposé que le ministère de l'Éducation mette à la disposition des écoles des serveurs qui leur sont réservés, comme c'est le cas en France.

Dans d'autres régions (Kaffrine, Kolda et Oussouye), il faut une meilleure maintenance des équipements et des techniciens qualifiés, car il n'y en avait pas un seul au moment où cette étude était effectuée.

Renforcement des capacités et formation

Lieux de formation

Pour les élèves et nombre d'autres utilisateurs, le cadre scolaire est le lieu idoine pour l'initiation à l'utilisation des TIC. Dans certaines régions (Dioffior, Kaffrine, Kolda et Oussouye), les Cyber Jeunes sont les seules institutions où le public peut accéder à des ordinateurs. Parce que le revenu est faible et le niveau de vie bas, les populations ne peuvent acquérir leur propre ordinateur.

À Dakar et à Saint-Louis, il existe des cybercafés privés et certains parents peuvent acheter des ordinateurs pour la maison. Néanmoins, le milieu scolaire est le seul lieu où on puisse accéder sans peine aux TIC, étant donné les coûts élevés pratiqués par les institutions privées à but lucratif. Par conséquent, 78,3 % des personnes enquêtées ont reçu leur formation en milieu scolaire, contre 4,7 % à domicile et 2,8 % ailleurs.

Profil des formateurs

La formation des formateurs dans les Cyber Jeunes est assurée par des enseignants recrutés par le projet WorLD ou par l'équipe de gestionnaires du GEEP. Les utilisateurs sont initiés aux TIC par des animateurs (dirigeants d'élèves et animateurs techniques) ou par les partenaires des écoles respectives (experts en informatique).

Nature et durée de la formation

La formation des animateurs techniques a été organisée en sessions de cinq jours. Le GEEP a organisé trois des cinq sessions entre mars 1999 et octobre 2000. Au total, cent animateurs ont pris part à ces sessions.

L'initiation des utilisateurs dans les Cyber Jeunes obéit à un programme : un jour par semaine à Dioffior, deux ou trois mercredi par mois à Saint-

Louis, tous les mercredi à Tivaouane et à Kolda et tous les jours après 18 heures à Oussouye et Delafosse.

Dans certains Cyber Jeunes, la formation a lieu chaque jour (pour les adultes en particulier) en fonction de la disponibilité des animateurs. Ces derniers rencontrent les enseignants pendant les heures creuses et les utilisateurs non membres de la communauté scolaire après 18 heures.

Contenu de la formation

Les programmes de formation ont trait :

- À la connaissance de Windows et à la saisie ;
- Aux services disponibles sur Internet ;
- Aux outils d'exploration sur Internet et aux applications pédagogiques ; et
- À l'utilisation du courrier électronique.

Outils de formation

Les deux premières sessions de formation des formateurs, organisées en mars 1999, portaient exclusivement sur l'utilisation de l'ordinateur. Lors de la troisième session, les apprenants ont utilisé un vidéo projecteur et un écran géant en plus des ordinateurs parce que cette approche passait pour être plus pratique. Dans les Cyber Jeunes, les animateurs s'appuient essentiellement sur l'utilisation des ordinateurs. Cette démarche n'est ni pratique ni convenable, en particulier dans des situations où il n'existe qu'un poste de travail. Certains formateurs (ceux de Dioffior par exemple) ont recommandé l'utilisation de projecteurs avec de gros écrans en tant que moyen de répondre aux besoins en milieu scolaire.

Tableau 6.7 : Nombre et pourcentage d'utilisateurs formés

Cyber Clubs	Élèves	Enseignants	Nature de la formation							
			Informatique (%)				Internet (%)			
			Élèves)	Enseignants	Admin.	Autres	Élèves	Enseignants	Admin.	Autres
Delafosse	1300	–	87 (6,6)	6	0	–	45 (3,4)	4	0	–
Dioffior	719	16	300 (41,7)	30 (187)	6	8	2 (0,2)	25 (187)	2	4
Kaffrine	1383	51	26 (1,8)	12 (24)	5	–	15 (1,1)	5 (24)	2	–
Kolda	700	–	72 (10,2)	–	–	–	12 (2,5)	–	–	–
Oussouye	1032	50	205 (19,8)	12 (24)	7	13	51 (4,9)	12 (24)	7	9
Saint-Louis	1300	72	135 (10,4)	18 (25)	3	28	10 (0,7)	18 (25)	1	–
Tivaouane	1400	45	200 (11,1)	15 (33)	1	–	60 (4,2)	15 (33)	1	–

Note : Le nombre d'enseignants à Delafosse n'a pas été communiqué. Les chiffres des deux premières colonnes du tableau sont tirés de sources secondaires (statistiques ou documents des écoles, etc.). Chaque Cyber Jeunes peut former des enseignants d'autres écoles. D'où le nombre élevé d'enseignants formés à Dioffior.

Profil et nombre d'apprenants

Le tableau 6.7 fournit une distribution du nombre d'utilisateurs formés entre décembre 1999 et juin 2000. (il convient de faire remarquer que le nombre de personnes qui ont reçu une formation en informatique est de loin supérieu au nombre de celles qui ont été formées à l'utilisation de l'Internet). Cet éta de choses tient sans doute au fait qu'il est difficile d'accéder aux serveurs e au coût élevé des services d'Internet.

Quel que soit le cas, le nombre d'utilisateurs formés est trop faible comparé au nombre d'enseignants et d'élèves dans les écoles hôtes. Pa exemple, 81 % des élèves enquêtés ont déclaré qu'ils n'avaient pas des aptitudes suffisantes en TIC, tandis que 82 % ont reconnu qu'ils avaien besoin d'aide pour utiliser un ordinateur.

Au regard des contraintes identifiées, l'absence de formation est un problème qui doit certainement être réglé. Il y a également lieu de releve que les animateurs dans les Cyber Jeunes aident les utilisateurs pou s'assurer que ces derniers manient convenablement les équipements et ne s'aventurent pas dans des sites interdits.

L'élaboration des contenus

Dans le cadre du projet du GEEP, les Cyber Jeunes ont lancé plusieurs activités nouvelles. Ces activités comprennent :

- La conception du matériel didactique (sous forme de directives) pou pallier l'absence de livres ;
- La création de banques de données (pour les matières scientifiques) ;
- La confection de cartes de diverses sortes (cartes de membre, cartes de vœux, calendriers de luxe, lettre d'information des écoles) ;
- La production de journaux d'écoles ;
- La fabrication de carnets de reçus pour les commerçants ;
- La production de bandes dessinées pour diffuser des informations su les grossesses précoces ; et
- Les demandes d'inscription dans des universités étrangères par Internet

Pour les élèves membres du Club EVF et les enseignants, en particulie ceux qui s'intéressent activement aux questions démographiques e écologiques (la géographie, l'économie sociale et familiale et les sciences naturelles par exemple), le GEEP a conçu un matériel utile facilemen accessible dans son site Web (www.refer.sn/snga_ct/rec/geep). Ce matérie comprend :

- Des outils de gestion des clubs EVF ;
- Un modèle interdisciplinaire d'éducation aux problèmes de la population et de l'environnement conçu avec l'appui du FNUAP ; et
- Un modèle d'enseignement par les pairs mis au point en collaboration avec l'UNESCO.

Le site Web contient également des informations sur le groupe lui-même : son organisation, ses activités et ses partenaires. À la date à laquelle la présente étude a été effectuée, certaines publications essentielles du GEEP n'étaient pas disponibles sur le site. C'est le cas de « La Lettre du GEEP » et de deux publications sur l'environnement et la santé de la reproduction respectivement.

Les Cyber Jeunes ont également rassemblé et stocké sur Internet des données relatives aux forums de débat qu'ils ont organisés. Il s'agit de :

- « Les TIC dans notre vie quotidienne », une initiative du Cyber Jeunes d'Oussouye ;
- « Pourquoi les élèves abandonnent l'école au niveau moyen » du Cyber Jeunes de Tivaouane ; et
- « Les TIC et le développement » du club de Delafosse.

Si plusieurs autres Cyber Jeunes ont pris part aux deux premiers forums, le dernier n'a connu que la participation du club de Kolda.

Stratégies

Au moment où nous menions la présente étude, aucune politique relative aux TIC, ou à l'enseignement basé sur l'utilisation des TIC dans les écoles n'était mise en œuvre. Le Sénégal n'avait pas encore institutionnalisé l'utilisation des TIC dans les écoles, alors que certaines institutions publiques et ONG les utilisaient déjà. Le programme décennal pour l'éducation et la formation du ministère de l'Éducation (2000-2010) dénommé «Une éducation de qualité pour tous[1]» vise à intensifier l'utilisation des TIC en les introduisant dans la moitié des collèges du pays. Le programme a donc pour objectif principal de connecter et d'équiper des collèges, et de former les enseignants. À l'issue du programme, les élèves, sur tout le territoire national, pourront accéder aux TIC et à un enseignement de qualité. L'État entend donc introduire les TIC dans les établissements d'enseignement, mais pas encore dans les écoles. L'appui du ministre de l'Éducation au programme WorLD Links et aux Cyber Jeunes porte à croire que les TIC sont un domaine qui pourrait bénéficier de plus d'intérêt dans l'avenir.

L'impact du projet

Il est difficile de mesurer l'impact réel du projet sur les activités des écoles, en raison de la durée de la phase pilote (moins de deux ans) et des contraintes rencontrées. En s'appuyant sur les objectifs initiaux du projet en tant que point d'entrée, la présente étude s'efforce de mesurer les progrès accomplis (c'est-à-dire ce qui a été fait par rapport à ce qui a été planifié) et de déterminer si la tendance est au succès ou à l'échec. En partant d'un ensemble d'indicateurs tel qu'il est mentionné plus bas, la présente section cherche à déterminer l'état d'avancement des diverses activités des Cyber Jeunes.

La création réussie des Cyber Jeunes

Indicateur #1

Douze Cyber Jeunes ont été mis en place dans le cadre d'un système (réseau de communication électronique en milieu scolaire).

Ce réseau compte actuellement 22 clubs grâce aux divers partenaires du projet. En conséquence, les résultats obtenus excèdent nettement les attentes.

Le niveau d'utilisation de l'Internet dans les Cyber Jeunes

Indicateur #2

Le réseau électronique est utilisé pour améliorer et intensifier le flux d'informations dans le réseau des clubs EVF, entre le réseau et l'équipe de gestionnaires du GEEP et entre les clubs et les partenaires externes.

- Chaque Cyber Jeunes a une adresse électronique, et cinq des sept clubs étudiés élaboraient leur propre site Web (Delafosse, Dioffior, Kolda, Oussouye et Tivaouane). On dispose de preuves de communication par courrier électronique entre les clubs eux-mêmes et entre les clubs et l'équipe de gestionnaires du GEEP (procès-verbaux et courrier).
- Les Cyber Jeunes cibles (Delafosse, Oussouye et Tivaouane) ont organisé des forums de débat qui portaient sur les TIC et le développement, les TIC dans la vie quotidienne et les déperditions scolaires.
- Grâce à leurs clubs EVF, les Cyber Jeunes de Dioffior et de Kolda correspondent avec des jeunes de France (Dioffior), d'Égypte et du Pakistan (Kolda). Les membres de Kolda ont été admis à un groupe de débat avec de jeunes Belges pour un échange d'idées sur des thèmes tels que la santé, l'environnement, les droits de l'enfant et l'éducation.

- Depuis mai 2000, le réseau national des clubs EVF partage les expériences sur les questions environnementales, les activités des jeunes, les mines terrestres anti-personnel et la mondialisation avec des jeunes du Burkina Faso, du Chili, du Paraguay et du Québec sur le site du Canada grâce au Réseau international des jeunes 2/3 (RIJ 2/3).

Le renforcement des aptitudes des jeunes

Indicateur #3

Renforcer les aptitudes des jeunes et de leurs superviseurs en formant 60 formateurs à l'utilisation des TIC.

Trois séances de formation ont été organisées pour plus de 100 animateurs de Cyber Jeunes. Les résultats ont dont excédé les attentes.

L'acquisition des aptitudes en matière de TIC

Indicateur #4

Sensibiliser 10 000 élèves, 150 enseignants et 50 dirigeants d'école à l'importance des TIC.

Les informations collectées pendant l'étude font apparaître les résultats suivants :

- Des élèves ont été formés aux applications courantes de l'informatique (1025 élèves, soit 10% de la population cible) et à l'utilisation de l'Internet (195 élèves, soit 0,19%).
- Des enseignants ont été formés dans les mêmes domaines : 93 enseignants pour le premier domaine, soit 62 % et 79 pour le second, soit 52 % ; et
- Des administrateurs ont reçu les mêmes formations : 9 administrateurs, soit 18 % pour les applications courantes de l'informatique et 4, soit 8 % pour l'utilisation de l'Internet.

Ces chiffres ne prennent pas en considération tous les enseignants et tous les administrateurs d'école qui ont reçu une formation, car certains Cyber Jeunes n'avaient pas de registre pour les services fournis, alors que certains ne les tenaient pas assez bien pour qu'on puisse en tirer des données fiables. Si l'on ne tient compte que de ceux qui ont été formés à l'utilisation de l'Internet par exemple, on constate que les résultats partiels des sept clubs étudiés font apparaître un penchant évident pour les enseignants. La disparité entre les résultats obtenus pour les enseignants et pour les administrateurs d'école montre qu'il y avait des difficultés à ce niveau.

La formation de cinq jours dispensée d'un trait aux animateurs de clubs Jeunes ne leur fournit pas les aptitudes nécessaires pour conduire et superviser la formation de manière satisfaisante. La formation dans les Cyber Jeunes est entravée en partie par :

- L'absence de postes de travail (équipements et accessoires) ;
- L'absence de matériel approprié pour la formation (la formation en groupe par exemple) ; et
- L'indisponibilité des formateurs en raison d'emplois du temps chargés dans leurs domaines d'activités respectifs.

Certains Cyber Jeunes ont établi des partenariats avec de petits et moyens fournisseurs d'ordinateurs pour améliorer la qualité de la formation qu'ils offrent. Le coût de la formation dans les Cyber Jeunes est plus faible que dans les établissements privés. Pourtant, une bonne partie des élèves en milieu rural sont même souvent incapables de supporter des tarifs bas. Étant donné que la formation aux TIC n'était pas institutionnalisée dans les écoles au moment où la présente étude était effectuée, elle n'était pas considérée comme faisant partie des programmes et apparaissait comme un travail supplémentaire pour les animateurs des Cyber Jeunes.

La formation est sans doute le tendon d'Achille du projet : on a observé qu'elle était insuffisante, souvent mal adaptée aux besoins des utilisateurs et ne tient guère compte, voire du tout, des problèmes liés à la maintenance. Les facilitateurs de Cyber Jeunes eux-mêmes ont fréquemment fait état de ces lacunes.

La formation constitue un fardeau supplémentaire pour les facilitateurs et les élèves qui ont déjà des charges de travail considérables et des emplois du temps chargés. Des mécanismes d'institutionnalisation s'imposent, c'est-à-dire un programme de formation qui combine les programmes académiques actuels, et les activités du GEEP devraient rentrer dans l'emploi du temps des écoles.

L'amélioration des performances des utilisateurs des TIC

Indicateur #5

Une meilleure performance des élèves, des méthodes d'enseignement plus efficaces pour les enseignants et une meilleure documentation pour les autorités des écoles.

Les résultats montrent que 70 % des élèves étaient d'avis que leur performance s'était améliorée, 9,4 % ne voyaient aucune amélioration et

19,8 % n'avaient émis aucun avis. Les observations de plusieurs enseignants, administrateurs et élèves font croire qu'il y avait une amélioration :

> L'année écoulée, les enseignants d'histoire, de géographie et de sciences utilisaient assez le Cyber Jeunes. Il se trouve que l'école a obtenu des résultats particulièrement satisfaisants dans ces disciplines au baccalauréat (un administrateur d'école à Saint-Louis).
>
> L'année passée, j'ai utilisé des documents extraits du *Monde Diplomatique* par Internet pour préparer le concours sur la population et le développement et j'ai été admis (un élève de Saint-Louis).
>
> La nouveauté pour les élèves tient à ce qu'ils peuvent accéder à des cartes, à des données et à des notes sur des sujets intéressants et les utiliser pour améliorer leur performance.
>
> L'année dernière, lorsque j'étais en classe de première, notre programme se rapportait au développement et au sous-développement. Nous avons cherché des articles du *Monde Diplomatique* et nous nous sommes rendu compte que nous avions des informations plus riches que celles que nous avaient données nos enseignants. Nous avons exploité ensemble ces informations et notre performance à l'examen a été excellente (un élève de Kaffrine).

Les élèves utilisent les TIC pour faire la recherche documentaire et compléter les informations qu'ils reçoivent en classe. Ils pensent que les informations obtenues grâce à la recherche documentaire sont plus complètes et plus actuelles que celles que leur fournissent leurs enseignants. D'ordinaire, les élèves de la même classe ou du même niveau partagent le coût de la recherche documentaire nécessaire sur un thème, y compris le coût de l'impression des documents. Ils réduisent ainsi les coûts et peuvent mieux accéder à ces services.

Les enseignants qui utilisent les TIC pour l'enseignement et l'apprentissage ont tendance à :

- Saisir eux-mêmes leurs exercices, notes et épreuves (réduisant ainsi les fuites d'informations avant les examens) ;
- Mettre à la disposition de leurs élèves des cartes, des graphiques, des notes et d'autres informations plus à jour ; et
- Encourager leurs élèves à procéder à une recherche documentaire préparatoire sur Internet avant même d'aborder des sujets en classe.

Voici ce que des enseignants ont déclaré à ce sujet :

> Nous pouvons saisir des informations, naviguer sur Internet et espérer améliorer nos méthodes d'enseignement. Nous pouvons modifier nos outils d'enseignement grâce à la recherche documentaire, le cas échéant. J'essaye d'actualiser mes outils d'enseignement chaque fois que j'ai accès à des informations plus actuelles (un enseignant de Dioffior).

> Nous avons observé une amélioration manifeste de la qualité des documents. Nous travaillions dans le passé dans des conditions très difficiles, utilisant des stencils ou des stylos pour faire des diagrammes. Lorsque nous avions besoin de notes, des secrétaires, qui avaient une mauvaise connaissance des termes techniques, nous dactylographiaient des documents illisibles. Depuis que j'ai commencé à saisir les documents moi-même, j'ai des documents plus présentables. Beaucoup de choses ont changé pour les élèves en ce sens qu'ils ont maintenant accès aux cartes géographiques, à des données statistiques et à d'autres documents d'intérêt pour eux. Cette évolution a incontestablement une incidence sur leurs résultats scolaires (un enseignant de Saint-Louis).

L'accès aux documents

Le GEEP a fait des efforts considérables pour élaborer le contenu de ses activités et l'adapter aux besoins des élèves et des enseignants au niveau local. Ces derniers peuvent ainsi adapter à leurs besoins éducatifs spécifiques le matériel qu'ils puisent d'autres sources.

Les Cyber Jeunes produisent une gamme variée de documents en rapport avec les activités éducatives ou des clubs EVF. Ces documents sont publiés par le GEEP et téléchargés ou produits par les enseignants et, parfois, par les élèves eux-mêmes.

Les élèves peuvent élaborer des guides (comme c'est le cas à Kaffrine, Saint-Louis et Tivaouane), créer des banques de données pour des exercices donnés (à Saint-Louis et à Tivaouane) ou télécharger des documents à partir d'autres sites Web pour des exercices (c'est le cas pour tous les Cyber Jeunes).

L'administration des écoles

Les gains de temps, d'efficacité et d'énergie ont été les principales évolutions que les TIC ont suscitées dans ce domaine, notamment dans :

- La transmission par courrier électronique de documents administratifs (des lettres notamment) à la hiérarchie – les inspectorats d'académie, les responsables du ministère ;
- La saisie et l'impression de documents divers (carnets de notes, bulletins de notes, registres, etc.) qui nécessitaient autrefois les services d'un imprimeur privé ; et
- La création de banques de données (listes des élèves et tableaux d'effectifs, mémos).

Au regard des indicateurs ci-dessus, on observe que la tendance générale est bonne et l'on peut affirmer à juste titre que le terrain a été balisé pour des résultats encourageants. Toutefois, la prudence s'impose, car les grandes contraintes identifiées pourraient inverser la tendance.

La présente étude sur les Cyber Jeunes met en évidence la diversité des activités menées dans les domaines de la communication interpersonnelle (par courrier électronique), de la collecte de données, du travail d'équipe (enseignants et élèves), de l'utilisation de services professionnels (en milieu scolaire et extra-scolaire), des publications sur Internet et de l'auto apprentissage.

Ces activités peuvent ouvrir des perspectives pour les écoles et les communautés dans certains cas, eu égard à l'incidence favorable qu'elles ont eu sur les élèves et d'autres utilisateurs.

Les considérations politiques

Le projet Cyber Jeunes contribue de manière significative aux efforts des autorités sénégalaises en charge de l'éducation visant à étendre l'utilisation des TIC grâce au projet WorLDdu PDEF. Les résultats encourageants peuvent servir à éclairer les décideurs sénégalais dans le domaine de l'éducation pour ce qui est de l'introduction des TIC dans les écoles. Le directeur de l'Enseignement intermédiaire et secondaire s'est fait l'écho de ce vœu à l'occasion du Séminaire africain sur la connexion des écoles, organisé à Okahandja (Namibie) du 17 au 20 juillet 2000.

Conclusions et recommandations

Perpétuer l'expérience des Cyber Jeunes sera une prochaine étape logique. Il s'agit d'un souhait exprimé avec insistance par les utilisateurs, les gestionnaires de club et les autorités des écoles hôtes. Il ressort de la présente étude que l'introduction des TIC dans les écoles et les communautés à la base en Afrique est une entreprise utile et réalisable. D'autres partenaires ont compris l'importance inestimable de cette initiative et prennent déjà des mesures concrètes pour transposer le programme Acacia. On peut citer à ce sujet le programme de School Online, une ONG américaine dont le projet se fonde sur les enseignements tirés du projet pilote de Cyber Jeunes. Récemment, un nouveau club a été créé au CEM Banque islamique avec six postes de travail, tandis que les clubs du Lycée Blaise Diagne (Dakar) et du CEM Kolda (Kolda) ont reçu chacun deux postes de travail pour perfectionner leurs équipements.

Les élèves et les enseignants qui utiliseront ces nouveaux équipements dans les Cyber Jeunes en question s'efforceront certainement davantage de produire du matériel didactique adapté à l'histoire, aux institutions, à la culture et à la géographie de leur région et de leur pays. Ce matériel pourrait alors être publié sur Internet.

Un nombre de recommandations ont été formulées par les parties prenantes et les chercheurs. Ces recommandations sont énoncées plus bas et se rapportent aux quatre thèmes objet de la présente évaluation.

La connectivité et l'accès

- En raison des difficultés de connexion aux serveurs, il serait intéressant d'examiner la possibilité de faire appel à d'autres fournisseurs, encore que cette option soit plus coûteuse. Il serait nécessaire d'être informé à l'avance des coûts d'exploitation des Cyber Jeunes (c'est-à-dire du coût de la connexion, des consommables et de la maintenance) et de savoir comment ces coûts peuvent être couverts ;
- Les Cyber Jeunes doivent examiner les moyens par lesquels les programmes existants peuvent être aménagés pour offrir éventuellement à chaque utilisateur un accès illimité aux équipements ;
- L'État pourrait mettre en place un serveur pour les écoles ; et
- Le projet pourrait également :
    - Mettre en réseau tous les ordinateurs de chaque Cyber Jeunes ;
    - Améliorer les installations techniques en établissant des partenariats intéressants, tout en sollicitant l'apport des associations de parents d'élèves (un quota sur les frais de scolarité) et des écoles hôtes (une partie du budget du département administratif devrait être allouée aux Cyber Jeunes) ;

  - Recruter un spécialiste en TIC pour chaque Cyber Jeunes ou, à défaut, veiller à ce que les enseignants ou les superviseurs consacrent davantage de temps aux clubs ; et
  - Étudier avec la SONATEL la possibilité de supprimer la TVA des factures adressées aux clubs.

Le renforcement des capacités et la formation

- L'État devrait instituer des cours de recyclage pour les animateurs de Cyber Jeunes et les formateurs.
- Les autorités des écoles devraient inclure la formation dans les programmes, utiliser des projecteurs vidéo et des écrans géants pour la formation en groupe et se servir des matières au programme, autant que faire se peut, comme support pour former les élèves à l'utilisation des TIC ; et
- Les autorités en charge de l'éducation devraient intégrer les TIC dans les programmes de formation des enseignants.

L'élaboration des contenus et des programmes

- L'État devrait encourager l'élaboration de programmes adaptés au système éducatif local et à la politique nationale en matière d'éducation et de formation ; et
- Le projet devrait instituer un comité d'élaboration et de validation des programmes au niveau local, encourager l'échange de programmes entre les Cyber Jeunes et promouvoir la fourniture de services au niveau local.

Les considérations politiques

Au niveau politique, il serait possible de collaborer avec les pouvoirs publics pour concevoir des stratégies nationales qui s'inspireraient de l'expérience de la présente initiative de promotion des TIC. Ces stratégies nationales pourraient ensuite aider à formuler une politique nationale sur l'application des TIC dans les écoles. En fait, motivé par la participation des décideurs aux activités du projet GEEP, le ministère de l'éducation a exprimé son intention de s'appuyer sur l'approche et les stratégies du projet pour introduire les TIC dans les écoles au niveau national.

Les partenariats et la durabilité

- Les partenariats, dimension essentielle du présent projet du point de vue de la durabilité et de la pérennisation, devraient bénéficier d'un intérêt accru. Une grande partie des financements du projet proviennent des partenaires au développement. Toutefois, si les partenaires venaient à décider de supprimer les financements en faveur du projet, on ignore quelles mesures seraient prises pour les remplacer. Si l'État adoptait une politique claire en matière d'application des TIC dans les écoles, la situation serait moins problématique et un environnement propice à des formes de partenariat novatrices (entre les secteurs public et privé par exemple) se mettrait en place. Même dans ces conditions, il faudrait encore savoir quelle sorte de partenariat les pouvoirs publics chercheraient à promouvoir.

- L'Etat devrait :
  - Coordonner les initiatives du GEEP et du MEN en mettant en place un réseau commun pour les Cyber Jeunes et WorLD Links ;
  - S'assurer que tout le matériel et tous les équipements liés aux initiatives de mise en niveau des écoles sont exonérés de taxes ;
  - Encourager les bailleurs de fonds privés à promouvoir les initiatives de mise en niveau des écoles ;
  - Permettre aux Cyber Jeunes de tirer pleinement parti des installations offertes à WorLD par la SONATEL (en prenant des mesures de défiscalisation, en installant gratuitement des lignes téléphoniques et en instituant des frais de connexion de moins de 50 000 Fcfa tous les deux mois par exemple).

Notes

1 Le Club 2/3 a financé ce dernier volet et le FNUAP a fourni des fonds pour plusieurs autres initiatives.

2 Conformément aux dispositions du Programme décennal pour l'éducation et la formation (PDEF), volet 2 : améliorer la qualité de l'enseignement et de l'apprentissage.

Chapitre 7

Schoolnet Afrique du Sud

Edward Holcroft

Contexte

L'Afrique du Sud est unique en son genre sur le continent pour plusieurs raisons. Sortie récemment du système de l'apartheid, l'Afrique du Sud a en quelque sorte, sa propre fracture numérique. Le pays vit en effet une situation paradoxale où les meilleures pratiques en matière de commerce, d'affaires et de technologies côtoient un système social caractérisé par un analphabétisme généralisé, la pauvreté, le chômage, la criminalité et les maladies. Ce paradoxe est confirmé par les succès remarquables enregistrés dans l'édification d'un nouveau système éducatif et des politiques y afférentes, alors que l'on note aussi des pénuries chroniques de ressources et, notamment de TIC dans les établissements scolaires.

Contexte socio-économique

Après une longue lutte pour l'instauration des droits politiques et l'abolition du système d'apartheid, le pays a organisé ses premières élections multiraciales et installé au pouvoir un gouvernement démocratiquement élu en 1994. En juin 1999, l'Afrique du Sud a organisé avec succès les deuxièmes élections démocratiques de son histoire qui marquaient aussi l'avènement officiel de l'ère post-Mandela. Au rang des aspects positifs de la nouvelle Afrique du Sud, nous avons la promesse de normalisation des relations du pays avec l'extérieur et la démarginalisation économique envisagée pour les communautés défavorisées.

En raison de la richesse minière et marine du pays, de son réseau d'infrastructures, de ses services financiers, de sa main-d'œuvre et de son

Encadré 1 : L'Afrique du Sud en bref

Superficie : 1 219 912 km²
Capitale : Pretoria
Population : 43 586 097 (estimations de la CIA, juillet 2001)[1]
Répartition de la population par âge
0-14 ans 32,01 %
15-64 ans 63,11 %
Plus de 65 ans : 4,88 % (estimations de 2001)
Urbanisation : 54 % de la population vivant en zone urbaine (WPB 2001)[2]
Taux d'alphabétisation : 81,8 % (de personnes âgées de plus de 15 ans)
Espérance de vie : 48,9 ans (estimations de 2001)
Taux de chômage : 30 % (estimations de 2000)
Langues officielles : 11
Télécommunications :
Lignes fixes : 5,85 millions (estimations de 2001)[3]
Lignes mobiles : 9,4 millions (statistiques sur les cellulaires, novembre 2001)[4]
Lignes Internet : 2,85 millions (BMI-TechKnowledge 2001)[5]
Nombre d'enfants scolarisés[6]
Cycle primaire : 133 % des enfants en âge scolaire
Cycle secondaire : 94 % des enfants en âge scolaire[7]
Enquête d'évaluation
Taille de l'échantillon
Nombre d'établissements scolaires : 10 (deux dans cinq provinces)
Nombre de questionnaires pour les élèves : 102
Nombre de questionnaires pour les enseignants : 17
Nombre de réponses de partenaires : 2
Période d'évaluation : octobre 2000 à mai 2001
Informations sur le projet
Titre du projet : SchoolNet Afrique du Sud
Durée du projet : novembre 1997 à nos jours
Contribution du CRDI : 472 000 dollars canadiens (Phase 1)
Organisme d'exécution : SchoolNet Afrique du Sud
Partenaires : CRDI, les ministères national et provinciaux de l'Éducation, Telkom, Nortel, WorLD, IICD, Open Society Foundation SA, Netcorps, VSO Canada
Bénéficiaires : Élèves et enseignants, les ministères national et provinciaux de l'Éducation.

marché, l'Afrique du Sud est l'un des géants économiques de l'Afrique. Ainsi, l'agriculture, les mines, le secteur manufacturier et les infrastructures touristiques constituent les piliers essentiels de l'économie. Toutefois, l'économie sud-africaine présente également plusieurs traits caractéristiques du continent dans son ensemble. Il s'agit notamment d'un taux de croissance démographique élevé, d'une forte dépendance sur les exportations des produits primaires et des inégalités dans la répartition du revenu. Ainsi, près de 50 % des ménages sud-africains gagnent moins de 34 dollars américains par adulte et par mois. Si les performances du pays en matière d'éducation et de santé sont supérieures à la moyenne observée en Afrique subsaharienne, il n'en demeure pas moins qu'il accuse un retard considérable dans la fourniture des services sociaux. On observe ainsi une grande disparité entre les différentes races et régions qui relève de l'héritage de l'ère de l'apartheid. Du reste, l'un des défis majeurs pour l'avenir reste la gestion et la consolidation d'une démocratie fragile dans une société marquée par la diversité culturelle et la relance de l'économie, mais qui souffre encore d'années d'isolement, ainsi que des politiques commerciales et d'investissement tournées vers l'intérieur.

Le cadre éducationnel

Sous l'impulsion du gouvernement démocratique, le système éducatif sud-africain fait l'objet d'une restructuration profonde. En effet, le système hérité par le gouvernement de 1994 était caractérisé par des taux de redoublement élevés, de mauvais résultats scolaires et un enseignement de mauvaise qualité pour les Sud-Africains noirs, ce qui avait pour conséquence un pourcentage élevé d'adultes analphabètes. On estime ainsi que seulement un élève sur trois en Afrique du Sud obtient le diplôme de fin d'études secondaires et que 29 % des enseignants ne l'ont pas obtenu.

D'après le Schools Register of Needs[8], l'Afrique du Sud dispose de près de 27 000 établissements scolaires pour plus de 12 millions d'élèves et environ 380 000 enseignants. Seulement 59 % de ces structures éducatives sont connectées au réseau électrique, 59 % d'entre elles sont dotées de lignes téléphoniques et 15 % disposent d'au moins deux ordinateurs. De plus, une école sur quatre ne dispose pas d'eau à proximité, moins de la moitié (43 %) n'ont pas d'électricité, 73 % ne sont pas dotées d'équipements pédagogiques et 51 % ne disposent pas de manuels scolaires appropriés (Mutume 2000).

Les statistiques montrent que seulement 15 % des établissements scolaires étaient dotés des potentialités de télécommunications correspondant au trio préalable à la connectivité, à savoir le raccordement à un réseau électrique, des lignes de téléphone et au moins deux ordinateurs. La situation était pire dans certaines provinces que dans d'autres. À titre d'exemple, la province septentrionale n'avait qu'un potentiel de 1 % en matière de télécommunications, contre 38 % pour la province du Cap occidental. SchoolNet Afrique du Sud a mené sa propre étude sur la connectivité des établissements scolaires en 1996, et les résultats étaient similaires à ceux du Schools Register. Les recherches ont démontré que près de 1 % des établissements scolaires disposaient d'une certaine forme d'accès à l'Internet. L'accès à l'Internet signifiant toute forme d'accès — il s'agissait dans certains cas d'un seul modem sur un seul ordinateur, ce qui ne voulait pas dire que les élèves des établissements scolaires concernés avaient accès à Internet ou que cet accès faisait l'objet d'un usage à des fins véritablement éducatives.

En septembre 1994, la publication d'un projet de Livre blanc sur l'éducation et la formation a suscité un débat public sur les potentialités d'un nouveau système d'enseignement non racial, non sexiste et démocratique. Les principaux points étaient les suivants :

- Le gouvernement allouera des fonds aux établissements scolaires de façon équitable en vue d'assurer une qualité acceptable de l'enseignement ;
- Des modèles scolaires nationaux uniformes remplaceront les modèles antérieurs tel que le Modèle C[9], les écoles d'agriculture et d'autres ; et l'équité dans l'accès aux institutions d'enseignement consacrée dans la Charte des droits de l'Afrique du Sud serait respectée.

L'éducation officielle comprend l'enseignement classique public (les classes R–3 constituent la phase préparatoire, les classes 4–7 représentent la phase intermédiaire, et le second cycle de l'enseignement secondaire va des classes 8 à 12) la formation pédagogique des enseignants, l'enseignement technique et la formation universitaire.

En 1998, le Curriculum 2005 a été introduit au Niveau 1 en tant que nouveau cadre du programme pour les établissements scolaires du système d'enseignement avec obligation de résultats — Outcomes-based Education (OBE). Le système OBE considère l'apprentissage comme étant essentiellement un processus interactif entre enseignants et apprenants, ces derniers étant au centre du processus et l'enseignant en tant qu'animateur. Le Curriculum 2005 trouve son fondement dans la création d'une structure nationale des examens et de l'Office des examens d'Afrique du Sud. Les deux structures ont été créées conformément à la Loi n° 58 de 1995 dans le but de renforcer, sur le plan structurel, les efforts visant à modifier l'enseignement au niveau des écoles en passant de l'enseignement basé sur le contenu à l'enseignement avec obligation de résultats. Les objectifs clés du Curriculum 2005 visent à passer radicalement des méthodes d'enseignement traditionnelles à des méthodes d'apprentissage plus actives, de l'évaluation motivée par les examens à une évaluation permanente et, enfin de l'apprentissage par cœur à la pensée critique, au raisonnement, à la réflexion et à l'action.

La formation des enseignants

La formation des enseignants en Afrique du Sud se fait à travers deux mécanismes institutionnels :

- Les universités traditionnelles offrent un programme sanctionné par un diplôme post-universitaire en sciences de l'éducation destiné à préparer les étudiants à une carrière dans l'enseignement. En règle générale, il s'agit d'un programme de trois années d'études suivi d'une année d'études sanctionnée par un diplôme. Certaines universités offrent un programme d'enseignement professionnel combiné de quatre ans qui a le même objectif ; et
- À défaut, les futurs enseignants peuvent fréquenter une école normale où la formation débouche sur un diplôme d'enseignant (c'est une formation à plein temps qui dure également quatre ans).

L'élaboration des contenus et des programmes d'enseignement

L'élaboration des programmes et des contenus d'enseignement dans le système éducatif officiel en Afrique du Sud est une mission dévolue aux structures spécialisées des ministères de l'Éducation. Le ministère national de l'Éducation est chargé de l'élaboration du programme de base, le Curriculum 2005. Ce programme est à son tour interprété et mis en œuvre au niveau provincial par les divers ministères provinciaux de l'Éducation. La sélection du matériel d'apprentissage et du contenu des épreuves d'examen relève de la responsabilité commune des établissements scolaires individuels et des ministères provinciaux. Ainsi, les institutions scolaires assument à cet égard la responsabilité principale au niveau du General Education and Training (GET) et les ministères provinciaux de l'Éducation sont chargés du niveau Further Education and Training (FET) et, en particulier, de l'examen de fin d'études secondaires. Les résultats scolaires au niveau provincial sont directement inspirés par le programme national d'enseignement de base.

Le Curriculum 2005 n'exclut pas l'intégration des TIC dans les programmes ; en fait, il encourage leur utilisation le cas échéant, afin d'atteindre certains résultats au plan éducatif. Toutefois, il n'a pas prévu de dispositions spéciales pour l'utilisation des TIC, pas plus qu'il ne contient des directives précises sur l'utilisation des TIC dans le programme de base. En outre, les résultats n'ont pas été conçus de façon à ce que leur réalisation nécessite l'utilisation des TIC.

Les étapes majeures de l'introduction des TIC dans l'enseignement en Afrique du Sud[10]

En Afrique du Sud, l'utilisation des technologies dans l'enseignement figure dans les programmes politiques depuis la fin de l'année 1995. En se libérant du système d'apartheid, le premier gouvernement démocratique s'est trouvé confronté à une foule de problèmes liés à l'enseignement. Au sein et au-delà des cercles politiques, de nombreuses personnes ont commencé à accorder une plus grande attention à la possibilité d'utiliser une gamme de technologies de l'information, de la communication et de diffusion afin de trouver des solutions à ces problèmes. L'intérêt ainsi suscité a entraîné une prolifération de marchands de technologies commercialisant des solutions technologiques « passe-partout », en particulier au ministère national de l'Éducation.

En réponse, le ministère de l'Éducation et la direction de l'éducation ont lancé l'Enquête sur un meilleur système d'enseignement grâce aux technologies— Technology-Enhanced Learning Investigation (TELI) dans le but de mettre en place un cadre politique clair pour l'utilisation efficace des technologies dans l'enseignement. En 1996, le ministre de l'Éducation a publié un appel à candidatures pour la mise en place d'une commission d'études devant plancher sur l'élaboration d'un cadre national et d'un plan stratégique pour un meilleur apprentissage grâce aux technologies. Cela a entraîné une série d'actions dont la liste figure ci-après. Il s'agit notamment de la mise sur pied d'une télévision scolaire et de chaînes de radio télévision, et la création du Centre pour les technologies dans le système éducatif et l'enseignement à distance.

Les principales étapes de l'introduction des technologies dans l'enseignement en Afrique du Sud depuis 1995 sont :

- **Novembre 1995 :** l'atelier du ministère de l'Éducation souligne la nécessité du processus (TELI).
- **Juillet 1996 :** les discussions sur le document de la TELI sont terminées.
- **Septembre 1996 :** le ministère de l'Éducation signe un accord avec la South African Broadcasting Corporation (SABC).
- **Janvier 1997 :** un projet de stratégie est rédigé mais il n'est ni promulgué, ni publié dans le journal officiel.
- **Avril 1997 :** le plan stratégique TELI est achevé et comprend notamment les plans de quatorze projets.
- **Décembre 1997 :** lancement de SchoolNet Afrique du Sud.
- **Décembre 1998 :** finalisation du cadre de prise de décision de la TELI.
- **Février 1999 :** la Conférence conjointe sur la radiodiffusion de la SABC / ministère de l'Éducation relance l'idée d'une chaîne scolaire spécialisée.
- **Août 1999 :** publication par le ministère de la Communication du rapport sur la première phase d'une chaîne scolaire spécialisée.
- **Novembre 1999 :** publication d'un rapport conjoint du ministère de la Communication et du ministère de l'Éducation sur la possibilité de mettre sur pied une chaîne scolaire spécialisée qui propose un réseau scolaire harmonisé.
- **2000 :** Début du projet Khanya dans le Cap occidental.
- **Mars 2000 :** le ministère de l'Éducation dégage le cadre de la chaîne.
- **Février 2001 :** Lancement de Gauteng Online.com dans la province de Gauteng.
- **Mars 2001 :** le Forum national sur les TIC est créé afin d'orienter la stratégie nationale des TIC.

La TELI et l'intégration des TIC dans le système éducatif sud-africain

La TELI a pris l'engagement ferme d'utiliser les technologies dans l'éducation et la formation. Elle souligne l'importance d'un examen minutieux de l'environnement de l'enseignement et de l'apprentissage afin de choisir les technologies à y intégrer. Elle envisage également la nécessité d'identifier les forces et les faiblesses des différentes options technologiques et de les utiliser pour prendre des décisions judicieuses. La commission TELI souligne le danger qu'il y aurait à permettre que les choix technologiques influencent les décisions au plan éducatif sur la façon d'intégrer l'utilisation des technologies dans l'enseignement.

Il offre un cadre de prise de décision qui est en fait la stratégie visant à régler ce problème. L'objet ici est d'opérer des choix technologiques adaptés au contexte éducatif dans lequel ils sont nécessaires afin de s'assurer de l'utilisation aussi judicieuse que possible des rares ressources disponibles. Le cadre du document de synthèse de la commission TELI souligne les défis de la planification et de la mise en œuvre d'une stratégie pour un meilleur enseignement grâce aux technologies et constitue le point de départ d'une enquête sur les différentes technologies pouvant appuyer l'éducation et la formation. Le but visé par cette approche est de mettre en garde contre les projets éducatifs orientés vers les technologies qui n'apportent pas toujours des solutions éducatives efficaces ou durables.

Le Centre pour les technologies dans l'éducation et l'enseignement à distance

Le Centre pour les technologies dans l'éducation et l'enseignement à distance—Centre for Educational Technology and Distance Education (CETDE) a été créé au début de l'année 1997. Il s'agit d'une sous-direction du ministère de l'Éducation qui est la résultante directe du processus TELI. Son mandat était de « promouvoir un apprentissage ouvert et permanent grâce à l'utilisation des médias, des technologies dans l'éducation, des bibliothèques et de l'enseignement à distance » (SADE). Le centre a conçu des directives pour le secteur éducatif, appuyé l'usage des technologies par le truchement de la recherche, coordonné des initiatives et instauré des partenariats entre le gouvernement et le secteur privé.

En Afrique du Sud, l'enseignement est du ressort des autorités provinciales. Par conséquent, le CETDE n'a pas de compétence directe dans la mise en œuvre d'initiatives au niveau scolaire. Toutefois, le rôle du centre est important dans le cadre de nombreuses initiatives au plan national qui ont eu des effets indirects sur l'utilisation des TIC dans l'enseignement. À titre d'exemple, le CETDE et le CRDI ont joué un rôle important dans le lancement de l'initiative SchoolNet Afrique du Sud en novembre 1997.

Les premiers documents TELI décrivaient 19 projets, dont six ont été identifiés comme projets pilotes menés par le CETDE :

- L'audit des TIC dans les établissements scolaires sud-africains ;
- Des travaux de recherche et la production d'un rapport sur le rôle des technologies dans l'appui à la conception et à la mise en œuvre de l'éducation et de la formation à travers des centres d'apprentissage communautaires polyvalents ;

- L'élaboration de normes techniques et de protocoles pour les technologies dans l'enseignement ;
- La mise sur pied d'un centre d'information — une offre pour la conception et la réalisation d'un site Web consacré aux initiatives pour un meilleur système d'apprentissage grâce aux technologies en Afrique du Sud a été adjugée. Ainsi, une version imprimée de certaines informations disponibles sur le site Web a été mise à disposition et a fait l'objet d'une distribution trimestrielle comme supplément de *The Teacher ;*
- La coordination des services de bibliothèques scolaires qui supposait notamment des recherches sur l'avenir des services de bibliothèques ainsi que les normes et critères pour les bibliothèques scolaires ; et
- La collaboration avec la SABC afin de produire des rapports complets portant sur un service de radio scolaire pour l'Afrique du Sud et des interventions à visée éducative à la radio quant à l'éducation des adultes et la formation des jeunes.

Le CETDE a aussi élaboré un cadre pour les normes de qualité en matière d'enseignement à distance. Il s'agissait là d'une action importante dans la mesure où elle énonce les valeurs qui pourraient servir à évaluer la qualité d'un projet pour un système d'apprentissage amélioré grâce aux technologies.

La politique de radiodiffusion de l'Afrique du Sud

Nombre de politiques de radiodiffusion dans les années 90 ont mis l'accent sur sa pertinence et son rôle dans la diffusion des programmes scolaires. En avril 1998, l'Office de radio télévision publique, la SABC, et la direction nationale de l'éducation ont publié un rapport intitulé « Un service radio scolaire pour l'Afrique du Sud – plan stratégique élaboré pour l'Office de radiodiffusion sud-africaine ». Son objet était de préparer la mise en œuvre progressive d'un service de radiodiffusion scolaire qui viendrait en appui à l'enseignement, à l'apprentissage et au développement de l'ensemble du système scolaire. Le rapport décrit un plan stratégique qui garantit la qualité de l'enseignement dispensé et sa viabilité financière. Son importance résidait en effet dans le fait que l'organe de radiodiffusion public avait une mission éducative à remplir. Par conséquent, ces plans mettaient l'accent sur le rôle qu'un service de diffusion pouvait jouer dans l'assistance scolaire en termes d'appui aux programmes, dans la formation professionnelle des enseignants et la gouvernance, ainsi que dans la gestion et l'administration des établissements scolaires. Dans cette optique, le service de radiodiffusion scolaire a été lancé au début de l'année 1999 et se poursuit jusqu'à ce jour.

La vision d'un réseau éducatif national

L'évolution la plus récente dans la politique sud-africaine en matière d'utilisation des TIC dans l'enseignement est la conception d'une vision dont l'objet est de développer un réseau scolaire national. Cette vision a vu le jour dans le cadre des premières tentatives visant à explorer la fiabilité de la mise en place d'un service de radiodiffusion scolaire spécialisé. Ainsi, il s'agissait d'une action conjointe des ministères nationaux de l'Éducation et de la Communication. En substance, elle propose que le gouvernement mette en place un réseau technologique scolaire qui intègre quatre missions essentielles :

- L'acquisition des contenus et leur diffusion ;
- La communication ;
- L'administration et la gestion ; et
- L'expansion et la maintenance du réseau.

Le rapport sur cette vision note que nonobstant des tendances claires de convergence dans la fonctionnalité des TIC et des technologies de radiodiffusion, il existera toujours un secteur de radiodiffusion terrestre dynamique et distinct dans le domaine des communications en Afrique du Sud dans un avenir prévisible. Il propose en effet que les services télévisés et radiodiffusés de la SABC continuent à intégrer une gamme de programmes scolaires et éducatifs sur les chaînes de télévision et stations de radio, comme c'est le cas actuellement, en étendant et en renforçant ces services lorsque les financements prévus à cette fin seront disponibles. Ainsi, si l'on note un intérêt croissant pour l'appui à l'éducation structurée dans des domaines tels que la scolarisation et l'éducation des adultes, il existe également de nombreux programmes éducatifs informels à la radio et à la télévision qui exploitent plusieurs des principales forces de la radiodiffusion scolaire.

Le concept de réseau technologique scolaire nécessite l'extension des infrastructures technologiques à grande échelle. À cet égard, le rapport suggère des investissements judicieux dans l'établissement de sites d'enseignement et d'apprentissage (y compris les établissements scolaires, les centres d'apprentissage pour adultes, les infirmeries, les centres communautaires polyvalents et beaucoup d'autres sites éventuels) autour des centres d'activités. Par le biais d'un réseau élargi, ces centres d'activités donneraient accès aux services du réseau pour les sites d'enseignement et d'apprentissage qui y sont connectés. Ils fourniraient ainsi aux sites connectés la pleine fonctionnalité d'un réseau d'ordinateurs, dont l'accès aux sites Web, les facilités de courrier électronique et des systèmes de bases de données centralisées.

De nombreux projets qui sont actuellement lancés au niveau provincial ou grâce à l'implication des partenaires du secteur privé ont mobilisé des investissements considérables. En 2000, SchoolNet Afrique du Sud gérait des projets qui ont permis l'installation et la mise en réseau de salles d'informatique dans plus de 300 établissements scolaires. Gauteng Online.com, un projet provincial du ministère de l'Éducation du Gauteng, représente un investissement dans les TIC au niveau provincial de 500 millions de rands entre 2001 et 2003. Il existe des plans ambitieux similaires présentés dans le projet Khanya du ministère de l'Éducation du Cap occidental.

Le Forum des TIC

Les processus qui précèdent ont conduit à la création d'un forum national des TIC qui a été conjointement lancé par les ministères de l'Éducation et de la Communication au début de l'année 2001. Ce forum avait pour objet de regrouper les acteurs des secteurs privé et public afin d'appuyer la mise en œuvre d'un réseau scolaire national spécialisé.

Le contexte législatif

Depuis 1995, le Gouvernement a lancé un vaste programme de réformes législatives dans le domaine de l'éducation. Dans cette optique, l'enseignement secondaire en Afrique du Sud est aujourd'hui régi par un arsenal complet de textes législatifs comprenant notamment :

- La loi n° 31 sur le Conseil sud-africain des enseignants de 2000 ;
- La loi n° 48 sur l'amendement des lois sur l'éducation de 1999 ;
- La loi n° 98 sur l'enseignement supérieur et la formation de 1998 ;
- La loi n° 76 sur l'emploi des enseignants de 1998 ;
- La loi n° 100 sur l'amendement des lois sur l'éducation de 1997 ;
- La loi n° 33 sur l'abolition du châtiment corporel de 1997 ;
- La loi n° 84 sur les établissements scolaires sud-africains de 1996 ; et
- La loi n° 27 sur la politique éducative nationale de 1996.

Au moment de l'étude, aucune disposition précise n'était prévue dans la législation pour l'utilisation des TIC dans le secteur éducatif. Toutefois, la documentation sur le programme d'enseignement national confirme l'utilisation des TIC comme l'une des nombreuses stratégies qui peuvent être utilisées dans l'optique de la réalisation des objectifs de l'enseignement (à l'instar du programme TELI) que nous avons examiné plus haut.

Historique du projet

La conceptualisation et le lancement du Projet

Un certain nombre d'ONG locales créées par des enseignants dans le but de fournir des ordinateurs et l'accès à Internet aux établissements scolaires ont été les précurseurs de SchoolNet Afrique du Sud dans ce domaine. Toutefois, la plupart de ces ONG souffraient du manque de financement et d'appui infrastructurel. Afin d'asseoir et d'étendre leur travail, les ONG locales ont envisagé la création d'une organisation nationale faîtière et se sont rapprochées du CRDI pour un appui éventuel. En 1997, le CRDI a réuni les partenaires potentiels et permis d'amorcer des négociations entre les ONG locales et le gouvernement. En fin de compte, il a été décidé que le CETDE assurerait la coordination de l'initiative et que SchoolNet Afrique du Sud serait créé avec un statut autonome. Son mandat stipule en effet que l'organisation devrait encourager les TIC dans le secteur éducatif et l'appui au système éducatif dans quatre principaux domaines :

- La connectivité et la technologie ;
- La valorisation des ressources humaines ;
- Les contenus et le matériel en ligne en fonction du programme ; et
- Le marketing et la promotion.

L'organisation est unique en son genre dans le contexte sud-africain en ce sens qu'elle est dirigée par un conseil exécutif comprenant des représentants d'ONG, du CETDE, du ministère des Arts, de la Culture, des Sciences et de la Technologie, du ministère de la Communication et du ministère du Commerce et de l'Industrie. Au départ, les financements de SchoolNet provenaient en grande partie des bailleurs de fonds et des organisations internationales. Cependant, en 2001, l'essentiel des fonds est venu du secteur privé, soit sous forme de financements directs, soit à travers la fourniture de services et d'équipements. Depuis son démarrage, le CRDI a apporté son concours à SchoolNet Afrique du Sud, appui à la fois financier et en nature. Au rang des contributions en nature, on note la mise à disposition d'un bâtiment au sein de l'ancien bureau sous-régional pour l'Afrique australe du CRDI à Johannesburg, du secrétariat de SchoolNet Afrique du Sud, ainsi que l'appui administratif lié à la gestion financière du projet.

À travers ses activités, l'organisation a démontré que le partenariat entre les secteurs public et privé peut procurer d'énormes avantages. Ainsi, SchoolNet Afrique du Sud est en mesure de promouvoir et d'étendre l'utilisation des ordinateurs et d'Internet aux établissements scolaires.

Le développement de SchoolNet Afrique du Sud au cours de la période concernée par l'évaluation (début 1997 à juillet 2000) peut s'articuler en trois phases :

1) La première phase qui a couru jusqu'en novembre 1997 et est caractérisée par des initiatives d'établissement de réseaux de base disparates dans les établissements scolaires dans certaines provinces. En novembre 1997, le Réseau national des établissements scolaires—National Schools Network (NSN), qui a été créé de façon informelle, s'est réuni afin d'examiner la possibilité de créer un réseau national officiel des établissements scolaires avec pour objectif de poursuivre le développement de l'utilisation des TIC dans le secteur éducatif à l'échelle nationale. SchoolNet a été porté sur les fonts baptismaux au cours de ces assises, ce qui a conduit à la deuxième phase, celle de la planification ;
2) Un plan de gestion a été élaboré par SchoolNet Afrique du Sud et présenté au CRDI en juillet 1998 pour approbation du financement ; et
3) La première phase de 24 mois qui s'est achevée en juillet 2000.

Les objectifs du projet

Les objectifs généraux de SchoolNet Afrique du Sud tourneraient autour de trois thèmes essentiels qui se subdivisaient de la manière suivante :

- *La mise en place de structures et de réseaux dans les neuf provinces.* Dans les deux provinces disposant de réseaux appropriés, SchoolNet apporterait son appui aux structures existantes et utiliserait des établissements scolaires bien implantés comme centres pilotes et de référence pour les activités futures. Dans les quatre provinces disposant de réseaux en gestation et où des initiatives sont en cours, SchoolNet s'appuierait sur des infrastructures et mettrait en place des structures provinciales de SchoolNet, mettrait en œuvre des projets de connexion, créerait des centres de formation et de ressources et conduirait des projets de valorisation des ressources humaines et de formation. Dans les trois autres provinces, SchoolNet établirait des rapports avec les autorités provinciales et les ONG afin de lancer la formation de structures de mise en réseau scolaires ;

- *La valorisation des ressources humaines au niveau provincial.* Le modèle utilisé pour la valorisation des ressources humaines est basé sur le programme de formation WorLD. Divers programmes de formation seront offerts dans les provinces, les districts et les établissements. La formation portera sur l'initiation aux TIC, leur application à l'enseignement (en se servant de WorLD et de tout autre support approprié), l'appui technique en matière de TIC, la gestion et la durabilité des outils des technologies de l'information ; et
- *Le renforcement, au niveau national, des supports d'apprentissage et du matériel didactique, la connectivité et la technologie, ainsi que le développement des ressources humaines.* Il s'agirait de promouvoir le matériel d'apprentissage et d'enseignement approprié sur les TIC, de rechercher des solutions alternatives relatives à l'infrastructure des TIC et à la connectivité, d'harmoniser les supports de formation pertinents et de déterminer les meilleures pratiques à retenir.

Ces objectifs ont guidé la première phase des activités de SchoolNet Afrique du Sud. Les objectifs spécifiques consistaient à mettre en œuvre, au niveau provincial, un modèle pilote de connectivité scolaire dans quatre provinces—le Cap oriental, le KwaZulu-Natal, la Province septentrionale, la Province du Nord-Ouest (Projet SchoolNet 1998). La stratégie de mise en œuvre est définie par les objectifs spécifiques présentés à la prochaine section.

Suivi et évaluation des activités de SchoolNet

SchoolNet Afrique du Sud a décidé d'évaluer l'ensemble de ses activités grâce au suivi et à l'évaluation continus de ses résultats sur la base des critères suivants :

- La mise en place de quatre réseaux scolaires provinciaux opérationnels avec la participation des différents acteurs ;
- L'élaboration d'un modèle d'expansion à d'autres provinces et d'autres pays d'Afrique ;
- La création d'un certain nombre de centres de connectivité et de sites de formation capables d'apporter l'appui nécessaire aux établissements scolaires environnants ;
- La connexion à Internet d'un certain nombre d'établissements participant aux programmes d'apprentissage des TIC tel que prévu dans le programme général de SchoolNet Afrique du Sud ;

- Le rôle du concept de « l'enseignant clé » dans la fourniture de la connectivité en appui aux enseignants qui prennent part aux programmes de valorisation des enseignants ;
- L'importance de l'approche géographique de l'accès au service de connectivité des enseignants et des apprenants situés à des distances raisonnables les uns des autres, notamment par le biais des télécentres ou des centres équipés de matériel éducatif ; et
- L'élaboration d'une carte technologique du minimum d'équipements et de supports requis pour atteindre divers résultats en matière d'enseignement assisté par les TIC, ainsi que les contraintes liées à l'insuffisance des infrastructures techniques dans le pays.

Pour évaluer le projet, SchoolNet a envisagé d'étudier :

- La durabilité, c'est-à-dire l'utilisation continue des équipements des TIC après un ou deux ans ;
- Les résultats académiques découlant de l'usage des TIC, leur degré d'adéquation aux domaines d'étude ciblés et par rapport au soutien des activités des autres projets concernés ; et
- La réussite technique du projet, c'est-à-dire le niveau d'utilisation de la connectivité Internet fournie.

Certains des projets menés par SchoolNet Afrique du Sud nécessitaient des évaluations détaillées et indépendantes. Par exemple, le projet de Telkom visant à raccorder à Internet 1000 établissements (présenté plus loin dans le présent chapitre), ainsi qu'un projet réalisé en collaboration avec la Open Society Foundation (également présenté plus loin) ont été évalués par des experts, des cabinets d'audit indépendants. SchoolNet Afrique du Sud a régulièrement effectué des vérifications internes d'autres projets, tant pendant leur phase d'exécution qu'à leur achèvement.

Ce chapitre ne traite pas des résultats ou des projets au cas par cas. Il donne plutôt une idée générale du contexte et des résultats du projet à la lumière de l'objectif global de l'initiative Acacia. Le rapport révèle également comment chacun des objectifs fixés a été atteint.

Les activités du projet SchoolNet

Le projet et les activités connexes

Le succès de SchoolNet Afrique du Sud est largement dû au soutien dont il a bénéficié de la part d'un large éventail de partenaires. Le tableau 7.1

Tableau 7.1 : Résumé des activités et des partenaires du projet SchoolNet Afrique du Sud

Projet/ partenaire	Valeur du projet	Durée	Portée/ objectif	Résultats/observations
Projet Telkom 1000 établissements connectés à Internet[1]	3 225 132 rands	septembre 1999 - mai 2000	offrir une formation de base en TIC à 2000 enseignants des établissements qui ont reçu des ordinateurs et un accès à Internet de la part de Telkom ; apporter un appui technique et logistique à 850 établissements.	• réalisé dans les neuf provinces • deux enseignants formés dans chacun des 1034 établissements • 88 formateurs, surtout des enseignants • brefs modules de formation de deux jours et confection de manuels de formation et de CD-ROM
Le Phumelela Networks Project appuyé par Nortel[2], Internet Solution (IS) Novell SA et Toshiba[3]	1 500 000 rands	juillet 1999-juillet 2001	offrir trois ordinateurs connectés à Internet dans le Gauteng, le Cap oriental et la Province septentrionale, avec une formation et un appui approprié.	• les serveurs installés dans les communautés, particulièrement dans les établissements • accès à des lignes louées pour deux ans • le produit vedette est le centre de ressources de Katlehong— 50 enseignants et le personnel de 18 ONG initiés aux rudiments des TIC • une adresse électronique a été offerte à chaque ONG • des volontaires canadiens de de Netcorps déployés aux côtés deux techniciens internes pour gérer le centre • élaboration de plans de renforcement des capacités de gestion

Open Society Foundation for South Africa	750 000 rands (Limpopo et Cap oriental)	février 1999-août 2000	mener un projet pilote dans quatre établissements du Cap oriental et améliorer l'enseignement des maths, des sciences et de l'anglais grâce à l'utilisation des TIC utiliser les TIC comme support en matière d'éducation, de gestion et d'administration aux niveaux local et régional.	• 24 enseignants formés à la conception des cours et à l'Internet • 8 enseignants de maths ont bénéficié d'une formation spéciale en géométrie et en Excel • des ordinateurs ont été installés • des ateliers ont été organisés pour déterminer les besoins des établissements des districts en TIC • formation en TIC dans quatre districts • élaboré en étroite collaboration avec le ministère provincial et d'autres programmes d'éducation connexes—DDSP et EMDP
Le World Links for Development (WorLD) de la Banque mondiale	40 000 $ EU	juin 1997-juin 2001	installer et appuyer des réseaux informatiques dans 15 écoles et deux centres de formation en ligne, et y assurer la formation permanente des enseignants et leur fournir un appui, ainsi qu'à un grand nombre d'écoles.	• le premier projet de SchoolNet était très actif dans le Nord-Ouest, le Cap oriental et le KwaZulu-Natal • formation dans le cadre de la phase 1 : connaissances élémentaires en TIC • formation au titre de la deuxième phase : aptitudes à participer à des projets communs associant des écoles et des élèves d'autres régions ; formation technique de

Tableau 7.1 : Résumé des activités et des partenaires du projet SchoolNet Afrique du Sud (suite)

Projet/ partenaire	Valeur du projet	Durée	Portée/ objectif	Résultats/observations
				base sur les réseaux pour doter les enseignants de quelques connaissances en matière de dépannage • 333 enseignants et gestionnaires formés en huit sessions • des difficultés considérables posées par les ordinateurs de seconde main et le peu d'engagement des directions des écoles et des enseignants.
ThinkQuest[4], Advanced Network and Services (International), Telkom Afrique du Sud	150 000 rands par an	annuelle	étendre et appuyer la participation des apprenants sud-africains dans ThinkQuest ; bâtir une bibliothèque accessible aux apprenants du monde entier.	• en 1999, une équipe de 139 membres venant d'Afrique du Sud a pris part au concours, travaillant surtout avec des co-équipiers locaux • les programmes de formation portent sur les méthodes de recherche, la localisation et les informations de référence sur Internet, la création et la présentation d'un site Web.

Volunteer and Internship Project – NetCorps, VSO Canada, IDRC Acacia	260 900 dollars canadiens	février 2000-février 2001	affecter et appuyer 18 volontaires canadiens en Afrique du Sud et designer six internes locaux pour un an ; offrir des emplois et de l'expérience professionnelle à de jeunes canadiens et à la jeunesse locale et renforcer les capacités.	• des volontaires ont été accueillis par SchoolNet et affectés dans les neuf provinces • des internes sud-africains ont été amenés à travailler avec les volontaires canadiens pour promouvoir l'échange de compétences et d'expériences
Le Global Teenager Project – Institut international pour la Communication et le Développement (IICD)	55 000 dollars EU	février 2000-juin 2001	mettre en place des réseaux d'ordinateurs dans quatre établissements du Gauteng et du Nord-Ouest ; appuyer la participation des écoles au Global Teenager Project grâce à des projets collaboratifs basés sur la messagerie électronique	• le projet est axé sur les apprenants et les enseignants des établissements de divers pays collaborant dans le cadre des programmes des projets du I*EARN Learning Circles[5] • le projet a été exécuté en partenariat avec des enseignants appuyés par WorLD • quatre nouveaux sites de projets de Global Teenager ont été mis en place

1 Telkom 1000 Project, http://www.telkom1000.schoolnet.org.za
2 Nortel Phumelela Networks Project, http://www.school.za/projects/nortel
3 Nortel Networks est une multinationale qui fait dans la téléphonie, la collecte de données, le commerce électronique et les solutions mobiles pour Internet. Internet Solutions (IS) intervient essentiellement dans les domaines d'intégration de réseaux et de systèmes et de technologies en rapport avec le commerce électronique, de la convergence de voix/donnée et de la gestion des clients.
4 ThinkQuest est un concours international de conception de matériel Internet qui a connu une adhésion et une participation internationale et invite des équipes d'élèves du secondaire à concevoir des sites Web d'intérêt pour l'éducation. SchoolNet Afrique du Sud a été désigné comme partenaire national en Afrique du Sud et Telkom est le principal organisme de financement. ThinkQuest International est accessible à l'adresse suivante : http://www.thinkquest.org, tandis que la version locale est disponible à : http://www.thinkquest.org.za
5 Le International Education and Resource Network (I*EARN) est un réseau mondial à but non lucratif qui permet aux jeunes d'utiliser l'Internet et d'autres technologies nouvelles pour prendre part à des projets communs en matière d'éducation qui facilitent l'apprentissage, tout en faisant la différence dans le monde, http://www.iearn.org/

présente sommairement ces partenaires et les projets qu'ils ont financés (SchoolNet Afrique du Sud 2000).

SchoolNet Afrique du Sud a joué un rôle primordial dans la conception et le moulage de SchoolNet Africa[16], une initiative visant à appuyer les programmes nationaux de mise en réseau des écoles dans les pays africains. SchoolNet Afrique du Sud a participé à un atelier régional de mise en réseau organisé au Cap en octobre 1999, à l'issue duquel fut publiée la Déclaration du Cap. Des représentants ont été désignés pour présenter les conclusions de l'atelier au Forum pour le développement de l'Afrique tenu en Éthiopie en novembre 1999 qui a identifié le projet SchoolNet Africa comme étant une priorité de développement. En outre, SchoolNet Africa a joué un rôle majeur dans la mise sur pied de SchoolNet Namibia en collaborant avec son directeur et en s'impliquant dans ses activités de planification préliminaires.

SchoolNet Afrique du Sud a également contribué à la conception de la recherche et à l'interprétation des données d'une enquête sur les « campus virtuels » commissionnée par le CRDI pour le compte de l'organe chargé de la politique d'éducation à l'Université du Cap occidental. Ce rapport publié en mai 2000 donne une idée sur la situation de l'informatique et du degré d'utilisation des TIC dans les écoles en 1998, avec des données précieuses sur de nombreux aspects de la fourniture et de l'utilisation des ordinateurs[17].

Les services techniques de SchoolNet Afrique du Sud

Pour répondre aux établissements qui demandaient des services spécialisés de messagerie électronique et d'accès à Internet répondant aux besoins spécifiques des éducateurs, SchoolNet Afrique du Sud a mis sur pied un certain nombre de services techniques pour appuyer ses opérations de mise en réseau des établissements. Ces activités génèrent des revenus pour SchoolNet Afrique du Sud, et le service de messagerie électronique est fourni sur abonnement.

La messagerie électronique scolaire

SchoolNet fournit le service de messagerie électronique scolaire lancé en septembre 1998 et exploité par le Réseau des écoles du Cap occidental—Western Cape School Network (WCSN). La messagerie électronique scolaire est un service de télétraitement pour plusieurs usagers qui offre un accès plus efficace et moins cher au courrier électronique scolaire que les services standards de format ISP. Créé avec le soutien de Uniforum et de l'association des fournisseurs d'accès Internet (ISPA), le service utilise les réseaux commutés de MWeb et de SAIX de Telkom. Le serveur est hébergé gratuitement par Intekom et UUNet.

Au cours de l'année 2000, un nombre important de nouveaux établissements se sont raccordés au service de messagerie électronique dans le cadre du projet Telkom 1000.

Tableau 7.2 : Nombre d'adresses e-mail scolaires par province au 1er septembre 2000

Provinces	Nombre d'adresses e-mail scolaires
Cap oriental	101
État Libre	141
Gauteng	277
KwaZulu-Natal	57
Mpumalanga	61
Cap septentrional	71
Province septentrionale	73
Nord-Ouest	105
Cap occidental	771
TOTAL	1 657

L'administration des domaines

SchoolNet est responsable de la gestion du domaine Internet du second niveau dénommé « school.za » et veille à la bonne gestion des domaines provinciaux du troisième degré (à l'exemple de ecape.school.za). Les noms de domaine permettent aux écoles d'avoir leur localisateur Internet unique et permanent, qui soit indépendant du fournisseur d'accès ou de la technologie d'accès qu'elles utilisent. L'enregistrement des domaines est gratuit pour les écoles.

Hébergement des sites Web

Les réseaux scolaires provinciaux fournissent des services d'hébergement de sites Web aux écoles membres comme avantage lié à leur qualité de membre.

La connectivité des lignes louées

Le WCSN et le Gauteng School Network (GSN) fournissent la connectivité en location aux écoles, en revendant la bande passante d'un fournisseur d'accès à but lucratif. À la fin de mars 2000, les deux réseaux ont fourni la connectivité Internet à 27 sites, avec une bande passante totale combinée de 448 kilooctets par seconde.

Un nombre appréciable d'écoles, en particulier dans les provinces autres que le Gauteng et Le Cap occidental, ont obtenu directement une connectivité en location d'ISP à but lucratif. La valeur de cette forme de connectivité n'a pas été déterminée.

NetDay

NetDay[18], organisation à but non lucratif de la section 21 qui renforce les capacités des écoles et favorise l'accès aux TIC, a été lancé par SchoolNet Afrique du Sud et Sun Microsystems. Sun Microsystems apporte des fonds pour offrir des solutions à faible coût aux fins d'assurer le succès de l'organisation. Le projet n'est pas réservé à quelques partenaires car toutes les personnes morales peuvent être associées au développement des ordinateurs et des technologies connexes dans les écoles. Le concept a vu le jour aux États-Unis d'Amérique en 1995 et, depuis, s'est étendu dans plus de dix pays, dont l'Afrique du Sud.

L'objectif principal de NetDay est d'offrir des solutions technologiques à faible coût aux écoles, aux organisations et aux installations communautaires en :

- Réparant de vieux ordinateurs[19] ;
- Appliquant des options de connexion à faible coût grâce à l'utilisation d'équipements neufs ou réformés; et
- Développant des aptitudes techniques.

Des difficultés n'ont pas manqué, notamment le démarrage des premières opérations et les installations de remise en état à Springs College pour la réparation de vieux ordinateurs. Pour offrir des solutions aux écoles, l'organisation s'est dotée d'un mécanisme de développement de compétences en matière de maintenance. NetDay encourage les internes à présenter l'examen d'obtention de la Certification A+. Quatre techniciens ont été formés en 1999/2000.

Les installations de NetDay à l'échelle nationale comprennent la mise en réseau d'ordinateurs (câblage), la fourniture de l'accès SchoolMail et Internet et la formation de base en maintenance et à l'utilisation des ordinateurs.

Les activités du projet dans les provinces

Les activités de SchoolNet Afrique du Sud se déroulent dans les neuf provinces de l'Afrique du Sud ainsi qu'il suit.

Cap oriental[20]

- Les activités ont essentiellement porté sur le projet Internet pour 1000 écoles de Telkom, en collaboration avec les services provinciaux du ministère de l'Éducation.
- Un coordonnateur local a été désigné pour superviser la formation et les besoins techniques sur les sites ; il est assisté par un volontaire canadien.
- Il n'existe pas de données définitives sur le nombre d'écoles qui ont accès aux TIC, mais 89 autres écoles se sont ajoutées à la liste ; et
- Il existe un centre communautaire à Qunu, avec 54 ordinateurs Pentium et une ligne du réseau numérique de services intégrés (ISDN).

État Libre

- Cent trente-trois (133) écoles ont été équipées d'un ordinateur chacune et ont bénéficié d'un programme de formation ; et
- Trente (30) autres écoles ont été connectées à Internet en mars 2000 dans le cadre du projet Internet pour 1000 écoles de Telkom.

Gauteng

- Le nombre d'écoles est passé de 266 à 2000 à la faveur du projet 1000 de Telkom 1000 ; et
- Trois volontaires canadiens étaient basés à Pretoria, Johannesburg et Katlehong. Le centre de ressources de Katlehong a été créé.

KwaZulu-Natal

- SchoolNet KZN[21] a ouvert un bureau au South African College for Open Learning (SACOL) à Pietermaritzburg. Le bureau dispose d'un administrateur à temps partiel. Le ministère provincial de l'Éducation a fourni une bonne partie de l'appui administratif.

- Le nombre d'écoles membres est passé de 48 à 210, principalement grâce au projet Telkom 1000. Toutes les écoles équipées de lignes téléphoniques ont été approchées afin qu'elles adhèrent au projet.
- Plusieurs programmes de formation ont été organisés à l'intention des enseignants (dans l'après-midi et pendant le week-end) dans deux écoles. À la fin de 1999, 52 enseignants avaient été formés.
- Vingt enseignants du projet WorLD ont été formés à SACOL. Des projets ont été publiés sur les sites Web de SchoolNet KZN et de WorLD ; et
- SchoolNet KZN a été contacté pour assurer la formation au centre communautaire de Manguzi.

Limpopo

- Les activités de SchoolNet ont été lancées par les projets Internet pour Telkom 1000, le Open Society Foundation et Nortel-Phumelela.
- Dans chaque district, le coordonnateur des TIC a travaillé avec le représentant provincial de l'Éducation ; et
- Soixante-trois (63) nouvelles écoles ont reçu des ordinateurs et ont été connectées à Internet.

Mpumalanga

- SchoolNet Mpumalanga a été créé en juin 1999 dans les bureaux des services du ministère de l'Éducation de Mpumalanga, avec un responsable à plein temps au service de SchoolNet Afrique du Sud ; et
- Le ministère de l'Éducation a été associé au projet SCOPE[22], mettant 13 nouveaux ordinateurs à la disposition d'écoles et d'enseignants de la province.

Cap septentrional

- Le projet Internet de Telkom 1000 a fourni des ordinateurs neufs à 96 écoles ; et
- Soixante-quatre (64) écoles ont eu accès à Internet.

Nord-Ouest

- Le Centre de formation communautaire aux technologies de l'information du Lycée de Mmabatho a été mis en route en février 2000. Le projet WorLD a remis 70 ordinateurs à des écoles en 1999. Cinq écoles ont été dotées de centres informatiques entièrement équipés ; et

- Le ministère national de l'Éducation a affecté un employé à plein temps au projet WorLD. L'intéressé est assisté par des volontaires canadiens.

Cap occidental[23]

- Le WCSN est passé de 250 à plus de 1000 écoles en 2000 ; les activités de mise en réseau d'écoles se sont élargies pour intégrer la formation, des services de dépannage, ainsi que des projets éducatifs et des partenariats avec des organismes de financement ;
- Le projet de télécommunications du ministère de l'Éducation du Cap occidental (WCED) a fourni du logiciel, la formation et la connexion à Internet à quelque 200 écoles de la province en 1999.
- Cinq cents dix-sept (517) autres écoles ont été connectées grâce au projet Internet de Telkom 1000 et à d'autres projets ;
- Des partenariats ont été institués en 1999 avec Schools Online (la Mairie de San Francisco), Community HEART, Old Mutual et plusieurs autres organisations ; et
- Un partenariat a été établi avec le WCED et le WCSN pour mettre en place le projet Khanya, un plan d'installation des TIC à des fins éducatives dans toutes les écoles du Cap occidental.

Conférences

Depuis 1999, SchoolNet Afrique du Sud a été associé à l'organisation d'une conférence annuelle destinée principalement aux éducateurs en milieu scolaire. La Millenium Minds Conference de 1999 qui a vu la participation de plus de 800 participants, s'est tenue au Cap et a été conjointement organisée par le WCSN et SchoolNet Afrique du Sud. La conférence a été marquée par une diversité de participants, et des séances de formation ont été organisées en prélude aux travaux. Ces séances de formation étaient destinées aux enseignants qui devaient encore s'initier à la technologie. La conférence a bénéficié de l'appui marqué du secteur privé. Cet appui s'est notamment traduit par le parrainage, des dons en nature sous forme de services et d'infrastructures et la participation de grandes sociétés informatiques[24].

Le SciFest est le festival annuel de la science et de la technologie qui a eu lieu à Grahamstown. SchoolNet Afrique du Sud a participé au SciFest en partenariat avec des entreprises telles que Microsoft, InfoSat, Pinnacle Micro et Intelligence Publishing. Cette participation a suscité une meilleure sensibilisation et une demande de TIC à la base de la part des enseignants et des apprenants. Lors de SciFest 99, SchoolNet a formé 300 enseignants et apprenants à l'utilisation des rudiments de l'Internet dans l'enseignement.

La méthodologie de recherche

L'étude d'évaluation de SchoolNet Afrique du Sud a obéi à la méthodologie de recherche générique décrite au chapitre 2. Une matrice a été élaborée qui met en évidence la relation entre les quatre thèmes et les cinq domaines d'évaluation. Cette matrice est présentée à l'annexe 2. Les descriptions des activités et des projets de SchoolNet Afrique du Sud, telles qu'elles sont présentées dans son rapport annuel pour la période du 1er mars 1999 au 31 mars 2000, ont également été examinées.

Des questionnaires sur support papier ont été remplis par un échantillon d'apprenants et d'enseignants dans chacune des cinq provinces choisies— le Cap occidental, le Cap oriental, le Nord-Ouest, le Gauteng et le KwaZulu-Natal. Dix écoles ont été sélectionnées, dont deux dans chacune des cinq provinces sur lesquelles portait l'étude. Le principal critère était que les écoles retenues devaient refléter la variété des projets que SchoolNet avait lancés au mois de juillet 2000. Des écoles traditionnellement défavorisées ont été sélectionnées. Ces écoles sont en fait les cibles des interventions de SchoolNet dans le domaine des TIC. Aucune école des régions favorisées n'a été retenue. Les questionnaires ont été remplis lors des visites sur le terrain. Le questionnaire destiné aux enseignants a été expérimenté au Millenium Minds de septembre 2000, bien que sans grand succès.

En outre, des entretiens ont été organisés avec :

- Des spécialistes et des gestionnaires de projets de mise en réseau d'écoles au sein et en dehors de SchoolNet Afrique du Sud, y compris des gestionnaires des cinq agences de mise en réseau d'écoles choisies dans les provinces ;
- Deux éducateurs par école — il s'agissait d'éducateurs dans certains cas et du principal ou d'un membre de l'équipe dirigeante de l'école dans d'autres ;
- Dix apprenants par école choisis par les enseignants en informatique et qui étaient tous associés à la promotion des TIC dans leurs écoles respectives. Les éducateurs s'entretenaient individuellement avec les apprenants pour éviter que la présence de tel ou tel éducateur n'influence la réaction des apprenants. Le questionnaire conçu pour les apprenants comportait des questions directes limitées sur SchoolNet Afrique du Sud

parce qu'on supposait que les apprenants avaient eu peu ou pas d'occasions de connaître SchoolNet Afrique du Sud en tant qu'organisation ; et
- *Des partenaires,* quoique deux seulement aient réagi.

Tous ceux qui avaient réagi au questionnaire avaient été invités par courrier électronique à présenter brièvement l'utilisation qu'ils avaient faite de leur ordinateur au cours de la semaine précédente. On espérait que la nature et la portée des réponses pourraient être rapprochées des doléances exprimées dans le questionnaire. Le nombre de réponses reçues a été décevant, avec un taux de réaction de 5,7 % pour les apprenants contre 43,7 % pour les enseignants. Plus de 31 % des courriers destinés aux apprenants ne sont pas arrivés à destination.

La portée de l'étude ne permettait pas d'identifier un échantillon représentatif à l'échelle nationale. Cet aspect devrait être relevé comme une entrave à la recherche et abordé dans une étude plus approfondie.

Les résultats de la recherche

Le contexte scolaire

Au cours de l'atelier organisé pour dresser le bilan de la présente étude d'évaluation, une visite a été organisée dans une école environnante. La visite a été l'occasion de faire quelques observations intéressantes qui illustrent les problèmes rencontrés au niveau des écoles lorsqu'il faut mettre en place un site de SchoolNet et les problèmes circonstanciels qui doivent être abordés pendant la phase de mise en œuvre.

Au Lycée de Katlehong :

- Aucun des 11 ordinateurs n'avait été connecté à l'électricité et le réseau était inexistant ;
- Malgré l'enthousiasme et la ferveur qu'inspiraient au principal les possibilités que pourraient offrir les ordinateurs, aucun cours d'informatique n'avait été lancé à l'école pour l'année 2001. Les cours d'informatique ne devaient commencer que la semaine suivante ;
- Les ordinateurs n'étaient pas du tout utilisés pendant les jours de classe de 8h à 14h au motif qu'il était impossible de répartir convenablement 11 ordinateurs entre les 1600 apprenants de l'établissement. Des cours étaient dispensés à des groupes de 11 élèves après les heures de classe sous forme d'un programme de trois mois conçu pour transmettre aux élèves des connaissances rudimentaires en informatique ;

- Les élèves devaient payer des frais de 100 rands chacun et étaient servis par ordre d'arrivée. La formation avait lieu deux après-midi par semaine, et le laboratoire était fermé aux apprenants pour le reste du temps. Tous les élèves admis à suivre le programme, à l'exception d'un seul, étaient en Grade 12, ce qui porte à croire que leur ancienneté dans l'établissement n'était pas étrangère à leur admission. L'exception en question était un élève de Grade 11 qui était l'expert reconnu en informatique ;
- Les élèves ont expliqué leur participation au programme par le désir d'améliorer rapidement leur performance académique à l'approche des examens de sortie en octobre. Ils étaient convaincus à tort qu'un programme de formation intensif de trois mois en informatique améliorerait leur performance dans des disciplines classiques telles que les mathématiques et l'anglais ;
- Pendant la visite à l'école, deux internes du Centre de ressources de Katlehong ont pu acquérir quelques connaissances sur la maintenance informatique. L'équipe descendue à l'école a pu s'entretenir avec ces internes qui ont lancé un cinglant défi aux enseignants locaux qui, en dépit de la formation et du recyclage, avaient encore besoin d'aide pour accéder au système et naviguer sur la toile chaque fois qu'ils rentraient au Centre ;
- On pensait que les enseignants de sciences pouvaient le mieux utiliser les technologies de l'information ;
- Les éducateurs qui avaient été formés par SchoolNet Afrique du Sud se sont estimés heureux d'avoir eu cette possibilité et ont exprimé le besoin d'une nouvelle formation à l'utilisation d'Internet ; et
- Les éducateurs ont eu l'impression que le principal n'avait aucune connaissance réelle des ordinateurs.

Les structures et les processus institutionnels

Au sein de SchoolNet Afrique du Sud

L'on a observé que les activités de la première phase de SchoolNet Afrique du Sud étaient caractérisées par des cycles de crise interminables qui ont eu pour conséquence une sélection hâtive et incorrecte des écoles, une mauvaise gestion des projets pilotes et une conception précipitée du matériel. Tous ces facteurs compromettraient souvent le processus. Aussi a-t-on dû procéder à une évaluation du matériel qui était déjà compromis. Ce mode de fonctionnement fondé sur les crises apparaissait comme la conséquence d'une capacité insuffisante de l'organisation en ce sens que SchoolNet Afrique du Sud ne pouvait utiliser ses capacités qu'après signature d'un contrat. On a fait remarquer que SchoolNet Afrique du Sud « avait les mains liées » en raison des obligations contractuelles, et que l'organisation n'avait pas les moyens de se passer des financements des bailleurs de fonds, ce qui lui permettrait d'élaborer une vision qui s'inscrive au-delà des exigences contractuelles.

Les institutions externes

En dehors de l'organisation, SchoolNet Afrique du Sud a connu plusieurs cas où des structures institutionnelles précises ont été un obstacle à la promotion de l'utilisation des TIC dans les écoles. À titre d'exemple, dans la province du Nord-Ouest, les différentes directions se chevauchent ; la conséquence en est que les technologies de l'information et de la communication sont localisées dans la direction des finances. L'éducation n'est pas un domaine prioritaire. À la date de l'étude, aucune politique n'avait été formulée en matière d'utilisation des TIC dans l'enseignement. Dans le Gauteng, les enseignants n'étaient pas associés à la planification et à l'exécution des activités de mise en réseau d'écoles, ce qui a eu pour effet une mise en œuvre lente de ses activités.

On a également enregistré des cas où le non-règlement des conflits a donné lieu à l'échec des projets de connexion. Dans le Cap oriental par exemple, on a tiré certains enseignements sur la gestion des conflits. Pendant les premiers jours du projet WorLD, le Eastern Cape Schools Network (Réseau d'écoles du Cap oriental, ECSN) et le ministère provincial de l'Éducation ne s'accordaient pas sur le processus de sélection des écoles. En effet, si l'ECSN voulait bien laisser le choix au ministère de l'Éducation, il proposait qu'un des critères de sélection fût la proximité de centres d'activités. Pour sa part, le ministère insistait sur le redressement des déséquilibres du passé. Les enseignants bénévoles n'étaient pas disposés à se rendre dans les localités reculées situées à plusieurs centaines de kilomètres à leurs propres frais. Résultat : le ministère a choisi des installations dans des zones rurales qui ne bénéficiaient pas de l'aval du corps des volontaires et qui se sont effondrées par la suite. Dans un cas, le ministère a retenu une école sans électricité ni lignes téléphoniques, et les responsables étaient fermement convaincus que SchoolNet Afrique du Sud serait obligée de mettre en place les infrastructures nécessaires. Le résultat en a été qu'on a livré à l'école des équipements inutilisables.

Les stratégies

SchoolNet n'a pas été spécialement actif dans ce domaine, et on a enregistré peu de résultats tangibles. Les principaux informateurs ont donné des réponses mitigées sur l'action de SchoolNet Afrique du Sud dans ce domaine. Le personnel de SchoolNet Afrique du Sud lui-même était d'avis que le volet politique du programme de valorisation des éducateurs était le plus grand succès du projet.

La nature et la portée des activités de SchoolNet Afrique du Sud en rapport avec les questions de politique variaient d'une province à une autre. Très souvent, on n'observait aucune incidence directe sur l'élaboration de politiques, mais plutôt un rôle d'orientation et d'encadrement quant à la méthodologie à suivre. Toutefois, le WCSN a contribué au développement de la politique dans la province, en particulier dans le cadre du projet Khanya. Cette contribution est partie d'une approche qui allait de la base au sommet et s'inspirait des besoins pour aboutir à un processus de formulation de politique. L'organisation a joué un rôle de médiateur entre les besoins réels des écoles et le ministère de l'Éducation, notamment les services en charge des technologies de l'information et des programmes scolaires.

En revanche, les relations entre SchoolNet et le ministère de l'Éducation dans le Cap oriental étaient tendues. En effet, les propositions de SchoolNet Afrique du Sud sur la formulation de la politique d'utilisation des TIC dans l'éducation dans la province n'étaient pas du tout bien accueillies. Dans la province on mettait l'accent sur la mise en place d'une connectivité sans ressource humaine pour traiter d'éventuels problèmes qui surviendraient.

C'est avec le projet WorLD, le premier qu'il a eu à exécuter, que SchoolNet Afrique du Sud a fait sa première expérience sur le plan politique. SchoolNet Afrique du Sud a en effet élaboré des politiques et des directives acceptables sur les heures d'utilisation des ordinateurs, les modalités d'abaissement des coûts, etc. L'organisation a également conçu des organigrammes pour les écoles afin de les guider en tant que centres communautaires, conformément au plan de neuf points élaboré par le Ministère pour le renouveau éducatif en Afrique du Sud. Des modèles de durabilité ont été élaborés pour orienter les écoles sur la manière de préserver le bon fonctionnement des centres d'informatique.

Des activités de cet ordre ont permis à SchoolNet Afrique du Sud de contribuer à la formulation de la politique de l'éducation en Afrique du Sud. Le rôle de plaidoyer consistait à mettre en relief le potentiel des TIC dans l'éducation et à fournir des études de cas sur leur utilisation. Le rôle de SchoolNet en tant que fournisseur d'informations aux communautés de base a été non négligeable et, en ce sens, a contribué au développement de politiques.

La connectivité et l'accès

Le rôle de SchoolNet Afrique du Sud pour ce qui est des objectifs en matière de connectivité consiste à montrer l'utilité des TIC dans l'enseignement et à plaider pour leur utilisation (SchoolNet 2000). SchoolNet Afrique du Sud ne perçoit pas son rôle comme consistant à vulgariser les TIC, mais à offrir des exemples de leur mise en œuvre dans des écoles défavorisées. L'État est perçu comme le principal fournisseur de ces technologies dans l'avenir. La présente section rassemble les données relatives à la première phase des activités de SchoolNet Afrique du Sud visant à assurer une connectivité universelle pour les écoles.

La performance de SchoolNet Afrique du Sud à la date de juillet 2000 était facile à mesurer sur la base des résultats escomptés dans le domaine de la connectivité, résultats dont la plupart ont été atteints grâce à l'établissement et au renforcement de partenariats :

- Appui technique en faveur de 850 écoles grâce au projet Telkom 1000 ;
- Des centres d'informatique communautaires dans le Gauteng et la Province du Nord ;
- Quatre bureaux de district dans la province du Nord connectés dans le cadre d'un projet pilote d'appui à la gestion de l'éducation ;
- Des réseaux informatiques dans 16 écoles avec WorLD ;
- Des centres de formation en ligne dans le KwaZulu-Natal et le Nord-Ouest avec WorLD ;
- Quatre écoles dotées d'un réseau informatique grâce au Global Teenager Project (projet mondial en faveur des adolescents) ;
- Appui technique grâce à 18 stagiaires canadiens et à 6 stagiaires locaux par le biais de NetCorps ;
- Appui local pour la mise en réseau d'écoles grâce au développement de réseaux provinciaux ;
- SchoolMail dans 1657 écoles ; et
- Logiciel et connectivité à travers NetDay.

Plusieurs répondants se sont exprimés sur les effets de la connectivité mais ils avaient tendance à porter essentiellement leur attention au tableau d'ensemble qui pourrait avoir une incidence sur la connectivité dans l'avenir. Voici quelques-unes des observations faites par les acteurs :

- SchoolNet Afrique du Sud a influencé la conception de la connectivité dans les écoles de Uniforum, de l'Association des fournisseurs d'accès Internet (ISPA), de Telkom, du ministère de la Communication et du South African IT Industry Strategy Project (Projet de stratégie du secteur des TI de l'Afrique du Sud, SAITIS en anglais), ce qui a contribué en quelque sorte à éliminer les barrières à l'accès, à en croire le directeur exécutif de SchoolNet Afrique du Sud ;
- La activités de connectivité ont aidé à sensibiliser les éducateurs aux technologies auxquelles ils peuvent accéder ;
- Dans certains cas, les efforts visant à assurer la connectivité ont donné lieu à la mise en place de partenariats entre des écoles « favorisées » et celles « défavorisées » qui ont permis à ces dernières de se faire connaître sur le plan international. Ces partenariats étaient des cadres d'échanges technologiques et culturels mutuels qui ont eu des effets bénéfiques fortuits ; et
- Le parrainage des activités grâce à des partenariats à long terme avec des sociétés d'informatique a été important.

Ces avantages inattendus montrent que les résultats en matière de connectivité sont devenus étroitement liés aux activités de plaidoyer et de sensibilisation de SchoolNet Afrique du Sud. D'autres répondants ont évoqué plus spécifiquement les effets des activités de mise en place de la connectivité :

- Il était important que les enseignants et les élèves mettent en place leurs propres réseaux pour acquérir une expérience pratique ; et
- Certains répondants ont affirmé être déçus du faible niveau de connectivité au lendemain de l'achèvement de vastes projets tels que Telkom 1000 et WorLD. Dans le Gauteng, la connectivité est restée en général faible, et les écoles semblaient hésiter à se connecter aux réseaux provinciaux à cause d'une moindre qualité des services en comparaison des connexions assurées par des canaux commerciaux classiques.

Au cours des visites sur les sites, les enseignants des écoles connectées ont été invités à évaluer la valeur relative des possibilités de communication qu'offrent les ordinateurs. En moyenne, la communication était classée au troisième rang après l'utilisation à des fins administratives et académiques. Soixante et onze pour cent (71) des enseignants enquêtés disposaient d'équipements de courrier électronique dans leur école. Tous ont affirmé que SchoolNet Afrique du Sud a contribué à leur fournir cet accès. Pour vérifier les dires des enseignants selon lesquels ils utilisaient régulièrement des ordinateurs, un courrier électronique a été envoyé à chaque enseignant enquêté qui avait une adresse électronique. Ils ont été invités à répondre au courrier. Près de 50 % d'entre eux ont réagi, ce qui pourrait être considéré comme un taux de réaction satisfaisant, étant donné qu'en moyenne seulement 24 % des enquêtés considéraient la communication comme la fonction principale des ordinateurs dans leur école. Ce taux de réaction soutient favorablement la concurrence avec celui enregistré lors d'un exercice similaire effectué dans un établissement secondaire public bien équipé qui se considère comme un champion national en matière d'utilisation des TIC dans l'éducation.

La même enquête, menée auprès d'apprenants dans les écoles visitées, a donné des résultats tout autres. Seuls deux apprenants sur les 35 des Grades 8-11 qui avaient une adresse électronique ont réagi, et ces réactions sont arrivées quelque deux mois plus tard. Dans le premier questionnaire, quelque 75 % de ces apprenants indiquaient qu'ils utilisaient l'ordinateur plus d'une fois par semaine et, chaque fois, pendant plus d'une heure. Plus de la moitié affirmaient qu'ils utilisent l'Internet et le courrier électronique. Le faible taux de réaction (deux apprenants, soit 8 % des titulaires d'une adresse électronique) ne confirmait pas les déclarations des apprenants.

Ces conclusions cadrent avec les résultats d'une enquête rapide menée dans une grande école. Des courriers électroniques ont été envoyés à chaque apprenant et à chaque éducateur. En dépit de la disponibilité de nombreuses adresses électroniques dans l'école, qui possède son propre serveur dans ses locaux, le nombre total de personnes qui avaient créé une adresse était de 23, dont 3 apprenants et 20 enseignants. Quatre réponses au total ont été reçues, provenant toutes d'éducateurs, soit un taux de réaction de zéro de la part des apprenants et 20 % pour les éducateurs—même le principal n'a pas réagi. Ces taux sont plus faibles que les 47 % pour les éducateurs et les 8 % pour les apprenants dans les écoles traditionnellement défavorisées dans l'étude de cas. On peut donc supposer que le défaut de réaction pourrait tenir à des facteurs autres que le simple défaut d'utilisation des équipements à leur disposition.

Le renforcement des capacités et la formation

Les résultats suivants ont été enregistrés au cours de la première phase :

- Deux mille (2000) enseignants ont été formés grâce au projet Telkom 1000 ;
- En collaboration avec Nortel, deux centres communautaires en ligne ont été créés dans le Gauteng et la Province septentrionale à des fins de formation ;
- Un projet d'appui à la formation a été conduit dans la Province du Nord-Ouest en faveur du personnel des bureaux régionaux et de district ;
- En collaboration avec WorLD, deux centres de formation en ligne ont été créés dans le KwaZulu-Natal et la Province du Nord-Ouest pour former et appuyer les enseignants ;
- Les enseignants des quatre écoles qui étaient équipées de réseaux informatiques grâce aux Global Teenager Project ont été formés et ont bénéficié d'un appui ;
- Quelque 800 participants, des enseignants pour l'essentiel, ont pris part à des programmes de formation et assisté à des exposés à la Conférence annuelle de SchoolNet Afrique du Sud ;
- Quelque 300 apprenants et enseignants ont été formés au SciFest à Grahamstown en 1999 ;
- Des réseaux d'écoles provinciaux ont été mis en place pour la formation des enseignants ; et
- La mise en place du cadre de valorisation des enseignants a été achevée[25], ce qui a permis de poser les bases de la mise en valeur et de la formation futures de ces enseignants. Certains informateurs clés considèrent qu'il s'agit là de la plus importante réalisation de SchoolNet Afrique du Sud dans le domaine de la formation des enseignants.

Les principaux informateurs ont apprécié favorablement l'action de SchoolNet Afrique du Sud en matière de formation des enseignants. Les réponses avaient cependant tendance à énumérer les types d'interventions menées et à donner le nombre d'enseignants intéressés au lieu des effets sur le processus d'intégration des TIC dans l'éducation. Nombre d'observations portent à penser que les informateurs se sont préoccupés davantage du nombre d'éducateurs formés que de l'utilisation qui a été faite de la formation. Le projet Telkom 1000 était sans cesse évoqué dans les entretiens, dans la province du Nord-Ouest et le Cap occidental par exemple, où le projet a conduit à l'arrêt des programmes de formation existants en raison de la pression supplémentaire qu'il a exercée sur les capacités de formation.

Le réseau d'écoles du Gauteng s'est évertué d'expliquer les applications éducatives des TIC, allant ainsi au-delà des fonctions élémentaires des ordinateurs. Une informatrice clé du Cap occidental a laissé entendre qu'elle s'est rendue compte qu'il faut trois ans aux enseignants pour maîtriser l'outil informatique et pouvoir l'utiliser en classe. En conséquence, les résultats ne pourront être perceptibles qu'au bout de deux ans.

Bien qu'on ne dispose pas de données sur l'impact de la formation, l'expérience de SchoolNet a été que les ateliers de formation directe ont eu des effets limités parce qu'ils ne répondaient pas aux exigences des enseignants et ne permettaient pas de leur fournir un appui à long terme.

Un effet majeur des activités de formation a été la mise sur pied de partenariats étroits avec des organismes de premier ordre tels que le ministère national de l'Éducation et le CETDE, dans la mesure où ces partenariats ont permis de financer la valorisation des éducateurs. Les effets des activités de formation des éducateurs ne doivent en conséquence pas se ressentir uniquement dans les salles de classe, mais aussi au niveau des partenaires.

Les conférences

Les conférences de SchoolNet Afrique du Sud ont été le point focal pour la formation des éducateurs. Le Millenium Minds Conference a fourni une formation sur les rudiments de l'informatique, comme l'a fait le SciFest pendant une semaine entière. SchoolNet Afrique du Sud a formé près de 3000 enseignants. Le personnel estime que l'organisation a accompli un bon travail pour avoir fourni du matériel d'auto apprentissage et élaboré un modèle de valorisation des enseignants fondé sur des principes cohérents.

La qualité et la portée de la formation

Une informatrice clé a déclaré que la formation de Telkom 1000 n'était pas aussi performante qu'ils l'auraient souhaité, même si elle a permis d'acquérir quelques connaissances. Elle a ajouté que les enseignants étaient très enthousiastes au sujet de la formation, mais qu'un programme de formation de deux jours n'était pas de nature à influer sur leur enseignement. Dans le KwaZulu-Natal, le projet SchoolNet n'a pas organisé autant d'ateliers qu'ils l'auraient souhaité. Ils ont cependant essayé de dispenser une formation sur les rudiments de l'informatique, une formation d'intégration, et une formation technique, afin que les enseignants ne deviennent pas des « victimes de la machine ».

Des informateurs clés ont également déclaré entre autres choses que :

- Les projets de formation de SchoolNet Afrique du Sud ont été concluants et constituent une bonne occasion pour les écoles d'assurer l'alphabétisation de base ;
- La formation offerte par Telkom 1000 était insuffisante parce qu'elle ne fournissait aucun contexte éducatif, quoiqu'elle eût répondu au besoin de formation de base. Du matériel nouveau devait être conçu et mis gratuitement à la disposition de tous. Les promoteurs de SchoolNet pensent que le cadre de valorisation des éducateurs contribuerait à répondre à ce besoin ; et
- Un représentant du ministère national de l'Éducation a affirmé que ce que SchoolNet Afrique du Sud a fait pour son public cible dans le cadre de Telkom 1000 est « étonnant ». Le choix des écoles constituait cependant un obstacle, car SchoolNet Afrique du Sud n'y était pas associé et les critères qu'il avait proposés avaient été écartés. L'impact de la formation aurait été beaucoup plus grand sans les obstacles d'ordre plolitique externes. De l'avis de cet informateur clé, le plus grand impact de l'action de SchoolNet était son rôle de plaidoyer en faveur de la formation des éducateurs en TIC.

Les niveaux de compétence en informatique

Les enseignants des écoles sélectionnées estimaient qu'ils étaient suffisamment bien formés à l'utilisation des ordinateurs et ont reconnu à l'unanimité que cela était imputable au rôle joué par SchoolNet Afrique du Sud. À l'inverse, seulement 39 % des apprenants enquêtés étaient d'avis que leurs enseignants étaient bien formés à l'utilisation de l'ordinateur.

Plusieurs informateurs ont fait savoir que la durée de la formation était trop courte. Il était très difficile pour les enseignants d'approfondir les connaissances qu'ils avaient acquises, et c'est pour les enseignants qui avaient déjà quelques connaissances en informatique que la formation a été le plus bénéfique. Un autre informateur a avancé qu'il fallait du temps aux éducateurs pour assimiler les enseignements dispensés et qu'il était irréaliste de penser que des gens qui n'avaient pas utilisé d'ordinateur auparavant s'en tireraient aussi rapidement. Il a fait remarquer qu'il s'agissait d'un programme intensif et qu'une bonne partie des connaissances serait oubliée. Même si le matériel était de qualité, les enseignants avaient besoin d'exercice jusqu'à ce qu'ils en acquièrent la maîtrise. C'était là une des lacunes du projet Telkom 1000, car la formation ne devrait pas être une action ponctuelle, mais une entreprise permanente et suivie.

L'élaboration des contenus et des programmes

Pour ce qui est de l'élaboration des contenus et des programmes, les effets du projet sont moins palpables que dans des domaines plus quantifiables tels que la connectivité et la formation des enseignants. Le personnel de SchoolNet Afrique du Sud a fait savoir que l'impact majeur pendant la première phase a été de convaincre le ministère de l'Éducation que le contenu et les programmes ne se rapportent pas aux leçons en elles-mêmes, et que « l'utilisation des TIC va au-delà de l'apprentissage et de l'enseignement généraux ». Les concepts d'école en ligne, de portail, etc. seraient expérimentés pendant la deuxième phase en 2001. SchoolNet Afrique du Sud n'a pas beaucoup investi dans ce domaine, principalement parce que l'élaboration des contenus est coûteuse et exige une expertise considérable. Il existe également beaucoup de concepteurs de contenu externes qui pourraient accomplir cette tâche avec plus d'efficacité.

Dans certaines provinces, les informateurs ont été invités à se prononcer sur les initiatives locales. Leurs réponses ont confirmé que le contenu et l'élaboration des programmes n'ont pas bénéficié du même intérêt que d'autres domaines du projet SchoolNet. Par exemple, dans la province du Nord-Ouest, la structure chargée de la communication et des examens du ministère provincial de l'Éducation comporte une dimension relative à l'enseignement des technologies qui traite des questions de contenu. Dans le Gauteng, la réponse obtenue était un candide « Rien. Nous n'avons pas de ressources ». De même, dans le Cap occidental, les informateurs ont déclaré qu'il y avait beaucoup à faire et que ce domaine était prioritaire, mais n'avait pas bénéficié d'une grande attention. Cet état de choses était imputable en grande partie à l'absence de financement. Des individus se sont timidement efforcés de créer un site Web à caractère scientifique, mais SchoolNet Afrique du Sud n'a pas poussé ces efforts jusqu'au bout.

Le tableau d'ensemble est prometteur si l'on considère les réalisations et les projets au lieu des échecs. Le coordonnateur sud-africain de ThinkQuest a expliqué que cette concurrence mondiale s'inscrit dans le cadre d'un effort visant à créer des sites Web à caractère éducatif en rapport avec des idées pertinentes sur le plan local.

Les initiatives provinciales

Des débats ont également eu lieu dans le Cap occidental sur une maquette relative à l'élaboration de programmes fondés sur les enseignants dont le contenu peut être mis à la disposition d'autres enseignants dans un site Web. Toutefois, pour accéder à un contenu en ligne, les éducateurs doivent pouvoir accéder à Internet et à la toile.

Dans le KwaZulu-Natal, un partenariat a été établi avec une société de formation nationale qui offre gratuitement des contenus pour mettre en œuvre l'International Computer Drivers Licence (ICDL) avec un contenu scolaire. Le projet, dont le lieu d'exécution est le Hilton College, rentre dans le cadre de l'initiative de sensibilisation communautaire, mais il n'en était encore qu'à la phase embryonnaire à la date de l'étude. L'école élabore également un programme de formation de base sur les connaissances pédagogiques classiques et la manière dont les technologies de l'information peuvent y être introduites.

Une responsable départementale du KwaZulu-Natal détachée pour appuyer SchoolNet Afrique du Sud est associée à la planification du matériel de valorisation des enseignants en collaboration avec TELI. Elle a utilisé un projet de formation de WorLD pour tester le matériel et a élaboré quatre projets communs qui figurent sur le site Web KZN de SchoolNet[26]. On se plaint cependant que les écoles ont été déçues par la connectivité, point de vue partagé par d'autres informateurs. De ces observations récurrentes sur la connectivité, on pourrait déduire que SchoolNet Afrique du Sud a opté pour la bonne stratégie en s'intéressant d'abord à la connectivité, même si certains connaisseurs ne souscrivaient pas entièrement à cette démarche.

Dans le Cap oriental, SchoolNet Afrique du Sud tient un serveur de liste des écoles connectées — ce serveur est utilisé pour le courrier électronique. SchoolNet dispose également d'un site avec des liens vers SchoolNet Afrique du Sud, mais ce site est très statique. Le précédent coordonnateur de SchoolNet pensait qu'il était impossible d'élaborer les contenus et les programmes au niveau provincial et a affirmé que cet effort doit être coordonné au niveau national et cibler les enseignants sur le terrain.

Le WCDE a commis un expert pour suivre le processus de mise en œuvre. Les observations des informateurs dans la province donnent à penser que le matériel didactique doit être publié sur la Toile pour permettre aux enseignants défavorisés d'accéder au matériel dont ils ont besoin pour dispenser leurs cours et aux apprenants d'y avoir accès directement, le cas échéant. SchoolNet Afrique du Sud étudiait la possibilité d'ouvrir une fenêtre pour les mathématiques, les sciences et l'anglais — un guichet unique — avec des leçons, des épreuves, des réponses, etc. SchoolNet Afrique du Sud s'est engagé dans un partenariat avec le Learning Channel dans le cadre duquel il pourra accéder à du matériel élaboré par des enseignants compétents et lui donner une forme numérique. Cette formule se fonde sur le modèle de formation de SchoolNet Afrique du Sud qui veut que les enseignants deviennent des concepteurs de contenu.

Selon une vision futuriste, il a été proposé que le ministère national de l'Éducation publie le programme sur la toile pour que les enseignants puissent le télécharger. Le programme serait indicatif et serait sous-tendu par un cadre théorique. Lorsque cette proposition sera mise en œuvre, le programme pourra également être complété.

Le lancement du projet Telkom 1000 en 1999 a été considéré comme un événement décisif d'autant plus que c'était la première fois que SchoolNet Afrique du Sud disposait de moyens financiers pour mettre l'accent sur les solutions éducatives dans le cadre du programme « TIC dans l'éducation ». Les partenariats sont apparus comme un facteur d'une importance vitale dans l'élaboration des contenus et des programmes. C'est ainsi que le projet SCOPE à Umtata a servi de cadre d'essai d'outils didactiques pour les mathématiques et l'anglais, et que le projet Khanya dans le Cap occidental, initialement conçu pour être un projet de connectivité, est aujourd'hui axé sur l'élaboration de contenus et de programmes.

Aucun enseignement majeur n'a été tiré de tel ou tel aspect de l'élaboration de contenus et de programmes, sans doute parce qu'il s'agit d'un domaine qui devait encore prendre forme. Par ailleurs, un membre du personnel de SchoolNet a évoqué l'accès limité à la technologie et à Internet comme une contrainte de taille.

Les informateurs ont exprimé des opinions diverses qui reflétaient probablement leurs préoccupations respectives et non les problèmes d'ordre général pertinents :

- Les interventions en matière d'élaboration de contenus et de programmes doivent avoir une orientation plus cognitive et académique que technologique ;
- Les choses doivent avancer à un rythme beaucoup plus accéléré pour hâter l'élaboration des contenus et des programmes ;
- Un partenariat solide entre les secteurs public et privé est nécessaire pour l'élaboration des programmes ;
- Les projets de recherche sur les contenus fondés sur les TIC et l'enseignement exigent un environnement stable et réglementé pour ne pas interférer avec les processus éducatifs ; et
- Les enseignants semblent plus disposés à acquérir des compétences en matière d'application des TIC que les applications des TIC aux programmes.

Conclusions et recommandations

La présente section examine sommairement certains aspects de la première phase des activités jusqu'en juillet 2000 qui méritent un intérêt particulier. Ces aspects vont au-delà des questions évoquées plus haut.

Intégrer le projet à un organisme existant

Le concept de SchoolNet Afrique du Sud a vu le jour sans rapport aucun avec le principal organisme de financement, le CRDI. Mais c'est dans les structures de cet organisme qu'il a pris corps. C'est là un fait qui semble avoir eu des conséquences appréciables sur les premiers succès de SchoolNet Afrique du Sud et, en particulier, les succès qu'il a pu enregistrer dès ses premiers pas. L'inconvénient que pourrait comporter cet état de choses se rapporte au degré d'autonomie réel des activités de SchoolNet Afrique du Sud. SchoolNet Afrique du Sud est installé actuellement dans ses propres locaux et est une entité juridique distincte. Toutefois, le projet continue de bénéficier de financements essentiels pour certains coûts de fonctionnement, tandis qu'une bonne partie des coûts est couverte grâce à des accords de partenariat avec des organisations autres que le CRDI.

Créer une organisation au mandat clair et moins englobant

Les activités de SchoolNet Afrique du Sud ont été largement guidées par des projets, sans une vision stratégique bien apparente. Si cette approche était acceptable pendant la première phase où la survie était le maître mot, elle ne convient pas pour les phases futures. Des études doivent être menées afin d'examiner la possibilité d'élever l'initiative du rang de projet à celui de programme. L'on doit notamment étudier des modèles durables pratiques, des modèles qui favorisent la coexistence de projets et de programmes, voire le développement de projets existants en programmes indépendants.

La vaste gamme des activités de SchoolNet Afrique du Sud a été également remise en question, et il a été recommandé que le projet se concentre sur quelques domaines biens circonscrits. Au nombre des domaines d'intervention qui pourraient éventuellement être supprimés figurent les questions de politique et d'élaboration des contenus, ce dernier domaine étant déjà marqué par la participation de beaucoup d'autres acteurs.

Susciter une prise de conscience et jouer un rôle de plaidoyer

SchoolNet Afrique du Sud a joué un rôle de premier plan dans la sensibilisation à l'utilisation et à l'importance des TIC dans l'éducation. SchoolNet Afrique du Sud apparaît comme un partenaire stratégique du ministère national de l'Éducation. Le rôle de plaidoyer peut être élargi à d'autres services publics si l'on utilise les moyens déjà en place.

Créer des relations de travail étroites avec les partenaires stratégiques

L'abondante expérience de SchoolNet en matière de collaboration avec des partenaires politiques a conduit à la conclusion que des relations de travail étroites avec des instances de décision politiques, telles que les services publics nationaux et provinciaux, sont importantes. Une bonne exécution des projets devrait contribuer à la formulation de politiques d'avenir, mais la formulation des politiques ne devrait pas être un objectif en soi pour SchoolNet Afrique du Sud. La pleine participation de décideurs politiques à l'exécution des projets est sans doute le meilleur outil de formulation de politiques d'utilisation des TIC dans l'éducation. Toutefois, l'insuffisance des capacités au sein des instances de décision dont les tableaux d'effectifs sont peu étoffés ou dont le personnel manque d'expérience en matière de TIC a été un problème.

Identifier les promoteurs

Nombre d'informateurs ont souligné le rôle joué par les promoteurs. Ces derniers se recrutent à tous les niveaux de l'organisation, du directeur exécutif aux enseignants. Des promoteurs motivés ont été une grande force dans la réalisation des objectifs de SchoolNet Afrique du Sud et l'intervention des acteurs nationaux n'étaient guère nécessaire.

Doter le projet d'un personnel permanent dévoué

Une des difficultés fréquemment évoquées par les informateurs était le manque de personnel capable de mener les activités de SchoolNet Afrique du Sud sur le territoire national. La forte proportion du personnel volontaire (d'ordinaire des enseignants) faisait problème lorsque leur charge de travail habituelle devenait trop lourde. Il en était ainsi en particulier lorsque les écoles étaient tributaires des enseignants volontaires pour l'appui technique.

Avec un personnel permanent, on a observé des différences notables. C'est ainsi que dans le KwaZulu-Natal, le ministère de l'Éducation a détaché un de ses employés à SchoolNet Afrique du Sud, ce qui a galvanisé les activités dans cette province. De même, dans le Gauteng, un administrateur permanent a été désigné pour la gestion administrative quotidienne du projet. Cette mesure a libéré les volontaires et leur a permis de prendre une part plus active à la réalisation du projet. Enfin, grâce à son personnel permanent, le Cap occidental s'est distingué par des activités intenses et de meilleurs rendements.

Au niveau de l'organe exécutif national, la structure de gestion s'occupe de tous les aspects de l'administration financière, des services techniques, de la conception de nouveaux projets et de partenariats. La qualité des effectifs pendant la première phase de SchoolNet Afrique du Sud, les aptitudes techniques, l'esprit d'entreprise et les aptitudes d'établissement de partenariats ainsi qu'une bonne connaissance du secteur éducatif sud-africain ont été des problèmes d'importance.

Réduire l'écart entre les écoles favorisées et celles défavorisées

Conscient de la politique d'apartheid qui a marqué l'histoire de l'Afrique du Sud et du besoin de hâter le développement des écoles historiquement défavorisées, SchoolNet Afrique du Sud a fait un effort délibéré en matière de connectivité dans ces régions. Aussi, le projet Telkom 1000 porte-t-il exclusivement sur ce secteur. Le jumelage d'écoles a été utilisé à bon escient au profit de l'égalité entre les écoles, en particulier dans le Cap occidental et le KwaZulu-Natal. Les différents rôles majeurs que les écoles favorisées peuvent jouer sont en cours d'expérimentation, et les chercheurs estiment qu'il s'agit là d'un domaine où les interventions devraient être renforcées.

Mettre au point des méthodes d'évaluation des avantages découlant de l'intégration des TIC dans les programmes

L'application des TIC à l'éducation laisse souvent apparaître un déphasage entre les TIC elles-mêmes et leur utilisation dans l'éducation. Il faut chercher les moyens de les intégrer efficacement dans les programmes. Les liens doivent apparaître clairement, et c'est là un domaine de recherche potentiel. Il y a également lieu de travailler en étroite collaboration avec les ministères de l'Éducation en raison des implications de l'introduction des TIC sur l'élaboration de programmes. Il faut multiplier les essais pour établir les bienfaits de l'introduction des TIC dans l'éducation, et ces interventions doivent avoir des avantages visibles du point de vue du coût.

Notes

1 Central Intelligence Agency, *CIA – The World Factbook,* http://www.odci.gov/cia/publications/factbook/
2 World Population Bureau. (2001). Population Data Sheet, http://www.prb.org/Content/NavigationMenu/Other_reports/2000-2002/sheet4.html
3 BMI-Techknowledge. (2001). *Communication Technologies Handbook 2001.*
4 Cellular Statistics – Africa, http://www.cellular.co.za/stats/stats-africa.htm
5 BMI-Techknowledge (2001), op. cit.
6 Les chiffres se rapportent au nombre d'enfants de la tranche d'âge définie qui devraient être scolarisés. Les chiffres plus élevés indiquent le nombre d'enfants scolarisés qui ne rentrent pas dans les tranches d'âge établies. Voir Banque mondiale, www4.worldbank.org/afr/stats/adi2002/default.cfm
7 CIA, *The World Factbook.*; pour la carte, voir: http://home.global.co.za/~mercon/map.htm
8 Conseil pour la recherche en sciences humaines (HSRC) et ministère national de l'Éducation (1996). *1996 Schools Register of Needs.* Pretoria: HSRC.
9 Un modèle qui a pris corps dans les régions favorisées en général et qui a permis aux organes de gestion des écoles de prendre une large gamme de décisions sur les structures, la dotation en effectifs, les financements et la structure des frais de scolarité.
10 James, T. (Ed.). (2001). Educational Technology Policy in Southern Africa. In *An Information Policy Handbook for Southern Africa.* Ottawa: CRDI. Une description détaillée des processus d'introduction des TIC dans l'éducation, préparée par Neil Butcher, est fournie dans la présente publication et n'est pas reprise ici. Voir aussi le site web : http://www.dbsa.org/publications/ictpolsa/
11 Telkom 1000 Project, http://www.telkom1000.schoolnet.org.za
12 Nortel Phumelela Networks Project, http://www.school.za/projects/nortel
13 Nortel Networks est une multinationale qui fait dans la téléphonie, la collecte de données, le commerce électronique et les solutions mobiles pour

Internet. Internet Solutions (IS) intervient essentiellement dans les domaines d'intégration de réseaux et de systèmes et de technologies en rapport avec le commerce électronique, de la convergence de voix/donnée et de la gestion des clients.

14 ThinkQuest est un concours international de conception de matériel Internet qui a connu une adhésion et une participation internationale et invite des équipes d'élèves du secondaire à concevoir des sites Web qui présente un intérêt pour l'éducation. SchoolNet Afrique du Sud a été désigné comme partenaire national en Afrique du Sud et Telkom est le principal organisme de financement. ThinkQuest International est accessible à l'adresse suivante : http://www.thinkquest.org, tandis que la version locale est disponible à : http://www.thinkquest.org.za

15 L'International Education and Resource Network (I*EARN) est un réseau mondial à but non lucratif qui permet aux jeunes d'utiliser l'Internet et d'autres technologies nouvelles pour prendre part à des projets communs en matière d'éducation qui facilitent l'apprentissage, tout en faisant la différence dans le monde, http://www.iearn.org/

16 Des informations supplémentaires sur SchoolNet Africa sont disponibles sur le site : http://www.schoolnetafrica.org

17 Le rapport est disponible sur le site : http://www.schoolnet.org.za/schoolsurveys/index.htm

18 NetDay, http://www.netday.org.za

19 En 1999, plus de 800 ordinateurs ont été offerts au projet par le gouvernement et des organisations du secteur privé. Ces machines varient toutes du point de vue des efforts de remise en état qu'elles exigent.

20 Site Web du réseau d'écoles provincial du Cap oriental peut être consulté à l'adresse suivante : http://www.ecape.school.za

21 Site Web du réseau d'écoles provincial du KwaZulu-Natal : http://www.kzn.school.za

22 SchoolNet a passé un accord avec le ministère de l'Éducation et le projet SCOPE financé par la Finlande pour élaborer en partenariat du matériel en vue d'offrir une formation à distance appuyée par des tuteurs aux enseignants.

23 Le site Web du réseau d'écoles provincial du WCSN est le suivant : http://www.wcape.school.za

24 Les travaux sont disponibles en ligne à : http://archive.wcape.school.za/conf99/

25 www.school.za/edict

26 Site Web du réseau d'écoles provincial du KwaZulu-Natal : http://www.kzn.school.za

Chapitre 8

SchoolNet Ouganda – CurriculumNet

Anne Ruhweza Katahoire, Grace Baguma
et Florence Etta

Le contexte du pays

Introduction

Contrairement aux autres réseaux scolaires qui figurent dans la présente étude d'évaluation, le programme Acacia n'a pas apporté un appui direct à SchoolNet Ouganda bien qu'il y ait eu un échange d'expériences. Toutefois, l'Initiative Acacia apporte son appui au projet pilote CurriculumNet en Ouganda qui est mis en œuvre par le Centre national de développement des programmes scolaires (NCDC). Ce projet dispose d'un mécanisme de fourniture de programmes scolaires aux établissements primaires et secondaires par le biais d'outils informatiques et de réseaux de communication. Le projet pilote en question permet de mener des recherches et d'engranger une certaine expérience dans la faisabilité économique, technique et opérationnelle des TIC comme mécanismes d'appui à l'enseignement et à l'apprentissage dans les principales matières du système éducatif.

L'objet de l'Initiative CurriculumNet vise à déterminer la valeur ajoutée des TIC dans le processus éducatif en Ouganda. À cet effet, l'on s'attend à ce que les équipements de TIC renforcent l'apprentissage intra-scolaire et inter-scolaire et que les élèves dans divers établissements scolaires collaborent dans le cadre du processus scolaire en utilisant les TIC pour

Encadré 1 : L'Ouganda en bref

Superficie : 236 040 km²
Situation géographique : Afrique de l'Est, à l'Ouest du Kenya
Capitale : Kampala
Population : 23 985 712 (estimations de juillet 2001)
Répartition de la population par âge
0-14 ans 51,08 %
15-64 ans 46,78 %
Plus de 65 ans: 2,14 % (estimations de 2001)
Espérance de vie : population totale (43,37 ans) ; hommes (42,59 ans) ; femmes (44,17 ans) (estimations de 2001)
Taux d'alphabétisation : 61,8 % de la population adulte (1995)[1]
Langue officielle : Anglais
Télécommunications
Lignes fixes : 80 868 (1998)[2]
Lignes mobiles : 280 000 (novembre 2001)[3]
Nombre d'enfants scolarisés[4]
Cycle primaire : 74 % des enfants en âge scolaire
Cycle secondaire : 12 % des enfants en âge scolaire
Enquête d'évaluation
Titre du projet : SchoolNet Ouganda / CurriculumNet
Organisme d'exécution : SchoolNet Ouganda
Bénéficiaires : 14 établissements scolaires
Taille de l'échantillon
Nombre d'établissements scolaires : 5
Nombre de questionnaires pour les élèves : 141
Nombre d'interviews menées : 18
Nombre de questionnaires via e-mail : 30
Période d'évaluation : de novembre à décembre 2000

une interaction entre eux. On espérait que le projet CurriculumNet bénéficierait de l'expérience actuelle de SchoolNet Ouganda dans ce domaine et que ces expériences représenteraient une contribution utile non seulement dans le cadre du projet CurriculumNet, mais également pour les autres projets de réseau scolaire en Afrique et dans le monde ; d'où l'inclusion de SchoolNet Ouganda dans cette étude d'évaluation panafricaine.

Les TIC dans les établissements scolaires ougandais

L'éducation formelle en Ouganda a été introduite par les missionnaires du début du 19e siècle. Le système éducatif formel est constitué de sept années d'enseignement primaire, de quatre années de 1er cycle secondaire et de deux ans de second cycle secondaire. Ainsi, au terme des sept années d'enseignement primaire, les élèves passent le Certificat d'études primaires (CEP). Ceux qui choisissent de continuer avec l'enseignement secondaire suivent quatre années d'études avant les examens du Ordinary Level qui est organisé par l'Office national des examens d'Ouganda (UNEB). Après quoi, ils suivent deux années d'études supplémentaires qui sont sanctionnées par l'examen Advanced Level qui est également organisé par l'UNEB.

En dépit des troubles politiques et du déclin considérable de l'économie, le système éducatif a connu une expansion considérable comme l'atteste le nombre croissant d'établissements scolaires subventionnés par l'État. Depuis l'introduction de l'Éducation primaire universelle (EPU), les effectifs dans les écoles primaires en Ouganda ont plus que doublé. Ainsi, en l'an 2000, le nombre d'élèves inscrits dans les établissements primaires s'élevait à plus de 6,5 millions contre 1,3 million en 1980. Afin d'abriter cette population en âge scolaire en augmentation, le nombre d'établissements scolaires primaires est passé de 4276 en 1980 à 9500 en 1997. Du reste, un peu moins de la moitié des élèves du cycle primaire sont des filles. En 1999, le nombre d'enseignants du cycle primaire était de 110 298.

L'enseignement secondaire, qui par le passé constituait un cycle d'enseignement relativement restreint par rapport à l'ensemble du système éducatif, a connu une croissance plus rapide au cours des dernières années. D'après des statistiques officielles de 1994, on comptait 666 établissements scolaires subventionnés par l'État et 44 pour cent des élèves étaient des filles. De tous les élèves qui terminent avec succès leur cycle primaire, seuls 25 pour cent d'entre eux achèvent leurs études secondaires et un cinquième uniquement obtient l'équivalent du baccalauréat en Ouganda. En 1999, le nombre total d'enseignants du secondaire était de 22 599.

Le ministère de l'Éducation et des Sports classe les établissements secondaires en deux catégories : les institutions d'enseignement secondaire subventionnées par l'État et les établissements privés, la différence ici résidant dans le fait que les premiers reçoivent des financements de l'État. En réalité, le montant de ce financement pour les établissements subventionnés représente la proportion minimale de tout budget scolaire, ce qui rend ainsi la distinction entre les deux types d'établissements mineure.

L'autre classification des établissements secondaires est fondée sur l'origine. Les institutions d'enseignement les plus anciennes ont, en effet, été créées par les missionnaires. Du fait de leur histoire, ces institutions sont de loin les mieux équipées, bien qu'elles ne soient ni les mieux gérées, ni celles qui connaissent le plus de succès au plan scolaire. En outre, l'autre groupe d'établissements secondaires est celui créé dans les années 60 et 70 dans le cadre des programmes financés par les bailleurs de fonds internationaux. Ces établissements scolaires sont souvent connus sous le vocable « d'établissements IDA » parce qu'ils ont été financés dans le cadre des activités du programme de l'Agence internationale de développement. Ils disposent de locaux viables dont certains ont été sérieusement endommagés pendant la guerre civile ou du fait de négligence. D'autres ont été pillés lors des divers conflits et sont par conséquent très peu dotés en équipements. Plus récemment, des établissements subventionnés par l'État et des institutions privées ont été créés mais ils ont été gravement affectés par la situation économique actuelle que traverse l'État. Ils sont souvent appelés « établissements scolaires du tiers-monde ». Un examen des statistiques officielles indique que la plupart des établissements secondaires de niveau O-level sont des externats mixtes (73 pour cent) tandis que les internats pour filles sont plus nombreux que ceux pour garçons ou les internats mixtes (avec un ratio de 2 pour 1). Bien plus, la croissance et le développement de l'enseignement secondaire en Ouganda ont entraîné l'émergence dans le temps de divers types de programmes scolaires de divers niveaux dans les établissements secondaires.

La croissance rapide de la demande dans l'enseignement secondaire en Ouganda et les graves contraintes financières qui pèsent sur les dépenses de l'État du fait de la longue crise économique ont entraîné des augmentations substantielles des financements familiaux et communautaires de l'enseignement secondaire. Ainsi, le nombre d'établissements secondaires a augmenté considérablement dans les années 1990. Toutefois, plusieurs de ces institutions d'enseignement ne disposaient pas d'infrastructures physiques et n'étaient pas en mesure de payer aux enseignants des salaires convenables ou de fournir des manuels scolaires ou du matériel didactique. Par conséquent, tous les établissements scolaires, qu'ils soient subventionnés par l'État ou privés, comptent principalement sur les frais de scolarité, les contributions des associations de parents d'élèves (APE) et sur d'autres frais pour couvrir les coûts. En effet, il existe encore des centaines d'établissements scolaires qui n'ont pas de laboratoire, ni d'équipements scientifiques ou de manuels scolaires en nombre suffisant. En outre, l'enseignement secondaire ougandais continue à faire face aux mêmes défis, au même titre que beaucoup d'autres pays en développement : dispenser un enseignement de meilleure qualité et conférer à l'éducation une plus grande utilité avec des ressources limitées et un nombre croissant d'élèves. Par ailleurs, les problèmes financiers et les troubles civils ont rendu la situation en Ouganda particulièrement difficile.

La gestion des établissements secondaires est entre les mains des conseils d'administration et des APE qui travaillent avec les directeurs et le personnel. Les conseils d'administration ont été créés en 1962 et ils sont l'organe suprême chargé d'assister le directeur dans la gestion de l'établissement conformément aux politiques et procédures gouvernementales. En revanche, les APE sont des organisations volontaires qui doivent cependant être reconnues par le ministère de l'Éducation et des Sports. Ainsi, les APE jouent un rôle majeur dans l'assistance, la construction et le développement des établissements scolaires. Il existe un certain nombre de différences importantes entre les deux organes : les APE sont autorisées à collecter des frais extrascolaires en plus des financements étatiques, alors que les conseils d'administration n'ont pas le pouvoir de collecter de l'argent. Ils ont cependant le pouvoir d'examiner la conduite professionnelle des APE et d'approuver les recommandations des APE se rapportant aux finances, à la discipline et aux projets de développement. De ce point de vue, le contrôle de l'État dans les activités quotidiennes des établissements scolaires est limité. Le personnel et les ressources physiques de chaque établissement scolaire sont gérés par les deux structures, d'où la possibilité et même la certitude de différences majeures dans la fourniture de services entre établissements scolaires et même entre districts et régions.

Historique du projet

Conceptualisation et lancement du projet

SchoolNet Ouganda est une excroissance de ce qui était au départ le programme World LinKs for Development (WorLD) en Ouganda qui en était le premier pays pilote. Ces efforts ont commencé en 1996 avec l'initiative de partenariat School-to-School Initiative–STSI, un programme principalement axé sur l'appui aux élèves dans l'acquisition des rudiments de l'informatique et de communiquer via Internet. Dans le cadre du projet pilote, trois grands établissements secondaires de Kampala comptant environ 930 élèves ont reçu les ordinateurs et les logiciels pour la formation et la connexion. Il s'agissait du Lycée de Gayaza, du Collège Namilyango et du Collège secondaire de Mengo, tous situés dans un rayon de 10 à 15 km de Kampala. Ils ont été choisis conformément aux critères suivants :

- Existence d'infrastructures de télécommunications ;
- Existence d'une salle sécurisée ;
- Opportunité d'une autonomie à long terme ;
- Intérêt de la communauté ; et
- Capacité d'innovation.

En 1998, le programme a été élargi pour inclure dix établissements scolaires et former 55 enseignants et administrateurs. Des tentatives ont été faites pour engager des activités d'apprentissage à distance en collaboration avec des établissements scolaires américains mais aucune n'a été pleinement réalisée. Au moment de l'étude d'évaluation en décembre 2000, le programme WorLD était mis en œuvre dans 20 établissements scolaires, avec des degrés divers de connectivité et d'équipement. On envisageait également l'inclusion dans le programme de dix autres établissements scolaires.

WorLD et I*EARN et Schools Online USA se sont associés afin d'établir un partenariat pour un apprentissage à l'échelle mondiale. Dans le cadre de ce partenariat, Schools Online USA fournissait les équipements, WorLD mettait à disposition l'expertise pour la formation ainsi que le matériel nécessaire, tandis que I*EARN offrait des opportunités de projets de collaboration. SchoolNet Ouganda est ainsi chargé de mettre en œuvre le programme de l'Alliance pour l'apprentissage à l'échelle mondiale dans les établissements secondaires ougandais.

SchoolNet Ouganda gère des terminaux de très petite ouverture (VSAT) dans dix localités rurales. Il organise aussi des programmes de formation et des ateliers pour le perfectionnement des enseignants à l'utilisation des ordinateurs. La formation est échelonnée et l'on encourage au moins deux enseignants et le directeur de chacun des établissements scolaires membres à y prendre part. D'après le coordonnateur national, près de 120 enseignants et administrateurs avaient suivi les deux premières phases de la formation au moment de l'étude.

Les objectifs du projet

SchoolNet Ouganda a pour but de promouvoir et d'appuyer le développement d'Internet à des fins éducatives dans les institutions scolaires ougandaises. Il vise à :

- Coordonner l'utilisation des technologies de l'information et de la communication dans les établissements scolaires ;
- Consolider et partager les expériences dans l'utilisation des TIC dans l'éducation au bénéfice d'autres établissements scolaires ;
- Appuyer les enseignants et les apprenants à travers :
    - La mise à disposition de leadership, d'expertise et de ressources ;
    - Le développement de partenariats efficaces dans les domaines de la connexion Internet et des technologies appropriées ;
    - Le développement d'un contenu électronique en ligne ainsi que des ressources dans les domaines de l'enseignement et de l'apprentissage ;
    - Le perfectionnement des ressources humaines et le renforcement des capacités ; et
    - Le plaidoyer en faveur des TIC dans les établissements scolaires.

Les bénéficiaires

La liste des membres de SchoolNet Ouganda est constituée des quatorze établissements d'enseignement secondaire que sont : le collège d'enseignement secondaire de Bombo, le collège d'enseignement secondaire de Bukoyo, le collège de Busoga, le lycée de Gayaza, le collège d'enseignement secondaire d'Iganga, le collège d'enseignement secondaire de Kipuli, le Kings College de Budo, le collège de Kitante, le collège d'enseignement secondaire de Lubin, le collège de Makerere, le collège de Mengo, le collège des filles de Nabisunsa, le collège de Namilyango et le collège d'enseignement secondaire de St James.

Les structures institutionnelles et le personnel

SchoolNet Ouganda a été lancé en 1999 en tant qu'ONG. L'idée de créer cette ONG est née des expériences et des besoins évalués par le programme WorLD dans la fourniture d'accès à Internet aux établissements d'enseignement secondaire en Ouganda.

En l'an 2000, SchoolNet Ouganda n'était pas encore pleinement opérationnel en tant qu'organisation dans la mesure où ses statuts n'étaient pas encore en vigueur. Aucune assemblée générale n'avait été convoquée depuis son lancement. Par conséquent, l'organisation ne disposait pas d'organe exécutif. Les établissements scolaires membres n'avaient pas encore commencé à payer leurs cotisations tel que stipulé dans les statuts. Ainsi, SchoolNet Ouganda compte entièrement sur les financements des bailleurs de fonds. Il est en effet doté d'un secrétariat financé par l'Alliance pour l'apprentissage à l'échelle mondiale. Ce financement sert à payer le salaire de deux membres du personnel – le coordonnateur national et le coordonnateur technique.

Suivi et évaluation – Évaluations du projet WorLD

Le programme WorLD a mené deux évaluations de ses projets en Ouganda. Au cours de la dernière évaluation menée en l'an 2000, le ratio élève/ordinateur dans les établissements scolaires du programme WorLD en Ouganda était de 70 élèves pour 1 ordinateur, ce qui était inférieur aux ratios moyens en Afrique, et dans d'autres pays où existe le programme WorLD.

Le rapport fait observer que les établissements scolaires ougandais étaient au-dessus des moyennes africaines et de WorLD dans les domaines suivants :

- Les enseignants et les élèves passent beaucoup plus de temps à utiliser les TIC dans les établissements scolaires ;
- Les élèves ougandais utilisent plus fréquemment et de façon beaucoup plus poussée les TIC tout en se concentrant beaucoup plus sur l'informatique et le traitement de texte ;
- Les établissements scolaires en Ouganda ont souvent recours à des méthodes pédagogiques qui favorisent l'autonomie des élèves ;
- Les élèves ougandais d'après certaines indications participent à des activités d'apprentissage qui les exposent au contenu des matières et promeuvent l'interaction entre élèves et enseignants ; et
- Les élèves ougandais ont un sens élevé de la collaboration.

Les domaines dans lesquels les établissements scolaires ougandais ont enregistré des résultats inférieurs aux moyennes africaines et de WorLD sont les suivants :

- Bien que des ateliers de formation aient été organisés par le personnel de la Banque mondiale surtout à l'intention des enseignants et du personnel administratif, l'on n'a pas observé une grande variété dans l'appui reçu par les enseignants ;
- Il a été rapporté qu'une formation informelle d'enseignant à enseignant est dispensée dans les établissements scolaires. Toutefois, il semble que moins de 25 pour cent des enseignants ont reçu une formation informelle. Les thèmes de formation portaient sur l'utilisation des ordinateurs, des applications et logiciels Internet ainsi que la conception et la gestion de projets conjoints ;
- Un faible pourcentage de femmes a participé aux activités WorLD ;
- Les compétences en matière de technologie et les attitudes vis-à-vis des TIC se sont considérablement améliorées grâce au programme WorLD, mais elles restent toutefois faibles ;
- Les capacités de communication et d'information ont également été influencées par le programme WorLD, mais elles restent inférieures à la moyenne ; et
- La plupart des élèves en Ouganda sont sensibles et ont une attitude positive à l'égard de cultures différentes.

Les élèves d'après les indications, font également montre d'attitudes positives vis-à-vis de l'éducation. Les principales entraves à la mise en œuvre des projets qui sont relevées dans le rapport sont le manque d'ordinateurs / logiciels, les problèmes d'infrastructure / de connectivité, l'absence d'une politique nationale dans le domaine informatique et le manque de temps dans les programmes scolaires.

Le processus de recherche en Ouganda

L'évaluation menée en Ouganda était principalement axée sur les activités de SchoolNet Ouganda et répondait aux thèmes de recherche # 3 et # 4 tels qu'énoncés au chapitre 2 :

- Quels sont les thèmes communs, les tendances et les leçons qui se dégagent du réseau scolaire et qui pourraient être utiles aux futurs projets de SchoolNet et aux activités d'évaluation?

- Quels sont les domaines qui nécessitent des recherches plus poussées et quel serait le programme d'évaluation et de recherche pour les phases ultérieures à proposer au CRDI (Centre de recherches pour le développement international) ?

Étant donné que les évaluations antérieures avaient déjà été menées par WorLD, la présente étude met particulièrement l'accent sur les utilisateurs des TIC en milieu scolaire. Elle ne couvre donc pas dans les détails les aspects liés à la planification et à la mise en œuvre des projets, aux mécanismes institutionnels et aux structures de gestion.

La méthodologie comprend les éléments suivants :

Les instruments de recherche

Un atelier national s'est tenu en septembre 2000 pour la maîtrise et l'adaptation des instruments. Pendant cet atelier, l'équipe de recherche et les autres parties prenantes ont été initiées à la conception, à la méthodologie et aux instruments de l'étude. En exploitant les contributions des différents acteurs, les instruments ont été adaptés à l'environnement national et un test pilote a été mené dans l'un des établissements scolaires mettant en œuvre le projet SchoolNet dans une localité proche de Kampala. Conséquence du test pilote, des changements ont été opérés dans les instruments utilisés avant le test et deux instruments supplémentaires ont été conçus.

Une décision a été prise pour séparer les instruments destinés aux administrateurs scolaires et au Coordonnateur national étant donné que les informations nécessaires aux deux sources sont très différentes. L'instrument destiné aux spécialistes du domaine est divisé en diverses sections pour les divers spécialistes – décideurs, concepteurs de programmes scolaires, spécialistes de la connectivité, etc. En plus, un instrument supplémentaire a été conçu afin de collecter l'information sur les profils scolaires.

L'échantillonnage des établissements scolaires et des répondants

Deux des établissements scolaires faisant partie de l'échantillon, le lycée de Gayaza et le collège de Namilyango, ont été inclus parce qu'ils étaient parmi les trois premiers établissements pilotes à être connectés à Internet en novembre 1996 par le programme WorLD. Les deux autres établissements scolaires de l'échantillon, le collège des filles de Nabisunsa et le Kings College de Budo, ont été connectés en 1998. Deux de ces institutions scolaires étaient des établissements pour filles, l'un étant un établissement pour garçons et l'autre une institution mixte. Tous ces établissements scolaires ont des internats. Environ 30 élèves ont été sélectionnés dans chaque établissement en utilisant la méthode de l'échantillonnage aléatoire. Parmi eux, on comptait des utilisateurs d'ordinateurs ainsi que des non-utilisateurs. Au total, 141 questionnaires pour élèves ont été analysés.

Quatre enseignants ont également été sélectionnés de chacun des établissements scolaires de l'échantillon, soit un total de 16 enseignants. En outre, sept autres enseignants provenant d'autres institutions scolaires de SchoolNet y ont également pris part. Un total de 23 réponses d'enseignants ont été analysées.

La collecte de données

Au préalable, des visites ont été effectuées dans chacun des établissements scolaires afin de présenter l'étude et le calendrier des rendez-vous. Les questionnaires des apprenants ont été traités pratiquement sans difficultés et l'ensemble de l'exercice a duré entre 30 et 45 minutes dans chacun des établissements. Toutefois, les réponses des enseignants étaient difficiles à obtenir en raison des activités de fin d'année. Aussi, pour les mêmes raisons, il s'est avéré difficile d'avoir des interviews avec les coordonnateurs et les directeurs de ces institutions. Au total, 18 interviews ont été menées (voir tableau 8.1). En outre, 30 questionnaires ont été remis via e-mail par les enseignants pour analyse.

Tableau 8.1 : nombre d'interviews réalisées

Directeurs d'établissements scolaires	4
Coordonnateurs d'établissements scolaires	5
Membres du Comité directeur	3
Groupe d'étude sur les TIC du ministère de l'Éducation	2
Coordonnateur national	1
Coordonnateur technique	1
Directeur NCDC (concepteur de programme)	1
Spécialiste TIC	1

Les résultats

Les principaux problèmes révélés par la présente évaluation sont la connectivité, l'accès aux TIC et l'épanouissement professionnel. Les problèmes majeurs étaient la viabilité, la gestion et l'acquisition du matériel.

La présente section examine en premier lieu les types d'apprenants et d'enseignants interrogés dans les quatre écoles qui constituent l'échantillon avant d'étudier les problèmes évoqués.

Les bénéficiaires

Les établissements scolaires

Toutes les quatre écoles sur lesquelles porte la présente étude sont situées dans un rayon de 25 km de Kampala, capitale de l'Ouganda.

- Le Namilyango College est situé dans le district de Mukono, à 16 km sur la route Kampala-Jinja. Cet internat pour garçons compte à peu près 1100 élèves et 61 enseignants. Créé en 1902 par les Pères Mill Hill, c'est l'internat secondaire le plus ancien d'Ouganda.
- Le lycée de Gayaza est situé à 17 km au nord de Kampala. Il compte environ 1050 élèves pour 60 enseignants. C'est le lycée des filles le plus ancien du pays. Il a été fondé en 1905 par la Church Missionary Society.
- Le Kings College de Budo est situé sur la colline de Budo, à 25 km environ de Kampala sur la route qui relie la capitale à Massaka. L'établissement fut créé en 1906, toujours par la Church Missionary Society. Il compte 1200 élèves et 70 enseignants.
- Le lycée des filles de Nabisunsa est située à 7 km sur la route Kampala-Jinja. Il a été créé à la fin des années 50 par trois éminents chefs musulmans, à savoir Haji Kakungulu, Haji Gava et Haji Kasule. C'est l'un des premiers établissements secondaires musulmans réservés aux filles en Ouganda. Il compte 1100 élèves pour 60 enseignants.

Les effectifs des quatre établissements montrent que le besoin et la demande d'enseignement secondaire en Ouganda ne cessent de s'accroître. Tous sont des établissements publics qui figurent parmi les établissements dont les résultats sont les meilleurs aux examens des grades « O » et « A ». Ce sont les élèves qui ont obtenu les résultats les plus satisfaisants au CEP qui y sont admis.

À la différence de ce qui se passait autrefois, la plupart des élèves admis dans ces établissements sont originaires de Kampala et des districts environnants. Très peu viennent de l'intérieur du pays. En effet, ils sont généralement issus de familles de classe moyenne, et rarement de familles à faible revenu. L'origine sociale des élèves joue sur leur accès aux TIC. Ils ont plus de chance que les élèves des zones rurales d'avoir eu accès aux ordinateurs auparavant, tout comme ils ont des chances de continuer d'y avoir accès à la maison ou dans les nombreux cybercafés et d'être formés aux TIC ailleurs qu'à l'école. Leurs parents sont également plus à même d'apprécier l'utilisation des TIC et ont plus de moyens de contribuer à l'achat et à l'entretien d'ordinateurs dans les écoles.

Les apprenants

L'échantillon (*n = 141*) était composé d'un nombre plus ou moins égal de garçons et de filles. Les apprenants étaient âgés de 13 à 21 ans, avec une moyenne de 16,5 ans. À peine plus de la moitié des apprenants étaient des élèves du grade « A », le reste étant des élèves du grade « O ».

Les enseignants

La majorité des enseignants qui faisaient partie de l'échantillon étaient de sexe masculin (74 pour cent, *n* = 23). L'on s'est rendu compte, dans tous les établissements enquêtés y compris les établissements réservés aux filles, que les enseignants de sexe masculin étaient plus nombreux à utiliser des ordinateurs que leurs collègues de sexe féminin. Des 23 enseignants interrogés, 12 n'avaient pas de poste de responsabilité, 8 étaient des chefs de département et 3 des chefs d'établissements.

Les enseignants comptaient des années d'expérience différentes, allant de moins d'un an à plus de 10 ans. La plupart avaient 3 années d'expérience ou plus dans l'enseignement. Tous les enseignants étaient des diplômés d'université ; l'un d'eux était titulaire d'un Master's Degree et deux d'un Post-Graduate Degree.

Partenariats

Les enseignants ont déclaré que les parents et d'autres membres de la communauté étaient associés au développement des TIC dans les établissements scolaires (Graphiques 8.1 a et b).

Graphique 8.1a: Implication des parents dans l'évolution des TIC dans les écoles

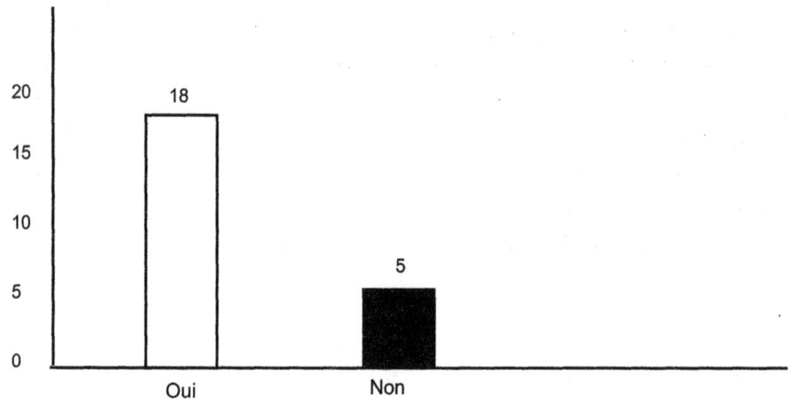

Graphique 8.1b: Implication de la communauté dans l'évolution des TIC dans les écoles

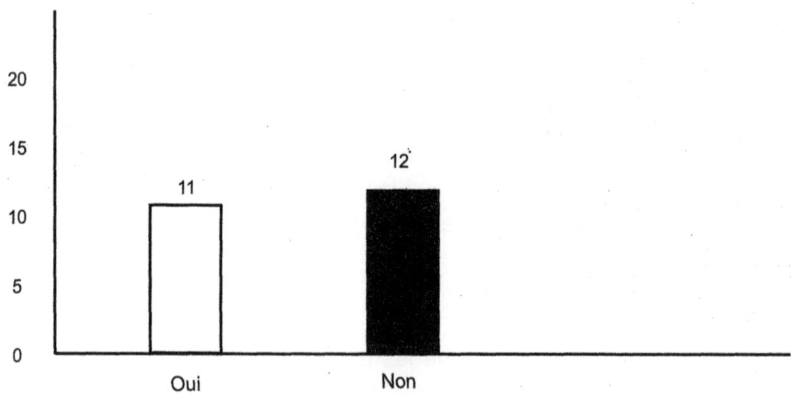

Connectivité et Accès

Les télécommunications

Un des critères de sélection des établissements scolaires pour la participation au programme WorLD était l'existence d'infrastructures de télécommunications au sein des établissements scolaires. Le programme WorLD fournissait aux établissements scolaires l'accès au courrier électronique et à Internet en achetant des services Internet auprès des fournisseurs et en se rapprochant des entreprises locales pour obtenir leur appui. De l'avis du Coordonnateur national de SchoolNet Ouganda, la plupart des établissements n'avaient pas, au début, les moyens financiers ou l'expertise nécessaire pour s'engager dans ces négociations et opérer des choix judicieux. Le Coordonnateur technique de SchoolNet a signalé que sur 20 établissements qui ont pris part au programme WorLD, 6 utilisaient une connectivité sans fil à large portée, 4 une connectivité cellulaire de télé-traitement (avec pour support un téléphone mobile), 6 étaient connectés à des lignes fixes et les 4 autres devaient expérimenter l'utilisation des VSAT.

SchoolNet Ouganda a négocié au départ avec une compagnie de téléphonie mobile locale, à savoir CelTel, pour que les établissements bénéficient d'heures de connexion gratuites. La compagnie a accordé une heure gratuite par jour pendant un an. Deux des établissements, objet de l'étude, étaient concernés par cet accord.

Le niveau de connectivité variait d'un établissement à un autre en fonction des infrastructures de communication disponibles. Deux des établissements enquêtés disposaient d'une connectivité sans fil à large spectre et les deux autres utilisaient des connexions cellulaires de télé-traitement et par lignes fixes, mais ils la trouvaient peu satisfaisante et coûteuse. Les lignes fixes ont été décrites comme étant peu fiables en raison de l'importance du trafic et il y avait des ruptures de communication fréquentes, en particulier pendant la saison des pluies et le matin. Par contre, on a estimé que les téléphones cellulaires étaient très lents et que leur coût était beaucoup plus élevé que celui des lignes fixes.

Le King's College de Budo a suspendu sa connexion Internet pendant près d'un an et cherchait à établir une connexion sans fil. Le Coordonnateur de l'établissement a exprimé leur satisfaction quant à la connexion par téléphone cellulaire. En effet, en dépit de sa lenteur, l'établissement a pu se servir de cette connexion pour la première fois pour naviguer sur la toile, communiquer par courrier électronique, participer à des projets conjoints et accéder à toutes sortes d'informations utiles par Internet. Malheureusement, les factures adressées à l'établissement au bout d'un an étaient très élevées. L'établissement est donc passé à la connexion par téléphone fixe, mais les factures de téléphones sont devenues trop lourdes et la connexion a été suspendue. À la date de la présente étude, l'établissement n'avait pas eu accès à Internet depuis janvier 2000 mais une connexion fixe était en train de se mettre en place. Il était évident cependant qu'en une année de connexion, l'établissement avait fait plusieurs réalisations, notamment :

- La création d'adresses électroniques actives pour près de 350 élèves et la quasi-totalité des enseignants ;
- La mise en place au bénéfice des élèves d'un forum permettant de découvrir et de mettre en œuvre leurs talents en gestion et conception de réseaux informatiques et leurs compétences générales grâce au club informatique ;
- L'exécution de projets pédagogiques conjoints à distance ;
- Le développement d'aptitudes d'écriture chez les élèves grâce à la publication de Bulletin d'information pour les clubs et *The Budonian* ; et
- La création et l'entretien du site Web de Budo par les élèves.

Le lycée des filles de Nabisunsa aussi utilisait une connexion sans fil tandis que Gayaza et Budo entendaient en faire de même. Dans le passé, SchoolNet Ouganda prenait en charge 50 pour cent des coûts d'installation de connexion sans fil au bénéfice de certains établissements. Le Coordonnateur technique de SchoolNet Ouganda a révélé que le projet n'était plus en mesure de supporter ces coûts et les établissements devaient désormais s'en occuper entièrement.

Les coordonnateurs national et technique ont tous deux fait savoir que SchoolNet balisait la voie à la technologie VSAT dans certains établissements scolaires ruraux. Cette phase pilote visait, entre autres choses, à répondre aux questions de savoir si la technologie VSAT pouvait fonctionner dans le contexte ougandais, si le matériel nécessaire était accessible et durable et si les écoles pouvaient supporter les coûts de fonctionnement. SchoolNet Ouganda cherchait également à savoir si les fournisseurs de services Internet pouvaient être persuadés d'offrir des tarifs spéciaux aux établissements scolaires. C'est ainsi que AFSAT et SANYUTEL pratiquaient des tarifs de 150 dollars américains par mois pour la connectivité sans câble et que certains établissements scolaires tels que le Makerere College School et le Mengo Secondary School bénéficiaient déjà de ces faveurs. Il était aussi question pour SchoolNet Ouganda de voir dans quelle mesure le secteur privé pouvait contribuer au règlement de certains problèmes de connectivité.

Il est ressorti des entretiens avec les chefs d'établissement et les enseignants que même si les services Internet sont d'un grand intérêt, l'intégration des TIC dans l'enseignement est une entreprise très coûteuse. Des accords d'entretien des équipements et des plans visant à assurer la durabilité ont été des sujets de préoccupation pour les quatre écoles enquêtées. Si les premiers équipements destinés à la plupart des établissements étaient fournis à titre gracieux par le programme WorLD, certains des ordinateurs sont en panne depuis longtemps, d'autres ont dû être réparés et d'autres encore remplacés. Tous les quatre établissements ont élaboré des plans de circonstance pour remplacer les ordinateurs hors d'usage et accroître le nombre d'ordinateurs disponibles.

Le coût de la connectivité a aussi été un facteur prohibitif et contrariant pour certains établissements. En effet, les quatre établissements objet de l'étude ont admis qu'ils avaient la responsabilité de la gestion et de la durabilité de leur salle d'ordinateurs, ainsi que de l'achat de logiciels et du matériel didactique. Tous les établissements, à une exception près, exigeaient de chaque apprenant des frais d'un montant de 10 000 à 20 000 shillings par trimestre pour faire face au coût de connectivité. L'objectif pour trois des établissements était d'acquérir un ordinateur au moins par trimestre, mais cet objectif n'était pas toujours réalisable.

Les établissements qui disposaient d'une connectivité sans fil, à l'exemple de Namilyango et de Nabisunsa, ont affirmé qu'ils étaient désormais en mesure d'en supporter les frais qui s'élevaient à quelque 150 dollars américains par mois. D'après ces établissements, la connectivité sans fil était plus facile à gérer que le système de télé-traitement. Trois des établissements généraient également des revenus supplémentaires en formant des membres des communautés environnantes, mais les frais qu'ils leur exigeaient restaient modiques, car les écoles percevaient cette formation davantage comme un service communautaire qu'une activité lucrative. Les revenus générés d'initiatives de cette nature étaient utilisés pour couvrir les coûts d'entretien et de réparation.

L'accès aux ordinateurs

On a posé aux enseignants et aux apprenants la question de savoir si leurs établissements respectifs étaient bien équipés en ordinateurs. Environ 74 % ont affirmé que leur salle d'ordinateur était bien équipée. En général, les apprenants (65 %) ont répondu par l'affirmative, contre 21 % qui ont estimé que leur établissement était très bien équipé et 14 % qui ont répondu par la négative. Toutefois, il faut replacer ces affirmations dans leur contexte où les établissements passaient d'une situation marquée par l'absence totale d'ordinateurs à une autre où on pouvait accéder à quelques-uns au sein de ces mêmes écoles.

Tous les quatre établissements avaient acheté des ordinateurs supplémentaires qui venaient s'ajouter à ceux qu'ils avaient reçus comme don du programme WorLD, ce qui porte à croire qu'ils avaient pris conscience de l'importance de l'accès aux ordinateurs. À la date de l'étude, deux écoles disposaient de 16 à 20 ordinateurs, tandis qu'une en comptait plus de 21. Tous ces établissements disposaient d'un budget pour l'achat d'un ordinateur au moins par trimestre et pour l'entretien.

Deux tiers des apprenants ont déclaré qu'aucun ordinateur ne leur était accessible à pied à partir de leur maison, et 75 % estiment qu'il y en avait un à 5 à 10 minutes de marche de leur salle de classe. Un peu plus de la moitié des apprenants ont déclaré qu'ils utilisaient un ordinateur plus d'une fois par semaine.

Si aucun des établissements ne comptait un ordinateur dans une salle de classe, tous les enseignants ont affirmé qu'ils avaient accès à un ordinateur à distance de marche de leur maison. À la question de savoir où cet ordinateur était installé, ils ont répondu qu'il se trouvait dans l'enceinte de l'école. Cette réponse ne surprend pas dans la mesure où il s'agissait de pensionnat où tous les enseignants résidaient dans l'enceinte des établissements. Les enseignants ont cité dans l'ordre trois utilisations majeures des ordinateurs dans les écoles, à savoir l'utilisation à des fins pédagogiques, la préparation des évaluations et le courrier électronique.

Les schémas d'utilisation

Les apprenants

Plus de 83 % des élèves enquêtés savaient utiliser un ordinateur. Plus de la moitié des 17 % restants ont déclaré qu'ils ne savaient pas utiliser un ordinateur, et le reste a déclaré manquer de temps. Le lycée des filles de Nabisunsa exigeait des frais distincts pour la formation en informatique, ce qui en entrave l'accès à certains élèves. Le coordonnateur a expliqué que l'établissement était obligé d'exiger des frais de 30 000 shillings par trimestre par élève pour la formation en informatique pour prendre en charge le salaire de l'enseignant qui ne faisait pas partie de ses effectifs. Le directeur a fait savoir que cette politique évoluerait dans l'avenir, et qu'au lieu d'exiger que les apprenants paient individuellement, un montant serait prélevé sur les frais de scolarité de l'ensemble des apprenants, comme c'était le cas dans les trois autres écoles. L'expérience montrait que les ordinateurs étaient plus accessibles pour les élèves et les enseignants dans ces établissements. Dix des élèves qui ont affirmé qu'ils n'utilisaient pas l'ordinateur ont expliqué qu'ils n'en avaient pas eu le temps parce qu'ils préparaient leur examen de fin d'année.

Les apprenants qui utilisaient des ordinateurs ont été invités à indiquer l'année de leur première utilisation. La majorité dit avoir commencé à utiliser un ordinateur aux cours des deux ou trois dernières années. Sur les 119 apprenants concernés, plus de la moitié (81) avaient appris à utiliser un ordinateur dans l'établissement, contre 31 à la maison et 7 au centre informatique.

Les apprenants ont également été invités à dire où ils ont acquis le plus de connaissances en informatique. Le tableau 8.2 montre les résultats obtenus.

Plus de la moitié des apprenants ont répondu que c'est à l'établissement qu'ils ont acquis une grande partie de leurs connaissances en informatique, contre 40 % à la maison. Venaient ensuite les cybercafés, les clubs informatiques, les centres communautaires, les amis et la famille.

Les apprenants ont fait savoir qu'ils utilisaient des ordinateurs depuis un à neuf ans (tableau 8.3). La moyenne était de trois ans, avec un écart type de 2,9.

Près de la moitié des apprenants (73) ont révélé qu'ils passent une à deux heures par week-end à l'établissement à étudier et à utiliser l'ordinateur, contre 42 qui y passent moins d'une heure, 19 qui ne s'y rendent pas du tout et 8 qui y séjournent pendant plus de deux heures. Dans les quatre établissements, la formation en informatique avait été insérée dans le programme et des tranches horaires avaient été ménagées pour permettre aux élèves d'utiliser Internet et d'envoyer du courrier électronique.

Ces conclusions confirment celles du rapport d'évaluation de WorLD selon lesquelles le temps que les élèves en Ouganda passent à utiliser les TIC à l'école est supérieur à la moyenne africaine et à celle du programme WorLD. Cela signifie que le premier contact entre les élèves et l'ordinateur grâce au programme WorLD a eu un effet catalyseur et a stimulé la demande d'accès aux ordinateurs et à la formation en informatique.

Les enseignants

Quelque 83 % des enseignants ont affirmé qu'ils avaient une bonne connaissance de l'outil informatique, alors que les autres déclarent en connaître très peu. Aucun des enseignants n'a déclaré n'avoir aucune connaissance en informatique. On peut en déduire qu'ils avaient été formés d'une manière ou d'une autre. À la question de savoir avec quelle fréquence ils utilisaient un ordinateur, ils ont donné des réponses qui variaient d'une fois par jour à une fois par semaine. Un peu plus de la moitié des enseignants utilisaient quotidiennement un ordinateur.

Si quelques enseignants étaient réticents au départ à utiliser des ordinateurs, la majorité d'entre eux le faisaient avec plaisir et aimeraient en fait apprendre à le faire, comme le montre le tableau 8.2. Les enseignants utilisaient principalement des ordinateurs à des fins didactiques, de psychopédagogie et de communication avec les élèves. Les ordinateurs étaient très peu utilisés pour des tâches administratives.

Ce qui est intéressant cependant, c'est que le questionnaire électronique distribué à 30 enseignants n'a suscité aucune réponse. Or, les enseignants avaient effectivement reçu le questionnaire étant donné que le Coordonnateur national a reconnu l'avoir reçu et que le document avait été distribué sur la base d'une liste d'adresses. En conséquence, on ignore encore les raisons de ce mutisme. La plupart des enseignants ont affirmé que leur école était connectée à Internet (83 %) et au courrier électronique (95 %).

Tableau 8.2 : Avis des enseignants sur l'utilisation des TIC

J'avais peur d'utiliser les TIC	10	43
Je n'ai jamais eu peur des ordinateurs	6	26
J'aime utiliser les ordinateurs	15	65
J'aimerais apprendre à utiliser les ordinateurs	14	61
J'aimerais en savoir davantage sur les ordinateurs	10	43
Total	**23**	–

Graphique 8.2: Lieux où les élèves apprennent le plus en informatique

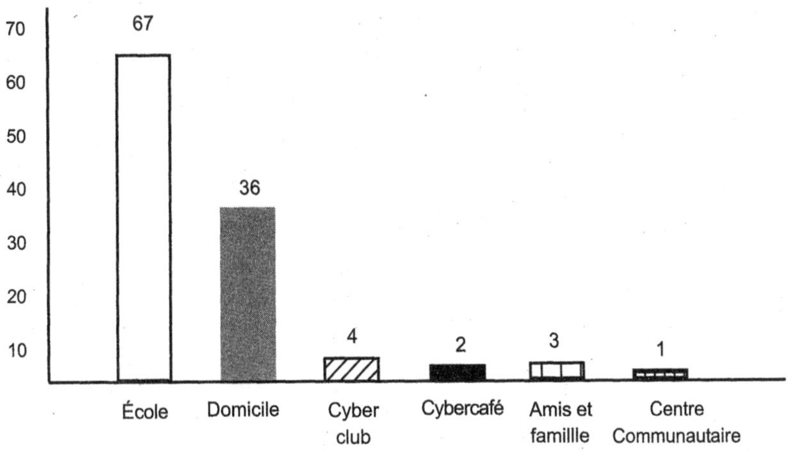

Graphique 8.3: Durée d'utilisation de l'ordinateur

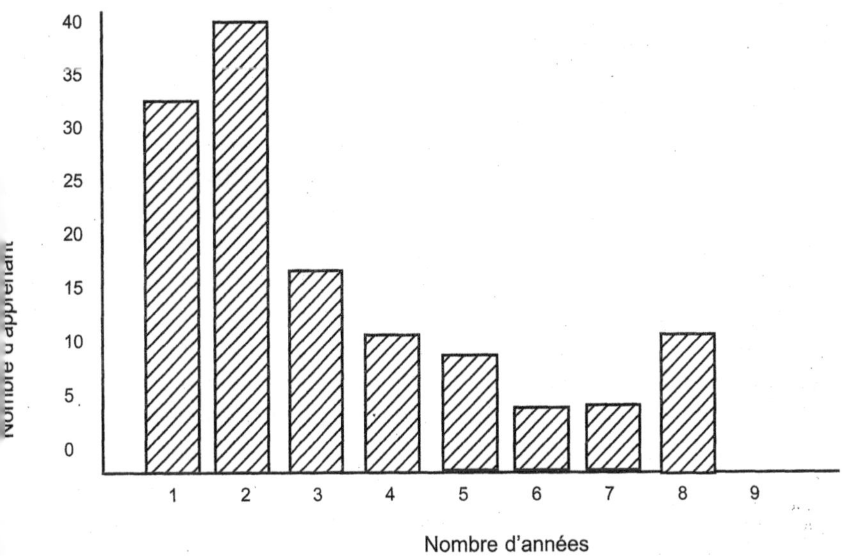

Les communautés

Deux des établissements ont fait savoir que leurs ordinateurs étaient accessibles aux communautés environnantes pendant les vacances moyennant des frais modiques utilisés pour contribuer à l'entretien et au coût des appareils. Dans les deux cas, les écoles offraient une formation en informatique à des enseignants d'écoles primaires environnantes et, dans un cas, à un groupe de femmes.

Niveaux de maîtrise en informatique et confiance en soi

Comment les apprenants évaluent leurs connaissances en informatique

Le postulat de départ était que plus les ordinateurs étaient accessibles aux apprenants et aux enseignants, plus ils amélioreraient leurs connaissances en informatique. Les apprenants et les enseignants ont donc été invités à évaluer leurs propres connaissances en informatique. La plupart des apprenants se sont attribués des notes allant de « bien » à « très bien ». Les apprenants ont également été invités à comparer leurs connaissances en informatique à celles d'autres élèves ou enseignants de leur établissement (tableaux 8.4 a et b).

Si plusieurs des apprenants ont estimé que leurs connaissances étaient meilleures que celles de leurs camarades de classe, ils étaient d'avis que leurs enseignants étaient généralement plus aptes qu'eux. Cet état de choses est un peu surprenant dans la mesure où plus de la moitié des élèves (68 %) ont déclaré qu'ils ne savaient pas si leurs enseignants étaient bien formés en informatique. La plupart des apprenants (86 %) ont également fait savoir que leurs enseignants ne se servaient pas d'ordinateur pour dispenser des cours.

La plupart des apprenants utilisaient des ordinateurs pour des travaux académiques. Ceux des apprenants qui utilisaient Internet ont affirmé qu'ils le faisaient principalement pour des raisons personnelles, notamment pour le courrier électronique et le divertissement et non pour des projets académiques (tableau 8.5). On a cherché à mettre en évidence d'éventuels rapports entre l'âge et le sexe des apprenants et des variables telles que l'utilisation des ordinateurs, le lieu où les élèves avaient appris à manipuler un ordinateur, la fréquence d'utilisation des ordinateurs, l'endroit où les élèves utilisaient le plus les ordinateurs, l'utilisation réelle d'Internet, le niveau de connaissance de l'outil informatique et le temps consacré à l'apprentissage et à l'utilisation de cet outil. Les tableaux 8.3 et 8.6 font ressortir les points saillants.

On a décelé un rapport étroit entre l'âge des apprenants et le temps d'apprentissage. En effet, si l'échantillon utilisé était constitué d'un plus grand nombre d'utilisateurs de l'outil informatique âgés de 13 à 17 ans que ceux âgés de 18 ans et plus, les apprenants de cette dernière tranche d'âge étaient nettement plus nombreux à affirmer qu'ils avaient une très bonne connaissance de l'ordinateur.

On a également observé une relation étroite entre l'âge des apprenants et le temps d'utilisation de l'outil informatique, les utilisateurs âgés de 18 ans et plus passant beaucoup plus de temps devant un ordinateur que les apprenants plus jeunes. Cette différence explique sans doute pourquoi les apprenants plus âgés étaient plus aptes que les plus jeunes. Certains établissements pratiquaient une politique qui permettait aux élèves de grade « A » de consacrer plus de temps à l'informatique que ceux du grade « O ».

De même, on a isolé un lien direct entre le sexe et l'utilisation des ordinateurs, le nombre d'utilisateurs de sexe masculin étant de loin plus important. Ces conclusions rappellent les résultats enregistrés ailleurs en Afrique et dans le monde, et c'est là un problème qui doit être abordé par les établissements où on devrait davantage encourager les filles à utiliser l'ordinateur.

On doit encore trouver les raisons pour lesquelles les filles ne montrent pas un grand intérêt pour l'utilisation de l'ordinateur, même lorsqu'elles y ont accès.

Tableau 8.3 : Tableau comparatif de la maîtrise de l'ordinateur (%) selon l'âge des apprenants

Âge des apprenants	Bien	Très bien	Total
13-17	56 (72,7)	21 (27,3)	77 (100)
18 et +	22 (52,4)	20 (47,6)	42 (100)
Total	78 (65,5)	41 (34,5)	119 (100)

Notes: $X^2 = 4,982$; $S = 0,03$; $df = 1$; $n = 119$.

Graphique 8.4a: Niveau de compétence par rapport aux autres élèves de la classe

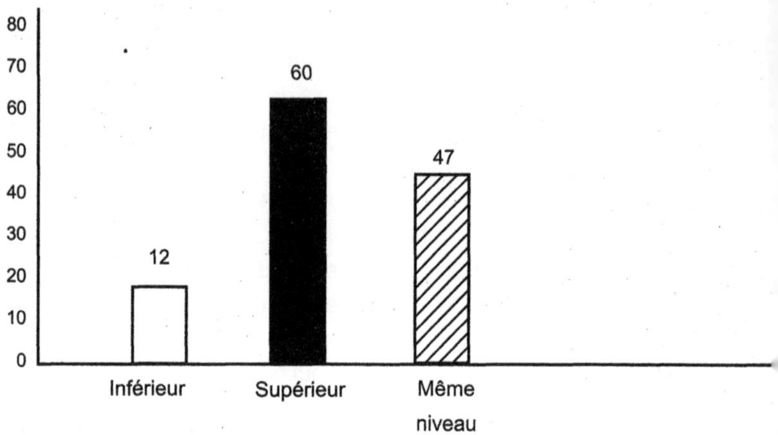

Graphique 8.4b: Niveau de compétence par rapport aux autres enseignants de l'école

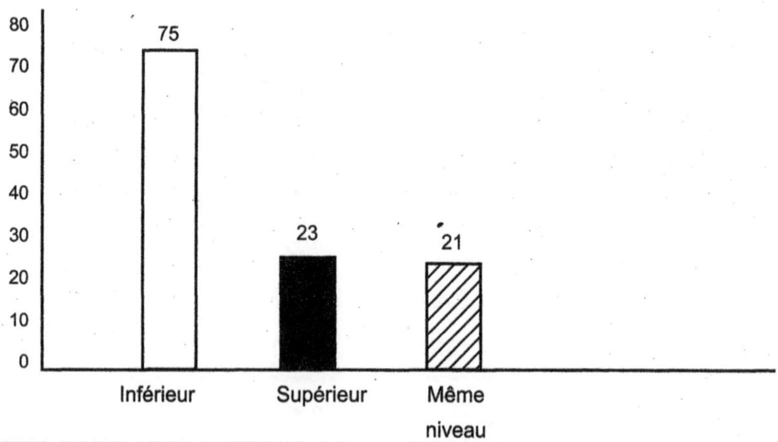

Graphique 8.5: Utilisation par les apprenants d'Internet

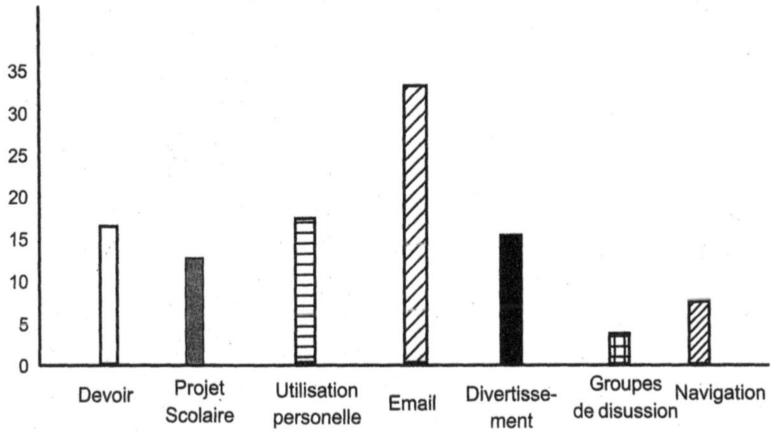

Tableau 8.4 : Tableau comparatif du temps passé sur un ordinateur (%) selon l'âge des apprenants

Âge des apprenants	Aucune	< 1 Heure	1-2 heures	Autres	Total
13-17	17 (17,7)	24 (25)	47 (49)	8 (8,3)	96 (100)
18 ans et +	2 (4,3)	18 (39,1)	26 (56,5)	–	46 (100)
Total	19 (13,4)	42 (29,6)	73 (51,4)	8 (5,6%)	142 (100)

Notes: $X^2 = 10{,}326$; $S = 0{,}016$; $df = 3$; $n = 142$.

Tableau 8.5 : Tableau comparatif de l'utilisation de l'ordinateur (%) selon le genre

Sexe	Oui	Non	Total
Masculin	65 (91,5)	6 (8,5)	71 (100)
Féminin	54 (76,1)	17 (23,9)	71 (100)
Total	119 (83,8)	23 (16,2)	142 (100)

Notes: X^2 = 6,278 ; *S* = 0,012 ; *df* = 1 ; *n* = 142.

Le tableau 8.6 étudie les raisons pour lesquelles les apprenants utilisent Internet selon qu'ils sont de sexe masculin ou féminin. Une fois encore, on a constaté un rapport étroit entre le sexe des apprenants et l'utilisation d'Internet, les apprenants de sexe féminin utilisant Internet plus que leurs homologues masculins. C'est là un autre problème qui doit être réglé au niveau des établissements. À la lumière de résultats de cette nature, les établissements se doivent de formuler des stratégies visant à encourager les filles à utiliser des ordinateurs.

Tableau 8.6: Tableau comparatif de l'utilisation de l'internet selon le genre et le centre d'intérêt

Réponses	Homme	Femme	Total
N'utilisent pas l'internet	8 (12.3%)	18 (33.3%)	26 (21.8%)
Missions	13 (20.6%)	3 (5.7%)	16 (13.4%)
Projets scolaires	8 (12.7%)	4 (7.5%)	12 (10.1%)
Utilisation personnelle	10 (15.9%)	5 (9.4%)	15 (12.6%)
E-mail	12 (19%)	21 (39.6%)	33 (27.7%)
Divertissement et groupes de discussions	11 (17.5%)	3 (5.7%)	14 (0.12%)
Navigation	3 (4.8%)	1 (1.9%)	4 (3.4%)
Total	65 (54.6%)	54 (45.4%)	119 (100%)

Notes: X^2 = 25.865; S = 0.001; df = 8; n = *119*.

Comment les enseignants évaluent-ils leurs connaissances en informatique

Les enseignants ont été invités à évaluer leurs compétences en informatique par rapport à celles des élèves et celles de leurs collègues. Un peu plus du quart des enseignants ont estimé qu'ils étaient moins aptes que leurs élèves, tandis que la plupart pensaient qu'ils étaient, pour ainsi dire, aussi compétents que leurs collègues.

Graphique 8.6a : Évaluation par les enseignants de leurs aptitudes en informatique (en comparaison de celles de leurs collègues)

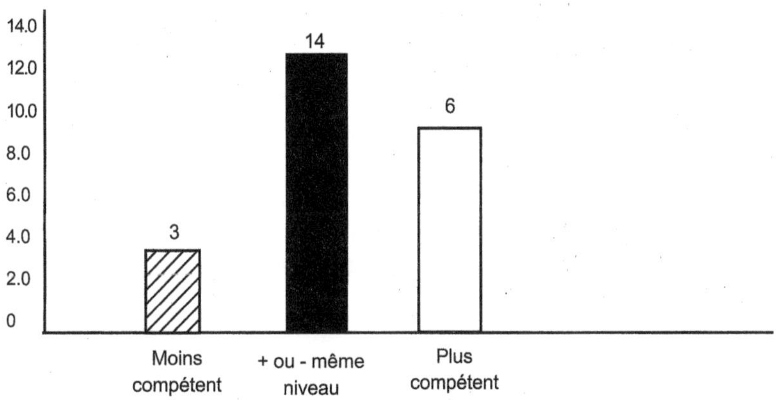

Graphique 8.6b : Évaluation par les enseignants de leurs aptitudes en informatique (en comparaison de celles des apprenants)

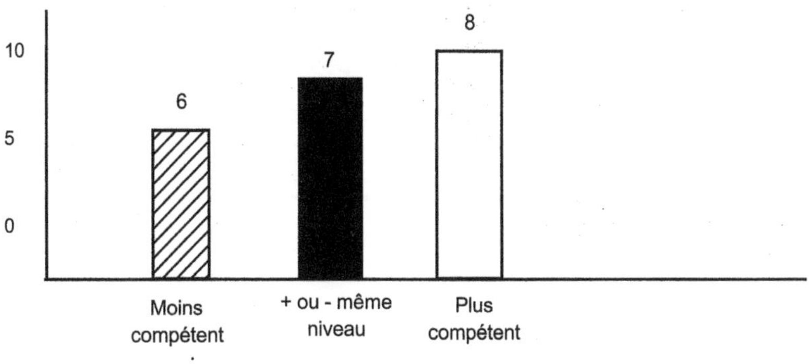

Les degrés d'assurance en matière d'utilisation des TIC

La majorité des enseignants (74 pour cent) ont indiqué qu'ils utilisaient l'ordinateur comme un outil didactique et que leur connaissance de cet outil était généralement bonne. Toutefois, environ 1/3 des enseignants n'en étaient pas si certains, ce qui pourrait justifier l'affirmation des apprenants selon laquelle la plupart des enseignants n'utilisent pas l'ordinateur pour dispenser les cours. Comme l'a antérieurement relevé le rapport d'évaluation de WorLD (2000), la formation reçue par les enseignants en Ouganda a semblé insuffisante, au même titre que la formation informelle par les collègues qui avait lieu dans les écoles — moins de 25 % des enseignants enquêtés dans le cadre du rapport d'évaluation de WorLD ont signalé qu'ils avaient reçu une formation informelle. Celle-ci portait couramment sur l'utilisation des logiciels, des applications et d'Internet, ainsi que la conception et l'exécution de projets coopératifs. Il conviendrait en conséquence de renforcer les aptitudes dans ce domaine.

Graphique 8.7 : Niveau de confiance dans l'utilisation des TIC comme outils éducatifs

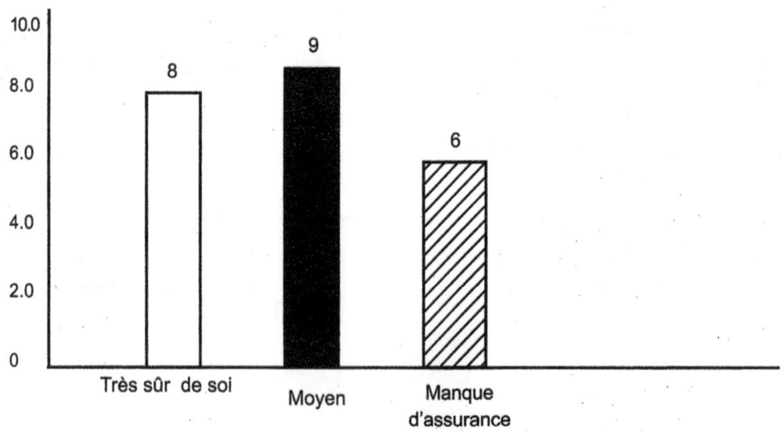

Renforcement des capacités et formation

Les enseignants ont été invités à dire qui tenait le rôle principal au cours de la formation en informatique. Le schéma 8.8 présente les réponses à cette question.

Tous les enseignants ont estimé qu'ils avaient influencé les connaissances de leurs élèves en matière de TIC, tout comme ils ont révélé que l'utilisation des TIC avait une incidence positive sur l'enseignement et l'apprentissage dans leur classe. Un peu moins de 75 % ont fait savoir qu'ils avaient intégré les TIC dans leurs différentes matières, encore que les apprenants ne semblent pas être de cet avis.

SchoolNet Ouganda a organisé des programmes de formation sur l'intégration des TIC dans les programmes à l'intention des enseignants. Seuls quelques enseignants interrogés ont à déclarer y avoir pris part. D'après les enseignants, ces programmes de formation comportaient plusieurs volets dont des travaux dirigés et des techniques fondées sur le Web, l'utilisation du Web en tant qu'outil didactique, du bulletin d'information en tant que puissant outil didactique interactif à distance, ainsi que la confection et la création de fiches HTML en tant que moyen d'élaboration d'outils didactiques. Un des enseignants a déclaré que ses collègues et lui avaient suivi une gamme variée de travaux dirigés en ligne dans les principales applications informatiques. Un autre a fait observer qu'il s'est rendu compte que la plupart des guides didactiques nécessaires pour enseigner les logiciels informatiques étaient disponibles sur Internet et pouvaient être utilisés pour la confection de brochures ou pour servir directement à des fins didactiques. Un troisième a expliqué qu'ils ont prospecté, dans le cadre de leur formation, une variété de pages Web qui pourraient servir pour l'enseignement de diverses matières scientifiques et technologiques. Ils ont également dû créer des bulletins d'information pour les établissements concernés par le programme WorLD pour voir comment les élèves pourraient collaborer à distance et améliorer leurs aptitudes linguistiques. La majorité des enseignants ont déclaré qu'ils avaient reçu les rudiments de la création de pages Web. Grâce à cette formation, deux des établissements ont créé leur propre site Web.

Graphique 8.8 : Sources de formation en TIC

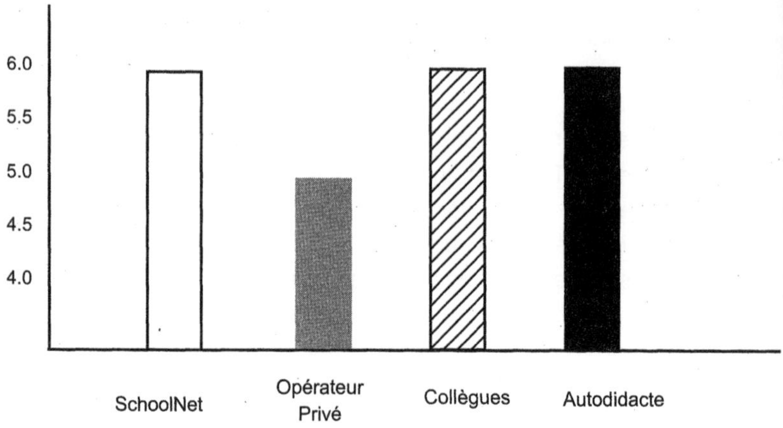

Le coordonnateur de Budo a créé un centre de ressources informatiques et conçu un guide de l'enseignant et un programme d'enseignement. Le guide de l'enseignant comprend, entre autres, une introduction aux notions élémentaires de l'informatique, des connaissances sur le matériel, ainsi que des détails sur les domaines qui devaient être couverts. Ce même enseignant avait formé tous ses collègues aux rudiments de l'informatique, à la conception du matériel d'apprentissage, à l'utilisation de PowerPoint et du HTML, à la création de petits sites Web et d'un centre de ressources.

Quelque 31 pour cent des enseignants ont indiqué que l'utilisation des TIC avait eu une incidence quelque peu néfaste sur l'enseignement et l'apprentissage en classe en ce sens que les apprenants pouvaient accéder à des informations à peine désirables (et indésirables) sur Internet. Les enseignants ont déclaré qu'ils étaient parfois impuissants devant cette situation.

L'élaboration des contenus et des programmes

La majorité des enseignants (87 pour cent) ont indiqué que leur établissement avait été associé à la conception de programmes d'enseignement des TIC. Plusieurs d'entre eux avaient été associés à la conception de programmes d'enseignement des TIC pour des établissements secondaires sous les auspices du NCDC. Des efforts étaient également en cours pour intégrer l'enseignement des TIC dans leurs établissements respectifs, notamment au Kings College de Budo et au Namilyango College.

Le NCDC est l'organe statutaire chargé de la conception et de la mise en œuvre des programmes d'enseignement pour les établissements primaires, secondaires et supérieurs en Ouganda. Le directeur du NCDC a affirmé qu'un programme d'enseignement de l'informatique pour le grade « O » était en fin d'élaboration et que son approbation par le conseil académique du ministère était attendue. De l'avis du directeur, SchoolNet Uganda a mis en place un cadre sur lequel CurriculumNet pourrait s'appuyer. Les enseignants pensaient qu'en inscrivant l'informatique au programme des examens officiels, ils inciteraient mieux les parents à contribuer à l'entretien des salles d'ordinateurs.

Plusieurs établissements scolaires du pays se sont engagés dans des programmes d'apprentissage communs par Internet et par courrier électronique. Au Kings College de Budo par exemple, 60 élèves ont pris part à un projet dénommé « Wetlands » conçu pour étudier les terres humides en Ouganda et en Australie en collaboration avec le Comperdown College d'Australie. Des exposés ont été faits sur PowerPoint et un site Web a été créé. Le projet a continué jusqu'en fin 2001.

Soixante autres élèves ont été associés à un projet dénommé « Technical-based Learning in School Science (TBLISS) » en partenariat avec le New York Institute of Technology (Institut de technologie de New York). Des exposés en PowerPoint sur les sciences ont été présentés et un site Web fut créé.

Vingt élèves ont participé à un projet sur les réfugiés africains en collaboration avec le Lubiri Senior Secondary School et le Lycée de Mengo. Dix élèves ont collaboré avec des établissements de Roumanie dans le cadre d'un autre projet intitulé « Flowers and Friendship (les fleurs et l'amitié) ». Le projet a donné lieu à un CD sur les fleurs et un site Web. La durée du projet TBLISS a été prorogée jusqu'en 2000 parce que le directeur des programmes avait été affecté au Queen's College de New York. Dans le cadre de ce projet, l'école devait recevoir un don de matériel de vidéo conférence du directeur du projet. D'autres projets étaient envisagés au nombre desquels l'on peut citer l'étude de l'organisation des Nations Unies et de son fonctionnement. Le projet devrait mettre en jeu le Kings College de Budo et le Ashbrook School de Hgatonia (Caroline du Nord) sous la direction de l'Université de Caroline du Nord. Il y a en outre le projet « Connecting Maths to Our Lives (relier les mathématiques à la vie quotidienne) » qui a fait l'objet de partenariats avec des écoles du monde entier et est dirigé par Orillas à Porto Rico. Quant au projet « Advanced Joint English Teaching (l'enseignement conjoint de l'anglais dans le supérieur) », il est conduit conjointement avec des écoles britanniques et taiwanaises.

Le Namilyango College a également montré un grand intérêt pour l'utilisation d'Internet et les élèves ont créé un site Web pour l'établissement. Tirant parti du fait que l'établissement disposait d'une connectivité sans fil, les élèves et les enseignants pouvaient naviguer sur la toile à toute heure et jouissaient d'un accès illimité à Internet. Toutefois, le coordonnateur et directeur de l'établissement a fait observer que la connectivité que leur offrait AFSAT, leur fournisseur de services Internet, était très lente. L'établissement menait trois projets conjoints à distance dont l'un avec l'Institut Olivetti à Ivera (Italie), un deuxième avec le Centre d'éducation en Sibérie (Russie) et le dernier avec des écoles canadienne et sud-africaine. Le Namilyango College a été invité à représenter l'Ouganda (et l'Afrique) au 21st Century Schoolhouse Project. Parmi les projets collaboratifs à distance, menés par l'établissement, on peut citer un projet sur la gestion des terres humides, le paludisme et la gestion des déchets.

La politique des TIC

Il n'existe aucune politique nationale en matière de TIC, même si le ministère de l'Éducation et des Sports s'emploie à en formuler une. Un certain nombre d'ateliers a été organisé, ateliers qui ont permis d'examiner toute une foule de moyens par lesquels les TIC peuvent le mieux être intégrées dans l'enseignement pour améliorer l'éducation. Au nombre des principales recommandations faites, on peut évoquer le besoin urgent de formuler une politique des TIC pour le secteur de l'enseignement. On pense que la mise en place de cette politique contribuerait de manière essentielle à coordonner les efforts des pouvoirs publics visant à intégrer les TIC dans l'enseignement.

En août 2000, le ministère de l'Éducation et des Sports a institué un groupe de travail aux fins de formuler et de mettre en œuvre une politique de TIC pour le ministère. Le groupe de travail est également chargé de la gestion, du suivi et de l'évaluation de toutes les activités du ministère. En particulier, ses missions consistent à :

- Formuler une politique des TIC pour le ministère de l'Éducation ;
- Lancer des activités et des projets dans le domaine des TIC ;

- Passer en revue et réorienter les activités nouvelles et en cours en matière de TIC ;
- Assurer le suivi et l'évaluation ;
- Diffuser des informations ; et
- Faire connaître la politique des TIC au sein du ministère et auprès des acteurs du secteur de l'éducation.

L'Institut international de la communication et du développement (IICD), ONG hollandaise, appuie ces efforts du ministère de l'Éducation et des Sports. Il existe d'autres initiatives en matière de TIC placées sous les auspices du Conseil de la science et de la technologie de l'Ouganda, de l'Autorité des investissements de l'Ouganda et de l'Agenda pour les infrastructures de communication (Infodev Project) parrainé par la Banque mondiale. La difficulté consiste cependant à savoir comment coordonner efficacement ces efforts pour bien utiliser les ressources disponibles et éviter les doubles emplois.

Les effets du projet

La réalisation des buts et objectifs du projet

La participation des apprenants à SchoolNet Ouganda

La majorité des apprenants (76 pour cent) ont déclaré n'avoir pas entendu parler de SchoolNet Ouganda et 91% affirment n'avoir jamais pris part à de telles activités. Ces déclarations ne sont pas entièrement surprenantes dans la mesure où SchoolNet Ouganda avait mis l'accent sur les enseignants et non sur les apprenants. Il est très probable que ces derniers n'étaient pas informés du fait que SchoolNet Ouganda avait facilité la fourniture d'ordinateurs et l'accès à Internet. Il est cependant possible, comme nous l'avons suggéré plus haut, que le nom ne soit pas familier aux apprenants, étant donné qu'en Ouganda, le programme WorLD était précédemment connu sous l'appellation de « School-to-School Initiative ». C'est là un problème sur lequel SchoolNet Ouganda devrait sans doute se pencher plus sérieusement.

Ce que les enseignants savent de SchoolNet Ouganda

Contrairement aux apprenants, la plupart des enseignants (91 pour cent) avaient entendu parler de SchoolNet Ouganda. Quelque 83 % ont également fait savoir qu'ils avaient pris part aux activités de SchoolNet, notamment un nombre de programmes de formation organisés par le projet. De plus, près des 3/4 des enseignants ont affirmé que SchoolNet Ouganda avait aidé à faciliter l'accès de leur établissement au courrier électronique et à Internet (Schémas 8.9 a et b).

Graphique 8.9a : Rôle de SchoolNet Ouganda dans l'accès au courrier électronique

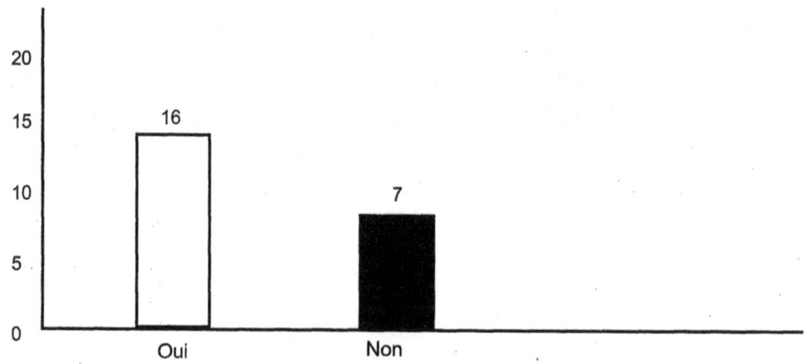

Graphique 8.9b : Rôle de SchoolNet Ouganda dans l'accès à l'Internet

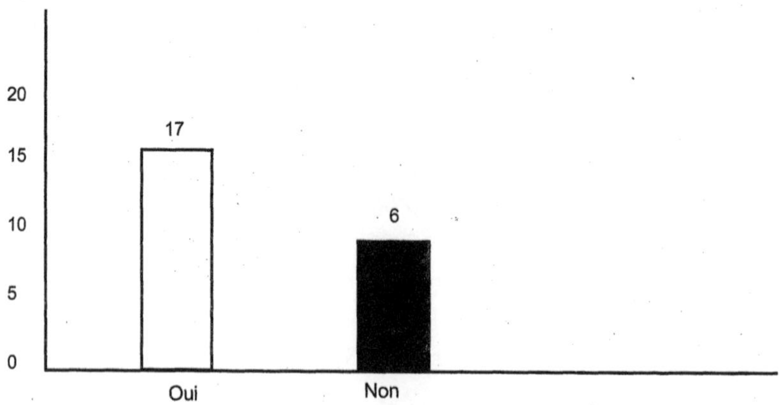

Presque tous les enseignants (91%) ont indiqué que SchoolNet Ouganda avait joué un rôle considérable dans la vulgarisation des TIC. L'utilisation des TIC avait eu des effets bénéfiques sur l'enseignement et l'apprentissage dans leur classe et ils ont reconnu la contribution de SchoolNet Ouganda à cet état de choses.

Conclusions et recommandations

Les structures institutionnelles et le personnel

- SchoolNet Ouganda ne dispose pas d'un comité de pilotage dynamique depuis plus d'un an. Le comité de pilotage devrait être redynamisé pour que SchoolNet joue pleinement son rôle ;
- On doit chercher les moyens d'appuyer l'action des coordonnateurs des TIC dans les établissements. Les autres tâches des enseignants doivent être allégées afin de leur permettre de mieux se consacrer à la formation de leurs collègues et des élèves ;
- Les établissements doivent élaborer des plans de durabilité qui définissent des moyens novateurs de lever des fonds pour que leurs salles d'ordinateurs continuent de fonctionner et de grandir. Il faut démontrer que la mise en réseau des écoles peut fonctionner, qu'elle peut être gérée et être durable lorsqu'elle est implantée dans les écoles mêmes ; et
- Certains établissements organisent des programmes de formation pour les membres de la communauté pendant les vacances. En fonction de la situation géographique des écoles (en milieu urbain ou rural) et des conditions socio-économiques de la communauté voisine, la formation de membres de la communauté, en particulier dans les zones rurales, a des chances de rester davantage un service communautaire qu'une activité génératrice de revenus. Un établissement qui se propose de générer des revenus d'activités de cette sorte pourrait rencontrer quelques difficultés, en particulier dans les zones où les populations sont relativement démunies et la demande de formation en informatique faible. Par ailleurs, dans d'autres régions, les populations ne seront pas en mesure de payer grand-chose pour ce type de services, ou bien elles peuvent ne pas vouloir s'inscrire en masse. En conséquence, il faudrait très souvent subventionner fortement la formation des membres de la communauté lorsque le but de l'établissement est de fournir un service communautaire. Le problème, cependant, reste de savoir d'où viendront les subventions. D'où la question corollaire de savoir dans quelle me-

sure les écoles sont capables d'offrir ce type de services à leurs communautés environnantes et qui devrait en supporter les frais. Alors, se pose un troisième problème : celui de la durabilité.

Les partenariats

- Il faut sensibiliser les parents grâce à des ateliers organisés par les établissements afin de les aider à prendre conscience des avantages qu'offrent les TIC ;
- Les établissements doivent élargir leur partenariat au-delà des parents d'élèves pour établir des partenariats locaux aux fins de mobiliser des ressources ; et
- Les écoles pourraient faire pression sur des organisations pour les inciter à faire des dons d'équipement en informatique, tout comme elles pourraient prendre contact avec les pouvoirs publics pour obtenir des exonérations fiscales pour les TIC. Les établissements pourraient également mobiliser leurs propres ressources, même si ce volet pouvai relever du domaine de SchoolNet Ouganda.

La connectivité

La connectivité est un sujet de préoccupation et les problèmes liés à l'utilisation d'une connectivité par télé-traitement ont été soulignés. Même les établissements qui utilisaient une connectivité sans fil ont décrié l'étroitesse de la bande passante. Le problème du paiement des droits a également été évoqué. On a souligné le besoin d' :

- Explorer dans le détail les diverses options techniques qui sont à la portée des établissements afin de leur permettre de faire des choix éclairés en matière de connectivité ;
- Accélérer le processus de formulation de la politique des TIC pour aborder les problèmes liés à l'octroi de licences ; et
- Étudier plus profondément les différentes options en matière de connectivité qui pourraient être retenues par les établissements en tenant compte des questions relatives aux coûts, à la fiabilité et à l'efficacité. Il faut non seulement des études techniques, mais aussi des études de faisabilité pour réduire au minimum les frustrations semblables à celles que les établissements ont connues et promouvoir la durabilité.

L'accès

Certains des ordinateurs disponibles dans les établissements sont lents et il faut des machines plus fiables et plus rapides. L'entretien des ordinateurs posait également problème. À ce sujet, il a été recommandé que :

- Les établissements devraient examiner les procédures d'achat d'ordinateurs ;
- S'agissant de l'entretien, les établissements devraient s'efforcer de renforcer leurs propres capacités en la matière et ne rechercher de l'aide extérieure que lorsque celle-ci s'impose.

Certaines salles de machines étaient étroites ; on n'y trouvait qu'un nombre limité d'ordinateurs, ce qui était dans une certaine mesure un obstacle à leur utilisation efficace. Certains apprenants et enseignants faisaient preuve de peu d'intérêt et n'utilisaient pas les ordinateurs mis à leur disposition dans l'établissement. Les hommes utilisaient plus les ordinateurs que les femmes dans les écoles. Sur la base de ces observations, les recommandations suivantes ont été faites :

- Mieux sensibiliser les enseignants et les apprenants aux avantages des TIC ;
- Organiser davantage de programmes de formation à l'intention des enseignants et des apprenants pour les sensibiliser au potentiel de l'informatique dans l'enseignement ;
- Les établissements devraient examiner les moyens qui permettraient de se doter de salles de machines plus spacieuses et élaborer des plans et des stratégies pour l'acquisition de nouveaux ordinateurs, voire pour solliciter des dons ; et
- S'agissant des disparités entre les sexes en matière d'utilisation des TIC, les établissements devraient formuler des stratégies réalistes pour une participation plus active des femmes.

Le renforcement des capacités et la formation des enseignants

- Les aptitudes des enseignants en matière d'intégration des technologies de l'information dans les programmes scolaires étaient encore insuffisantes — il faut renforcer la formation des enseignants.
- Il faut étudier davantage les raisons pour lesquelles les élèves et les enseignants de sexe féminin ont tendance à utiliser les ordinateurs moins que leurs homologues de sexe masculin. Ces raisons ne sont pas bien

connues et doivent être bien comprises pour supprimer le déséquilibre entre les sexes en matière d'utilisation des ordinateurs.

- On ne peut présumer que les évolutions favorables que pourrait susciter l'intégration des TIC dans l'éducation seront forcément saluées par tous les enseignants. En effet, certains éducateurs pourraient ne pas être intéressés par cette nouvelle donne ou doivent encore être persuadés de ses bienfaits. Aussi importe-t-il de constituer un groupe d'éducateurs qui seront les piliers de la vulgarisation des TIC dans les écoles.
- L'intégration des TIC dans l'enseignement suppose une transition des méthodologies fondées sur l'enseignant à des approches centrées sur l'apprenant. Au-delà de ce changement de méthodologie, il faut aussi adopter des attitudes nouvelles et, en fin de compte, une conception rénovée de l'enseignement. Les éducateurs doivent être formés afin qu'ils acquièrent une nouvelle vision de leur rôle de pédagogues. Ils doivent également être encouragés à créer eux-mêmes le contenu de leurs enseignements. Ce sont là des domaines où il faudrait renforcer la formation des éducateurs ; et
- Il faut explorer davantage les moyens de vulgariser les TIC et de les rendre accessibles à tous à des coûts raisonnables. À cet égard, il faut également se pencher plus sérieusement sur les questions d'équité.

L'élaboration des contenus

Une bonne partie des contenus disponibles à l'heure actuelle sur Internet ont été conçus ailleurs et ne cadrent pas avec le contexte local. Il a été recommandé que le ministère de l'Éducation crée un site Web contenant des informations pertinentes. Le ministère devrait aussi encourager les enseignants à concevoir leurs propres contenus et à les publier sur le site en question.

Notes

1 Banque africaine de développement, Statistiques africaines, http://afdb.org/african_countries/information_comparison.htm
2. Central Intelligence Agency, CIA – The World Factbook, http://www.odci.gov/cia/publications/factbook/
3. Cellular Statistics – Africa, http://www.cellular.co.za/stats/stats-africa.htm
4. Banque mondiale, sur la base des statistiques de l'UNESCO, http://www4.worldbank.org/afr/stats/adi2000/default.cfm
5. WorLD est un programme mondial financé par la Banque mondiale qui fournit la connectivité Internet et forme des enseignants, des formateurs, ainsi que des élèves des pays en développement à l'utilisation des technologies de l'information dans l'éducation. WorLD met également en rapport les élèves et les enseignants des établissements secondaires des pays en développement pour un apprentissage conjoint par Internet.
6. WorLD, 2000, World Links for Development Country Reports: Brazil, Chilie, Colombia, Ghana, Mauritania, Mozambique, Paraguay, Peru, Senegal, South Africa, Uganda and Zimbabwe, 1999-2000. Washington, DC: Banque mondiale.

Annexes

Annexe 1 : Questions de recherche supplémentaires

Ci-après, une liste de quelques domaines spécifiques analysés dans chaque étude d'évaluation. Des outils appropriés ont été mis au point dans chaque pays sur la base de ce questionnaire.

Contexte

Les questions de cette section portent spécifiquement sur les domaines suivants :

- Quels sont les aspects sociaux, politiques et économiques susceptibles d'influencer le projet ?
- Quel était le contexte éducationnel de ce projet ?
- De quelle manière le contexte a-t-il changé au fil du temps ?
- Existait-il des équipements ou des investissements avant l'intervention du CRDI ? Si tel est le cas, en quoi consistaient-ils?
- Quelles sont les caractéristiques des autres projets et initiatives visant à introduire les TIC dans les écoles, le cas échéant ? (Indiquer les similarités et les différences).

Infrastructures et connectivité

Les questions dans cette catégorie visaient à mettre en lumière la nature des infrastructures, en insistant particulièrement sur la qualité des bâtiments, ainsi que sur l'accès à l'électricité et au téléphone. L'intention ici était de se rendre compte de quelle manière les infrastructures auraient pu constituer un avantage ou un frein à la mise en œuvre du projet.

Le type de questions posées était le suivant :

- Quels sont les moyens techniques disponibles au sein de l'établissement ?
- Quel en est le niveau d'accessibilité pour les usagers ?
- Quels ont été les problèmes techniques majeurs identifiés ?
- Quels sont les utilisateurs de ces équipements techniques (profil, nombre) ?
- À quelles fins utilisent-ils ces équipements ?
- D'autres partenaires sont-ils impliqués dans le projet ?
- Si tel est le cas, quel est leur apport ?
- Quelles sont les difficultés rencontrées en matière de connectivité ?

L'élaboration des contenus

- Existe-t-il un programme officiel pour l'utilisation des TIC dans les établissements scolaires ?
- Quel est le programme en vigueur dans les établissements ?
- Ce programme contient-il de nouvelles activités ?
- Par qui ce programme a-t-il été élaboré ?
- Quels sont les changements survenus dans la gestion des établissements scolaires, les enseignements, l'apprentissage ou d'autres domaines ?

La formation des enseignants

- Quel est le profil des formateurs en TIC ?
- Où est-ce que la formation des enseignants s'est-elle déroulée ?
- Quel est le programme de formation ? Est-il officiel ?
- Le matériel utilisé pour la formation est-il approprié ?
- Quelles sont les difficultés rencontrées ?

Les orientations stratégiques

- Quels sont les cadres législatifs et/ou stratégiques mis en place pour aviser les responsables du système éducatif ou pour réglementer l'utilisation des TIC dans le domaine de l'éducation ?
- Au cas où il existerait une législation et un cadre stratégique, dans quelle(s) mesure(s) ces derniers ont-ils facilité ou entravé le processus de démarrage des projets de mise en réseau des établissements scolaires ?

- De quelle manière ce projet s'intègre-t-il de manière spécifique dans la stratégie nationale ?
- Quel est l'apport du projet dans la stratégie nationale, ou à l'inverse, dans quelle mesure cette dernière influence-t-elle le projet ?

La programmation

Le questionnaire ici visait à rechercher les raisons pour lesquelles le projet était perçu comme une nécessité.

- Pourquoi le projet a-t-il été lancé ?
- Qui en est l'initiateur ?
- Quels en étaient les objectifs ?
- Quel a été l'apport du CRDI ?
- Quels étaient les partenaires du projet ?
- Quelles sont les méthodes d'évaluation et de suivi qui ont été prévues ?
- Quels en étaient les coûts initiaux (y compris les coûts indirects) ?
- Qu'est-ce qui est prévu pour assurer la pérennité du projet après le retrait des bailleurs de fonds ?

Les activités et la mise en œuvre du projet

- Des infrastructures et ressources adéquates étaient-elles disponibles pour s'assurer que le projet était effectivement exécuté ?
- Quels ont été les coûts d'exécution du projet ? Qui les a supportés et pour quelles raisons ?
- Quelles en étaient les principales tâches et qui en avait la charge ?
- Toutes les tâches et responsabilités ont-elles été acquittées convenablement ?
- Quels sont les facteurs qui ont favorisé ou entravé la bonne exécution du projet ?
- Quels étaient les bénéficiaires du projet ?
- Quels étaient les services offerts ?
- Quels étaient les partenaires du projet ?
- Quelles méthodes d'évaluation et de suivi ont-elles été mises en place ?

L'impact du projet

Dans cette partie, les questions visaient à apprécier dans quelle mesure le projet a atteint ses objectifs :

- Qu'a apporté le projet dans la vie des bénéficiaires et dans leur environnement professionnel ?
- Quels bénéfices le public cible et les autres ont-ils pu tirer du projet ?
- Ce projet a-t-il suscité le développement d'autres activités dans les établissements scolaires ?
- Quel accueil les bénéficiaires ont-ils réservé au projet ?
- Dans quelle mesure les objectifs du projet ont-ils été atteints ?
- Quels sont les changements intervenus depuis l'implication du CRDI ?

Les enseignements retenus

Dans la présente section, il était question d'identifier les leçons que les responsables du projet SchoolNet ont tirées de cette expérience.

- Quels sont les facteurs qui ont contribué à la réalisation des objectifs du projet ?
- Quels sont les facteurs qui ont entravé la réalisation des objectifs du projet ?
- Quels ont été les imprévus ou les difficultés rencontrés au cours de la phase de lancement du projet ?
- Que devrait-on modifier s'il fallait recommencer cette expérience ?

Annexe 2 : Matrice du questionnaire de recherche sur SchoolNet Afrique du Sud

	Connectivité	Formation des enseignants	Contenu	Stratégie
	Contexte : quel est le contexte infrastructurel dans lequel fonctionne le projet SchoolNet (SNP) ?	Contexte : * quelle est la nature du système d'enseignement normal ? * dans quelle mesure intègre-t-il la formation aux TIC ?	Contexte : * de quelle nature sont les programmes et les contenus ? * prennent-ils en compte les plates-formes des TIC ? * quels sont les principaux acteurs de l'élaboration des programmes ?	Contexte : * quel est le statut de la stratégie nationale en matière des TIC ? * intègre-t-elle l'application des TIC à l'éducation ? * quel en a été l'impact sur le SNP ?
Questions subsidiaires	Programmation : * Comment l'informatisation et la connectivité des établissements scolaires ont-elles été planifiées par le projet ? * Quelle est l'origine des ordinateurs ?	Programmation : * comment la formation des enseignants a-t-elle été programmée ? * comment sélectionne-t-on les enseignants pour la formation ?	Programmation : Le SNP a-t-il prévu des programmes liés au contenu ?	Programmation : le SNP envisage-t-il d'influencer les TIC dans le cadre de la stratégie de l'éducation ?

Annexe 2 : Matrice du questionnaire de recherche sur SchoolNet Afrique du Sud (suite)

Connectivité	Formation des enseignants	Contenu	Stratégie
Exécution : * Combien d'établissements scolaires ont été informatisés et connectés grâce au projet ? * Quels types d'ordinateurs trouve-t-on dans les établissements et sont-ils tous fonctionnels ?	Exécution : * combien d'enseignants ont été formés ? * quel était leur niveau de compétence en TIC ? * quels étaient les types de cours proposés pour la formation ?	Exécution : * comment les programmes ayant trait au contenu ont-ils été appliqués ? * quels en étaient les principaux utilisateurs et comment ce contenu a-t-il été exploité ?	Exécution : * la stratégie des TIC en matière d'éducation a-t-elle été appliquée ? * quel a été le rôle de la SNP ?
Effets : Quel a été l'impact de la connectivité dans les établissements ?	Effets : * comment les enseignants ont-ils réagi vis-à-vis de la formation reçue ? * quel a été l'impact des programmes de formation sur les enseignants ?	Effets : * quels ont été les impacts du contenu des programmes SNP ?	Effets : * quels ont été les conséquences de la présence ou de l'absence de la stratégie des TIC sur l'éducation ?

	Leçons tirées : Que peut-on retenir de l'expérience de la connectivité ?	Leçons tirées : * quelles leçons peut-on tirer du projet en ce qui concerne la formation des enseignants ?	Leçons tirées : *quels enseignements nous donne l'expérience SNP en matière de définition des contenus ?	Leçons tirées : * que retenir du SNP pour ce qui est de l'implication dans la politique éducative et les TIC ?
Sources d'informations	* Responsables du projet * Opérateurs des télécom. * Fournisseurs de services Internet	* Responsables du projet * formateurs des enseignants * enseignants	* Responsables du projet * spécialistes des programmes * enseignants	* Responsables du projet * ministère de l'Éducation
Techniques de collecte des données	* Analyse documentaire * Interviews	* Analyse documentaire * interviews *questionnaires	* Analyse documentaire * interviews *questionnaires	* Analyse documentaire * interviews

Bibliographie

African Development Bank (AFDB), African Statistics, http://afdb.org/african_countries/information_comparison.htm

African Development Bank, http://www.afdb.org

African Development Bank, African Development Forum, 1999, http://www.afdb.org

Anderson, G., 1990, *Fundamentals of Educational Research*. London: Palmer Press.

Balfour, Williamson & Co. Limited, 1995, *Uganda Secondary Education Sub-sector Studies*. Balfour, Williamson & Co. Limited.

BMI-Techknowledge, 2001, *Communication Technologies Handbook 2001.*

Cellular Statistics – Africa, http://www.cellular.co.za/stats/stats-africa.htm

Central Intelligence Agency, *CIA – The World Factbook,* http://www.odci.gov/cia/publications/factbook/ and http://www.cia.gov/cia/publications/factbook/geos/sg.html

CIUEM, Status of the proposal: *Introduction of Information and Communication Technologies in Secondary Schools and Teacher Training Institutions in Mozambique,* File 97-8921.

Cross, M., 2000, *Education in Mozambique*.

Eastern Cape provincial school network website: http://www.ecape.school.za

Eduardo Mondlane University Centre of Informatics, 1998, *Introduction of Information and Communication Technologies (ICT) in Secondary Schools (Pre-University Schools) in Mozambique*, Maputo. (Final Version, February.)

GEEP, 1995, *Survey on Adolescent Sexuality among Students.*

GEEP, www.refer.sn/sngal_ct/rec/geep

Howell, C. & Lundall, P., 2000, *Computers in Schools: A National Survey of Information Communication Technology in South African Schools.* Education Policy Unit. Cape Town: University of the Western Cape, http://www.school.za/schoolsurveys/suveys_index.htm

http://education.pwv.gov.za/teli2/default.htm

http://www.cia.gov/cia/publications/factbook/geos/sg.html

http://www.education.gouv.sn/stat.htm

http://www.odci.gov/cia/publications/factbook/

http://www.prb.org/Content/NavigationMenu/Other_reports/2000-2002/sheet4.html

Human Sciences Research Council (HSRC) and National Department of Education, 1996, *1996 Schools Register of Needs.* Pretoria: HSRC.

Human Sciences Research Council (HSRC) and National Department of Education, 1996, *Telecommunications Potential in South African Schools.* Pretoria: HSRC.

INGC Situation Report, http://www.mozambique.mz/floods/02082000/htm

INGC Situation Report: *Mozambique Devastated by Floods,* http://www.mozambique.mz/floods/experi5.htm

International Development Research Centre, 1996, *Communities and the Information Society: A Canadian Initiative for the Millennium.* Ottawa: IDRC.

International Development Research Centre (IDRC), 2000, *Computers in Schools*, http://www.schoolnet.org.za/schoolsurveys/index.htm

International Development Research Centre, 2000, *School Networking in Africa Compendium.* Ottawa: IDRC.

International Development Research Centre. Acacia National Strategies: Mozambique-IDRC Study/Acacia Initiative in preparation for the workshop entitled "Towards the Information Society", convened in Maputo in February 1997 and sponsored by both the IDRC and the World Bank, http://www.idrc.ca.acacia./outputs/op-mozam.htm

International Development Research Centre. *Acacia Prospectus.* Ottawa: IDRC.

International Development Research Centre. *SchoolNet South Africa Project Summary (98-8905)*. Internal unpublished document.

International Education and Resource Network (I*EARN), http://www.iearn.org/

Isaacs, S. & Sibthorpe, C., 2000, *Report on IDRC School Networking in Africa Workshop*, Okahandja, Namibia, 17-20 July.

James, T. & Hesselmark, O., 2001, *A Country ICT Survey for Mozambique*, www.sida.se

James, T. (Ed.), 2001, Educational Technology Policy in Southern Africa.

In *An Information Policy Handbook for Southern Africa.* Ottawa: IDRC, *http://www.dbsa.org/publications/ictpolsa/*

Jensen, M., 2002, *The African Internet – A Status Report, http://www3.sn.apc.org/africa/afstat.htm*

Joint Technical Mission, 2000, *Knees, Blackboards, and Logs.* Unpublished paper.

KwaZulu-Natal provincial school network website: http://www.kzn.school.za

Lave, J. & Wenger, E., 1991, *Situated Learning: Legitimate Peripheral Participation.* Cambridge: Cambridge University Press.

Marquard, S., 1996, *1996 School Connectivity Review.*

Ministère des Finances, de l'Economie et du Plan du Sénégal. (1999). *Direction de la Prévision et de la Statistique: Situation économique du Sénégal année.*

Ministry of National Education (Senegal). *Plan décennal de l'éducation et de la formation,* http://www.education.gouv.sn/pdef.htm

Ministry of National Education (Senegal). Student Statistics, http://www.education.gouv.sn/stat.htm

Ministry of the Interior (Senegal), 1994,. *Rapport d'avant-projet du schéma régional d'aménagement du territoire: Direction de l'aménagement du territoire.*

Mozambique Commission for Information and Communication Technology Policy, 1998, Minutes of the Meeting of the Mozambique Acacia Advisory Committee held on 14 October 1998. Minutes drawn from http://www.mozambique.mz/informat/maacs/encotel.htm

Mozambique Commission for Information and Communication Technology Policy, 2000, *Draft Policy for Information and Communication.* As approved by the Council of Ministers on 30 May 2000 and in a national debate between 18 June and 28 July, 2000, http://www.onfopol.mz

Mutume, G., 2000, *Education – South Africa: Fewer Funds for a System in Shambles,* http://www.oneworld.org/ips2/feb98/southafrica_educ.html

NetCorps Canada International, http://www.netcorps-cyberjeunes.org/english/main_e.htm

NetDay, http://www.netday.org.za

Nortel Phumelela Networks Project, http://www.school.za/projects/nortel

NUA, http://www.nua.ie/surveys/how_many_online/index

Programme décennal pour l'éducation et la formation (PDEF), Component 2: Improving the quality of teaching/learning.

Proposal for the development of SchoolNet SA, Version 1.0a, 6 July 1998.

SchoolNet Africa, http://www.schoolnetafrica.org

SchoolNet SA and Western Cape SchoolNet, 1999, Millennium Minds Conference, Cape Town. Proceedings are available online at http://archive.wcape.school.za/conf99/

SchoolNet South Africa, 1998,. *Proposal to IDRC for the development of SchoolNet SA*, Version 1.0a, 6 July.

SchoolNet South Africa, 2000, *Annual Report for 1 March 1999–31 March 2000,* http://www.schoolnet.org.za

SchoolNet South Africa, 2000, *Educator Development Framework.*

SchoolNet South Africa, 2000,. *Annual Report for 1 March 1999 – 31 March 2000, http://www.schoolnet.org.za*

Sherry, L., 1998, An Integrated Technology Adoption and Diffusion Model. *International Journal of Educational Telecommunications,* 4(2/3): 113-145.

South African Department of Education, *TELI framework*, http://education.pwv.gov.za/teli2/default.htm

South African government, http://www.gov.za

South African government, *South Africa Yearbook 2000/01,* http://www.gov.za/yearbook/education.html

South African Institute for Distance Education (SAIDE), 2000a,. *Evaluation of the Telkom One Thousand Schools Internet Project: A Focus on SchoolNet SA's Involvement.* Braamfontein, South Africa: SAIDE.

South African Institute for Distance Education (SAIDE), 2000b, *Piloting Professional Development of Teachers in Use of IT in the Classroom: Evaluation of a SCOPE/SchoolNet Pilot Project.* Braamfontein, South Africa: SAIDE.

South African map, see: *http://home.global.co.za/~mercon/map.htm*

Sow, M., 2000,. *Education pour tous* (Education for All), Bilan à l'an 2000, National Report for Senegal.

Telkom 1000 Schools Internet Project evaluation, *http://telkom1000.schoolnet.org.za*

ThinkQuest International, http://www.thinkquest.org and http://www.thinkquest.org.za

UNESCO, http://www2.unesco.org/wef/countryreports/senegal/contents.html

UNICEF Balance Sheet of Human Progress in Africa, http://www.unicef.org/miscellaneous/balance.htm

United Nations Development Programme (UNDP), 1992, *United Nations Human Development Report, 1992: Global Dimensions of Human*

Development. New York: UNDP, p. 29.
United Nations Development Programme (UNDP), 2000, *United Nations Human Development Report 2000: Human Rights and Human Development.* New York: UNDP.
United Nations Human Development Report, 2000, *Human Rights and Human Development.* New York: UNDP.
United Nations Human Development Report, 2001, 'Making New Technologies Work for Human Development', Section E-1-1, http://www.undp.org/hdr2001/
United Nations Human Development Report, 2001, *Making New Technologies Work for Human Development, Section E-1-1,* http://www.undp.org/
United States Internet Council, 2000, *2000 Report of the US Internet Council.*
Universidade Eduardo Mondlane Centro De Informatica, 1997, *CIUEM: Introduction of Information and Communication Technologies in Secondary Schools and Teacher Training Institutions in Mozambique, Appraisal,* IDRC file 97-8921.
Universidade Eduardo Mondlane Centro De Informatica, 1999, *Internet Para as Escolas (SchoolNet Project) Report of the Pedagogical Training Workshop II,* Maputo, 20 April.
Western Cape provincial school network website: www.wcape.school.za
Whyte, A., 2000, *An Evaluation of Telecentres: Guidelines for Researchers.* Ottawa: IDRC.
World Bank Group, 2000, Infodev Working Papers, June 2000. *The Networking Revolution: Opportunities and Challenges for Developing Countries.* Global Information and Communications Technologies Department, http://www.infodev.org/library/WorkingPapers/NetworkingRevolution.doc
World Bank, based on UNESCO figures, http://www4.worldbank.org/afr/stats/adi2000/default.cfm.
World Bank, based on UNESCO figures. http://www4.worldbank.org/afr/stats/adi2000/default.cfm
World Bank, http://www4.worldbank.org/afr/stats/adi2000/default.cfm
World Bank, http://www4.worldbank.org/Afr/stats/adi2002/default.cfm
World Bank, www4.worldbank.org/afr/stats/adi2002/default.cfm
World Population Bureau, 2001, Population Data Sheet, http://www.prb.org/Content/NavigationMenu/Other_reports/2000-2002/sheet4.html

WorLD, 2000,. *World Links for Development Country Reports: Brazil, Chile, Colombia, Ghana, Mauritania, Mozambique, Paraguay, Peru, Senegal, South Africa, Uganda and Zimbabwe 1999-2000.* Washington, DC: World Bank.

www.ingramcontent.com/pod-product-compliance
Ingram Content Group UK Ltd.
Pitfield, Milton Keynes, MK11 3LW, UK
UKHW042101021026
15589UKWH00001B/113

9 782869 781696